iCourse·教材

大学物理（第二版·第四卷）
近代物理

主编 胡海云 缪劲松 冯艳全 吴晓丽

中国教育出版传媒集团

高等教育出版社·北京

内容简介

本套教材分为四卷,第一卷力学与热学,包括质点力学、刚体力学、连续体力学、气体动理论、热力学基础;第二卷波动与光学,包括振动、波动、几何光学基础、光的干涉、光的衍射、光的偏振;第三卷电磁学,包括静电场、静电场中的导体和电介质、恒定磁场、电磁感应和电磁场;第四卷近代物理,包括狭义相对论力学基础、微观粒子的波粒二象性、薛定谔方程及其应用、固体中的电子、原子核物理。各章后均有本章提要、思考题和习题,书末备有习题参考答案和活页作业单。

本书适合作为理工科各专业的大学物理课程的教材或教学参考书,也可作为综合性大学和高等师范院校相关专业的教材或教学参考书。

图书在版编目(CIP)数据

大学物理. 第四卷,近代物理 / 胡海云等主编. -- 2 版. -- 北京:高等教育出版社,2024.6
ISBN 978-7-04-062140-2

Ⅰ. ①大… Ⅱ. ①胡… Ⅲ. ①物理学-高等学校-教材 Ⅳ. ①O4

中国国家版本馆 CIP 数据核字(2024)第 084201 号

DAXUE WULI

策划编辑	马天魁	责任编辑 缪可可	封面设计 王 鹏	张志奇	版式设计 杜微言
责任绘图	于 博	责任校对 王 雨	责任印制 赵 振		

出版发行	高等教育出版社	网 址	http://www.hep.edu.cn
社 址	北京市西城区德外大街 4 号		http://www.hep.com.cn
邮政编码	100120	网上订购	http://www.hepmall.com.cn
印 刷	唐山嘉德印刷有限公司		http://www.hepmall.com
开 本	787 mm × 1092 mm 1/16		http://www.hepmall.cn
印 张	16.25	版 次	2017 年 6 月第 1 版
			2024 年 6 月第 2 版
字 数	380 千字		
购书热线	010 – 58581118	印 次	2024 年 6 月第 1 次印刷
咨询电话	400 – 810 – 0598	定 价	33.80 元

本书如有缺页、倒页、脱页等质量问题,请到所购图书销售部门联系调换
版权所有 侵权必究
物 料 号 62140 – 00

第二版前言

本套教材第一版自 2017 年出版后,于 2019 年获评兵工高校精品教材,于 2023 年获评北京高等学校优质本科教材课件。与新形态教材配套的讲课视频源于 8 门大学物理系列慕课,相关课程 2018 年获评国家精品在线开放课程、2020 年获评国家级线上一流课程。北京理工大学"大学物理"课程自 2017 年基于本套教材全面实施了线上线下混合式教学模式,2020 年被评为国家级线上线下混合式一流课程。

本套教材结合国内外的教学改革进展,充分体现了多年教学实践与教材建设的成果。在第二版中根据广大教师和读者的建议,以及一些高校使用第一版教材进行线上线下混合式模块化授课的经验,我们对原书的部分内容和视频做了修改与补充,使内容更加充实、新颖。本套教材有如下特色。

• 具有时代性。紧密联系国内外物理学发展及互联网信息技术,巧妙嵌入引力波、黑洞、北斗卫星导航系统等现代科技研究成果,体现了物理学新的教学理念。

• 借鉴国内外同类教材,突出物理学知识与实际相结合的特色,注意从物理学史的角度引入物理学定律和概念,补充演示实验,引入新颖、前沿的实际应用案例。

• 教材思政深入化。融入了人文素养、科学素养、科学精神和科学方法等思政元素,如介绍中国磁悬浮、中国物理学家(如吴有训等)的成就,涵养学生家国情怀。

• 加强近代物理,并以现代观点处理经典物理的体系结构。如精心设计狭义相对论的多种介绍方法,在内容归类和章节编排上更加合理有序,结构严谨。

• 在例题和习题中配备了具有启发性的题目,引导学生开展研究性学习,培养学生的创新性思维。

• 知识体系完整,适用面广。除了常规内容外,还包括滚动、连续体力学、现代光学、固体物理、原子核物理等部分,可用于分层次教学。

• 方便教与学。书后配有活页练习单,包括选择题、填空题和计算题,有利于巩固知识点、深入理解概念。

• 以学生为中心,让教材易读、易懂、易教。在写作风格上力求物理图像清晰,物理思想突出;论述深入浅出,注重激发学生的兴趣,使学生多方位开展学习。

• 版式精美,通过双栏和底色突出三大功能,包括章首内容提示、边栏重点概念和边栏留白,以帮助学生统揽全章内容、复习查找知识点和记笔记。

本套教材有八位主编,其中胡海云、刘兆龙曾获北京市高等学校教学名师奖;缪劲松、冯艳全为北京理工大学教学名师。第一卷主编为:刘兆龙(第 1、第 2 章),石宏霆(第 3 章),冯艳全(第 4、第 5 章);第二卷主编为:李英兰(第 1、第 2 章,第 3—第 6 章视频),刘兆龙(第 1、第 2 章视频),郑少波(第 3—第 6 章);第三卷主编为:胡海云(第 1、第 2 章),吴晓丽(第 3 章),缪劲松(第 4 章);第四卷主编为:缪劲松(第 1 章),胡海云(第 2、第 3 章),冯艳全(第 4 章),吴晓丽(第 5 章)。另外,第一卷部分插图由赵云峰绘制。

感谢北京理工大学的物理学前辈为本套教材打下的良好基础,感谢北京理工大学、高等教育出版社等对本套教材的编写与出版的积极支持。

书中难免出现不妥之处,真诚希望读者提出宝贵批评意见和建议。

编者于北京理工大学

2023 年 8 月

第一版前言

物理学是研究物质的基本结构、基本运动形式、相互作用的自然科学,它具有完整的科学体系、独特有效的研究方法、丰富的知识,所有这些对于培养 21 世纪的科学研究工作者及工程技术人员都是必不可少的。因此以物理学基础为内容的大学物理课程是理、工、经、管、文等本科各非物理学专业必修的一门基础课。

当前,以计算机、手机和网络技术为核心的现代信息技术正在改变着我们的生产方式、生活方式、工作方式和学习方式,并可能引起教育和教学的变革。北京理工大学大学物理教学团队充分利用自身的教育资源优势,一直积极开展大学物理课程的网络建设。北京理工大学"大学物理"课程 2008 年被评为北京市精品课;2014 年入选中国大学慕课首批建设课程,分力学与热学、波动与光学、电磁学、近代物理四个模块进行讲授,并基于慕课开展面向多元化专业人才培养的大学物理模块化分层次混合式教学;"物理之妙里看'花'"2016 年被评为国家级精品视频公开课。

我们之所以新编一套教材,是因为不仅要考虑结合国内外的教学改革进展及信息化技术,还要考虑在充分总结和吸取广大教师和学生对原北京市精品教材(《大学物理》苟秉聪、胡海云主编)意见的基础上,依据教育部高等学校物理学与天文学教学指导委员会编制的《理工科类大学物理课程教学基本要求》(2010年版)进行编写。本套教材在写作风格上力求物理图像清晰,物理思想突出;论述深入浅出并有适量的技术应用和理论扩展;同时力求贯彻以学生为主体、教师为主导的教育理念,遵循学生混合式学习的认知规律,结合慕课教学,通过立体化设计,体现"导学""督学""自学""促学"思想,展现物理以"物"喻理、以"物"明理、以"物"悟理的学科特点,使学生多方位地开展学习,增加教材的可读性和趣味性。

　　本套教材编者均为大学物理教学的一线优秀教师,具有多年丰富的教学、教改经验。第一卷主编老师为:刘兆龙(第 1、第 2章),石宏霆(第 3 章),冯艳全(第 4、第 5 章);第二卷主编老师为:李英兰(第 1、第 2 章),郑少波(第 3—第 6 章);第三卷主编老师为:胡海云(第 1、第 2 章),吴晓丽(第 3 章),缪劲松(第 4章);第四卷主编老师为:缪劲松(第 1 章),胡海云(第 2、第 3章),冯艳全(第 4 章),吴晓丽(第 5 章)。我们感谢北京理工大学的物理学前辈苟秉聪教授等为本套教材打下的良好基础,感谢北京理工大学教务处、高等教育出版社物理分社等对本套教材的编写与出版的积极支持。

编者

2016 年 4 月

目 录

第1章 狭义相对论力学基础

至 19 世纪末期,经典物理学的理论已经基本完整地建立了起来,它包括牛顿力学、热学、光学及电磁学等内容. 经典物理学的理论不仅能够解释实际遇到的绝大多数自然现象,而且在其建立过程中还直接引发了两次工业革命,其中在第一次工业革命中发明了蒸汽机,并在之后发展出了内燃机,在第二次工业革命中实现了电气化和无线电通信. 这些都极大地促进了生产力的发展,使人类的生产和生活方式发生了巨大变化.

当时,人们认为对物理现象本质的认识几乎已经完成,后辈物理学家的主要任务似乎只是去做一些零碎的修补工作. 但是,两个实验结果却使当时的物理学家感到了不安. 1900 年 4 月 27 日,英国物理学家汤姆孙(W. Thomson,开尔文勋爵)在英国皇家学会迎接新世纪的年会上作了名为《19 世纪热和光的动力学理论上空的乌云》的演讲,他开门见山地说:"动力学理论断言,热和光都是运动的方式. 但现在这一理论的优美性和明晰性却被两朵乌云遮蔽,显得黯然失色了……"汤姆孙所指的经典物理学晴朗天空中的"两朵乌云",一个是著名的迈克耳孙-莫雷(Michelson-Morley)实验寻找"以太"的零结果;另一个是黑体辐射理论中的"紫外灾难". 前者和牛顿经典力学的时空观及伽利略变换相矛盾,后者则无法用传统的热力学或电磁学理论进行解释. 正是这两朵乌云孕育了物理学史上的巨大变革,在接下来的三十年时间里,经典物理学的观念和思想被突破. 迈克耳孙-莫雷实验的零结果催生了爱因斯坦相对论的建立,黑体辐射中的"紫外灾难"直接导致了量子力学的诞生. 相对论和量子力学正是近代物理学的两大分支,这两门新学科是 20 世纪物理学最伟大的发现,没有它们就不会有今天的核能、航天、计算机、激光、纳米等各种各样的高新技术.

如果说量子力学的建立是众多科学家智慧的结晶,那么相对论的创立却可以说主要归功于个人成就,这个人就是 20 世纪最伟大的物理学家爱因斯坦(A. Einstein). 19 世纪末期,在麦克斯韦电磁理论建立以后,科学家们意识到,麦克斯韦方程组中出现的光速并未指定相对于哪一个参考系,换句话说,真空中的光

授课录像:近代物理引言

在任何方向都以同一速度 c 传播,与参考系无关. 迈克耳孙-莫雷实验的零结果正好从实验上证明了真空中的光速与参考系无关,但这与经典力学的伽利略速度变换产生了矛盾. 要解决这一矛盾,要么修改麦克斯韦电磁理论,要么放弃伽利略变换. 爱因斯坦在对实验结果和物理学基本概念综合分析的基础上选择了后者. 他认为,所有的物理规律,不仅是力学规律,还包括电磁规律,对于任何惯性系都是成立的,在此基础上他创立了狭义相对论. 然后,爱因斯坦又将物理规律的适用性进一步推广到了包括非惯性系在内的任意参考系,建立了广义相对论.

爱因斯坦相对论的建立,意味着人们必须放弃在头脑中早已形成的、根深蒂固的关于时间、空间和物体运动的概念,建立起一种全新的革命性的时空观. 爱因斯坦相对论给出了高速(接近光速)运动物体满足的物理规律,揭示了质量和能量的内在联系,开始了对万有引力和大尺度空间本质关系的探索. 现在,相对论已经成为研究物质相互作用、宇宙起源、星系演化等的理论基础.相对论包括狭义相对论和广义相对论两个部分. 本章主要讲授狭义相对论的力学基础,只在最后一节对广义相对论作简要介绍.

1.1　狭义相对论的基本原理

时间和空间是物质的存在形式,物质运动与时空性质紧密相连,不可分割. 对物质运动的描述是相对的,在讨论具体的物质运动时,必须先确定其所在的参考系. 在不同参考系中,物理定律应该具有相同的形式,这就是相对性原理,它是物理学最基本的原理之一. 相对性原理意味着,在一个参考系中建立起来的物理定律,只要通过适当的坐标变换(时间和空间变换),就同样适用于其他参考系. 因此,与相对性原理密切相关的是人们对时间和空间的认识,即时空观. 历史上,人们对相对性原理的认识经历了从力学相对性原理,到爱因斯坦的狭义相对性原理及广义相对性原理的发展过程,相应地,人类的时空观也经历了从牛顿的绝对时空观到爱因斯坦的相对论时空观的变革.

1.1.1　力学相对性原理、绝对时空观和伽利略变换

授课录像：力学相对性原理和伽利略变换

建立在牛顿三定律及万有引力定律基础上的牛顿力学(经典力学)在任何惯性参考系中都有相同的形式,或者说,牛顿运动定律在一切惯性参考系中都成立,这就是力学相对性原理. 历史上最早对相对性原理作出描述的是意大利科学家伽利略(G. Galilei),他在1632年出版的《关于两大世界体系的对话》一书中,对在相对于地面做匀速运动的封闭船舱中进行的力学实验进行了总结,他描述道:

不管船以任何速度前进,只要运动是匀速的,也不忽左忽右地摆动,观察到的各种力学现象,如人的跳跃、水滴的下落、鱼的游动以及蝴蝶的飞行等,都和船是静止不动时一样地发生,人们并不能从这些现象中判断船是否在行进以及行进的快慢.

这段生动的描述包含着一个重要的真理:在任何惯性参考系中观测,同一力学现象都按相同的方式发生和演变,即所有惯性参考系都是等价的. 这被爱因斯坦称为伽利略相对性原理,它是力学相对性原理的另一种表述形式.

我们知道,牛顿力学研究的是宏观物体的机械运动,而物体在运动过程中其空间位置会不断随时间而改变,因此,对宏观物体运动规律的讨论离不开对空间和时间的测量. 人们在日常生活和生产实践中逐渐认识到,对时间持续长短和空间范围大小的描述需要依靠钟表和尺子来实现,一个过程所经历的时间与钟表指针走过的角度相联系,一个物体运动的位移需要通过与尺子对比才能知道. 换句话说,对时间和空间的认识,应该开始于对物体运动所经历的时间间隔和空间间隔的测量. 人们也就是在此过程中形成了相应的时空观.

在狭义相对论建立之前,人们在长期历史过程中形成的对时间和空间的基本看法,被概括为牛顿力学的时空观:空间是处处均匀的、各向同性的三维欧几里得空间,空间与物质的运动没有任何联系,空间中任意两点间的距离是一个与观测者所在参考系无关的绝对量,即空间长度是绝对的;时间从过去、现在到将来均匀地流逝着,在整个宇宙,时间是划一的,也与物质的运动无关,两个事件之间的时间间隔不随参考系的改变而改变,即时间间隔也是绝对的;空间与时间各自独立存在,是物体运动的基础,是第一位的,而物体运动在它们的框架内进行,是第二位的. 牛顿力学的这种对时间和空间的认识也被称为牛顿绝对时空观.

牛顿绝对时空观

在力学相对性原理和牛顿绝对时空观这两个基本假定的基础上,可以推导得到伽利略变换.伽利略变换描述了同一事件在两个不同惯性系中的时间和空间坐标之间的关联:设有两个惯性系 S 和 S',并在上面分别建立直角坐标系 $Oxyz$ 和 $O'x'y'z'$(即坐标系 $Oxyz$ 相对于 S 系固定不动,坐标系 $O'x'y'z'$ 相对于 S' 系固定不动).为简单起见,让两个参考系的 x 轴与 x' 轴重合,y 轴与 y' 轴平行,z 轴与 z' 轴平行,S' 系相对于 S 系以速度 u 沿着 x 轴正方向做匀速直线运动,并规定 S' 系原点 O' 运动到与 S 系原点 O 重合时,$t = t' = 0$.设某时刻在图 1-1 所示的 P 点处发生了一事件(例如某质点正好运动到 P 点处),根据 S 系中观测者的记录,事件发生在 t 时刻和空间 (x, y, z) 处,而根据 S' 系中观测者的记录,事件发生在 t' 时刻和空间 (x', y', z') 处.

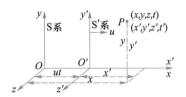

图 1-1 伽利略变换:S 系中观测

根据力学相对性原理和牛顿绝对时空观,即牛顿运动定律在 S 系和 S' 系中都成立,且无论在哪个参考系中测量,同一物体运动过程所经历的时间是相同的,同一物体的长度也是固定不变的,可以推导得到两组测量值 (x, y, z, t) 和 (x', y', z', t') 之间满足如下对应关系:

$$\left. \begin{array}{l} x' = x - ut \\ y' = y \\ z' = z \\ t' = t \end{array} \right\} \tag{1-1}$$

式(1-1)被称为伽利略变换.可以看出,对时间的测量与空间和相对运动无关,时间和空间彼此独立、毫无关系,伽利略变换直接反映了牛顿的绝对时空观.

把式(1-1)中前三个方程的左边对 t' 求导,右边对 t 求导,并考虑到 $t' = t$,可得到如下所示的伽利略速度变换公式:

$$\left. \begin{array}{l} v'_x = v_x - u \\ v'_y = v_y \\ v'_z = v_z \end{array} \right\} \tag{1-2}$$

伽利略速度变换式还可写成矢量形式,即

$$\boldsymbol{v}' = \boldsymbol{v} - \boldsymbol{u} \tag{1-3}$$

上式已在本书第一卷《力学与热学》第一章中导出过,其中 $\boldsymbol{v}$ 和 $\boldsymbol{v}'$ 分别为在 S 系和 S' 系中测得的质点的运动速度.上式两边再对时间求导,考虑到 $\boldsymbol{u}$ 为常矢量,得

$$\boldsymbol{a}' = \boldsymbol{a} \tag{1-4}$$

其中 $\boldsymbol{a}$ 和 $\boldsymbol{a}'$ 分别为在 S 系和 S' 系中测得的质点的运动加速度.上式说明,在不同惯性系中测得的某一质点运动的加速度是相同的.

在牛顿力学中,物体的质量和所受的作用力被认为与参考系无关,即有 $m = m'$,$F = F'$,因此,如果 $F = ma$ 在惯性系 S 中成立,那么在惯性系 S′中就有 $F' = m'a'$,这说明牛顿运动定律在伽利略变换下具有不变性,力学规律在不同惯性系中都成立.可见,伽利略变换同样也反映了力学相对性原理.

力学相对性原理

由以上讨论可以看出,牛顿的绝对时空观和力学相对性原理通过伽利略变换联系起来,三者相辅相成、不可分割.由于牛顿力学在讨论几乎所有宏观物体的运动时都是成立的,牛顿力学所包含的绝对时空观也与我们实际生活中对时间和空间的认识相符合,因此绝对时间和绝对空间的概念在当时也被认为是理所当然的,人们并不对其进行过多的思考.直到 19 世纪中后期,麦克斯韦建立了电磁理论,预言了电磁波的存在,计算出电磁波在真空中的传播速度为恒定的光速,绝对时间和绝对空间的观念才开始动摇.爱因斯坦在对实验结果分析的基础上,提出了爱因斯坦相对性原理,并用光速不变原理取代了绝对时间和绝对空间的概念,在此基础上建立了具有划时代意义的狭义相对论,实现了时空观的巨大变革.

1.1.2 狭义相对性原理和光速不变原理

19 世纪中期,麦克斯韦根据前人对电场和磁场运动规律的研究结果,提出了麦克斯韦方程组.它由描述电场和磁场变化的四个微分方程组成,表明了变化的电场和变化的磁场相互依存,在空间互相激发,向远处传播.麦克斯韦在此基础上预言了电磁波的存在,计算得到了真空中电磁波的传播速度为 $c = 2.99 \times 10^8$ m/s,它是一个常量,且与实验测得的真空光速相同,从而进一步预言了光就是一种电磁波.

授课录像:经典物理学的困难

正是麦克斯韦在电磁理论的基础上得到的光在真空中的恒定传播速度 c,给当时无所不能的牛顿力学带来了一场空前巨大的危机.首先,麦克斯韦方程组在伽利略变换下并不具有协变性,它在不同惯性系中具有不同的形式,那么,麦克斯韦电磁理论是在什么样的一个参考系中成立的呢?其次,根据经典力学中的伽利略速度变换,光相对于不同的参考系应该以不同的速度传播,那么,电磁理论计算出的恒定光速 c 又是相对于什么样的参考系呢?问题都集中在了"是否存在一个麦克斯韦电磁理论在其中成立的特殊参考系"上.当时的物理学家类比声波、水波等机械波,认为

授课录像:狭义相对论基本假设

以太

电磁波或光在真空中传播也需要某种介质,这种介质被称为以太.这意味着麦克斯韦电磁理论只是在这种"以太"参考系中成立,"以太"参考系被认为就是牛顿所说的绝对静止的参考系.

按当时的说法,宇宙中到处弥漫着以太,天体在其中畅行无阻.套用机械波传播速度公式 $c=\sqrt{G/\rho}$,因为光速 c 很大,所以一方面以太的密度 ρ 极小,以太极其稀薄,另一方面以太的切变模量 G 又非常大,即以太比钢铁要硬千百倍.虽然以太的这些性质非常的怪异,但在牛顿的伟大光环下,没有人去怀疑"以太是否真正存在",无数科学家也开始致力于寻找牛顿所说的绝对静止参考系,即寻找以太.

由于光只有在真空中相对于以太(绝对静止参考系)的速度才被认为是恒定值 c,根据伽利略速度变换式(1-3),在其他相对于以太运动的参考系中,真空光速就应该不同于此恒定值 c,实际光速应与该参考系相对于以太的运动速度有关系.因此,要找到以太,就要在不同参考系中测出不同于恒定值 c 的实际光速.为此,大量的实验被设计出来,其中最具代表性的就是迈克耳孙-莫雷实验.

迈克耳孙-莫雷实验

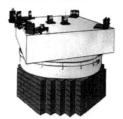

(a) 迈克耳孙-莫雷实验装置

迈克耳孙-莫雷实验的基本原理就如同光学部分讲过的迈克耳孙干涉仪,其实验装置及工作原理如图 1-2 所示,整个干涉仪被置于防震平台上,防震平台能相对于地面非常平滑地转动.单色光源 S 发出的光经半透半反镜 G_1 被分成两束光,这两束光沿着彼此垂直的方向传播,再分别被两反射镜 M_1 和 M_2 反射回来,并在观察屏 T 处相遇.由于这两束光是相干光,所以观察屏 T 处会出现干涉条纹.由于地球相对太阳的公转速度大约是 $30\ \mathrm{km\cdot s^{-1}}$,那么不管太阳相对以太的速度是多少,一年之中,地球相对以太的速度 $\boldsymbol{u}$ 的大小总有超过 $30\ \mathrm{km\cdot s^{-1}}$ 的时候.实验中首先调整实验平台的角度,使其中的一条臂 G_1M_2 与相对速度 $\boldsymbol{u}$ 的方向平行,那么另外一条臂 G_1M_1 就与相对速度 $\boldsymbol{u}$ 的方向垂直.由于不管光往哪个方向传播,其相对于以太参考系的速度都是 c,因此根据伽利略速度变换式,可以得到在地面参考系中往返平行臂 G_1M_2 的光的传播速度分别为 $c-u$ 和 $c+u$,往返垂直臂 G_1M_1 的光的传播速度都为 $\sqrt{c^2-u^2}$,其速度变换关系如图 1-2(c)所示.

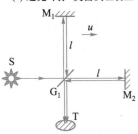

(b) 迈克耳孙-莫雷实验光路原理图

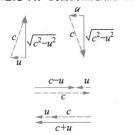

(c) 不同光束的速度变换

图 1-2 迈克耳孙-莫雷实验

设两条臂的光程彼此相等,都为 l,因此光沿着平行臂 G_1M_2 往返的时间 t_1 为

$$t_1=\frac{l}{c+u}+\frac{l}{c-u}=\frac{2l/c}{1-u^2/c^2}$$

而光沿着垂直臂 G_1M_1 往返的时间 t_2 为

$$t_2 = \frac{2l}{\sqrt{c^2-u^2}} = \frac{2l/c}{\sqrt{1-u^2/c^2}}$$

由此可得两光束在 T 相遇时的光程差为 $c(t_1-t_2)$.

在上述条件观察到干涉条纹后,再将实验平台旋转 90°,这样就使臂 G_1M_1 变为与相对速度 u 的方向平行,臂 G_1M_2 变为与相对速度 u 的方向垂直,相应的两束光在 T 处相遇时的光程差变为 $c(t_2-t_1)$. 由于两束相干光的光程差在实验平台转动前后发生了改变,干涉条纹会因此发生移动. 如果取地球相对以太的运动速度 $u = 30 \ \mathrm{km \cdot s^{-1}}$,臂长 $l = 11$ m,经过计算可知将会发生约 0.37 个条纹的移动.

但是,不论怎样改变实验条件(调整角度、改变光波长、在不同的地点和季节进行测量),条纹却几乎没有发生移动,这就是历史上著名的迈克耳孙-莫雷实验的"零结果". 这一结果与历史上其他一些实验结果(如恒星的光行差实验、斐索拖拽实验及双星实验等)相结合,从根本上动摇了当时在人们心中根深蒂固的以太理论,说明了光速不会因为相对运动而发生改变,在不同参考系中,光在真空中的传播速度都是恒定值 c. 这就意味着人们努力去寻求的"以太"参考系根本不存在,意味着伽利略变换在讨论光的运动时也不正确了,意味着力学相对性原理和牛顿绝对时空观必须进行修改.

爱因斯坦以其敏锐的洞察力指出:"我们发现不了以太的原因是因为以太根本就不存在". 爱因斯坦在分析总结前人的实验结果和思想的基础上,经过创造性的逻辑思维,于 1905 年 9 月发表了具有划时代意义的论文《论动体的电动力学》,文中提出了狭义相对性原理和光速不变原理,并以其作为两条基本假设(公理)建立了狭义相对论.

1. 狭义相对性原理

物理定律在所有惯性系中都具有相同的数学表达形式,即对包括电磁规律在内的所有物理规律,不同惯性系都是等价的,不存在任何特殊的惯性系(比如以太参考系). 这就是狭义相对性原理.

狭义相对性原理

可以看出,狭义相对性原理是力学相对性原理的推广,即相对性原理不仅适用于力学现象,而且也适用于所有的物理现象,包括电磁现象在内. 这种推广包含了深刻的物理内涵,它说明在任一惯性系中,都不可能通过任何物理实验来确定该参考系是否在运动以及运动速度的大小. 这样,绝对运动或绝对静止的概念就在整个物理学中被彻底否定了,这也直接导致了对物理学基本问题——时空观认识的根本变革.

2. 光速不变原理

在所有惯性系中光在真空中的传播速率都等于 c. 也就是说,无论光源和观察者在真空中如何运动,无论光的频率是多少,测得的光速都相等. 这就是爱因斯坦光速不变原理.

爱因斯坦正是在"光速不变原理"这一基本假设的基础上推导得到了"同时性的相对性"这一狭义相对论中最本质的时空效应,并在此基础上得到了反映狭义相对论时空观的洛伦兹变换.

爱因斯坦认为,"相对性"是自然界的根本规律,这也是狭义相对论的实质,是对力学相对性原理的发展. 爱因斯坦将相对性原理推广到电磁领域,否定了"以太"参考系,同样也否定了伽利略变换和牛顿绝对时空观,从根本上动摇了经典物理学的基础. 爱因斯坦在相对性原理和光速不变原理的基础上建立起了狭义相对论,形成了具有革命性意义的相对论时空观. 他认为,物质运动是客观的、第一位的,时间、空间与物质运动紧密相连,可随着物质运动的不同而变化,是第二位的. 在爱因斯坦建立狭义相对论之后,他又将"相对性"这一自然界的根本规律推广到了非惯性系,继承了狭义相对论的合理内容,建立起了广义相对论.

1.2　相对论时空效应

在这里,我们将首先通过思想实验来引入相对论中重要的时空效应,如时间延缓、长度收缩以及同时性的相对性.

1.2.1 空间和时间的测量

授课录像:时间的测量、同地同时性

在开始讨论这些时空效应之前,我们首先对即使在经典力学中也是最基本的几个概念进行说明.

在相对论中我们所研究的对象是事件,所谓事件就是指某时刻在空间某位置处发生的一件事. 要对事件进行描述就需要确定事件发生的时间及空间位置,即事件发生的时空坐标. 时空坐标由表示空间位置的三个独立参量和表示时间的一个独立参量构成,如在惯性系 S 中,时空坐标可以表示成 (x, y, z, t). 每一事件在任意惯性系中都有确定的时空坐标,同一事件在不同惯性系的时空坐标各不相同.狭义相对论首先要讨论的就是事件在不同惯性系中的不同时空坐标之间的对应关系,这种对应关系自然也就反映了狭义相对论的时空观.

根据爱因斯坦相对性原理,事件客观进程所遵从的物理规律在不同惯性系中都具有相同的形式,这就要求在不同惯性系中测得的事件的时空坐标之间应该有一种对应关系.又由光速不变原理,这种对应关系一定不是反映牛顿绝对时空观的伽利略变换.要找到这种对应关系,当然离不开对时空坐标的准确测量.在某一惯性系中,如何才能准确地测量事件发生的时空坐标呢?

对一个事件或过程的研究,本质上就是对时空坐标的测量."测量"这一实验手段是物理学研究的基础,它是一种客观实践活动,在近代物理学中尤其具有特殊而重要的意义.要精确测量事件发生的空间位置坐标,不难想象,在任意的惯性系中都可以建立一组坐标系,只要确定事件发生位置在坐标系中的一组坐标值,就测得了事件发生的空间位置坐标.而要精确测量事件发生的时间坐标,就需要读出固定在事件发生位置处的时钟的读数,也就是说,事件不管发生在什么位置坐标处,该位置坐标处就有一个用于测量时间的时钟,该时钟在事件发生时也一定指向某一刻度,只要读出此刻度值就测得了该事件发生的时间坐标.

注意,在相对论中测量事件发生的时间坐标,不能再像我们所习惯的那样,通过"观测者在看见事件发生时,读出自己手中拿着的表的读数"来确定事件发生的时间坐标.这是因为相对论所研究的已不再是经典力学研究的低速运动的问题,而是接近光速的高速运动问题."事件发生"和"观察者看见事件发生"实际上是有时间差的两个事件,虽然这两个事件通过光传播高速相连,但是在讨论接近光速的运动问题时,由此带来的测量误差却不能忽略不计.例如,运动会 100 米赛跑比赛,当坐在终点处的裁判员看见位于起点处的发令枪响冒出的一股青烟时,他启动秒表记录下运动员"起跑"这一事件的时间坐标,而当运动员冲线时,裁判员再停住秒表就测出运动员"冲线"这一事件的时间坐标,这两个时间坐标之差就是运动员跑 100 米所用的时间.这就是我们在日常生活中所熟悉的时间测量方式,由于运动员跑步的平均速度在 10 m/s 的数量级,而光的传播的速度却是 3×10^8 m/s,因此看见冒烟再启动秒表在这里带来的测量误差可以忽略不计.但是如果参加比赛的是"光子飞人",而"光子飞人"能以 $0.5c$ 的速度运动,此时这种测量时间的方式显然就会带来很大的误差.那么,要精确测量运动员跑 100 米所用的时间,就需要在起点和终点处各有一只彼此对齐和同步的时钟,利用起点处时钟读出"起跑"事件的时间坐标,利用终点处时钟读出"冲线"事件的时间坐标,两个时间坐标之差就是运动员跑 100 米的精确成绩.

由以上讨论可以看出,对时间坐标的测量实际上是一个"同地同时性"问题."事件发生"和"事件发生处的时钟指向某一刻度"是空间同一地点同时发生的两个事件,它们之间没有时间差,因此这样测得的事件的时间坐标是严格精确的.在狭义相对论中,同时性的定义被提到了非常重要的地位,是讨论所有问题的基础.爱因斯坦在他的《论动体的电动力学》论文的开始部分就提到:"如果我们要对与时间相关的问题作出判断,那么该判断总是与同时的事件相联系.比如我们说,'那列火车 7 点钟到达这里',这大概是说,'我的表的短针指到 7 和火车到达是同时的事件'."

狭义相对论中将涉及两种类型的同时性:一类就是这里提到的"同地同时性",它是时间测量的基础,"同地同时性"是绝对的,其同时性不会因为参考系的改变而发生改变,这意味着一个参考系对事件时间坐标的准确测量也会被其他参考系中的观测者所认同,这样,不同参考系中测得的同一事件的不同时间坐标之间的对比才有意义;另一类就是下面会讨论的"异地同时性","异地同时性"是相对的,其同时性会因为参考系的不同而不同,"异地同时性"的相对性是相对论时空效应中最本质的效应.

由于对事件时间坐标的测量要求用事件发生处的时钟,而事件可能发生在空间任意地点,因此在参考系的不同坐标处都有用于测量时间的时钟,这些时钟彼此间是对齐和同步的,也称为"同步钟".每个参考系都有属于自己的一系列"同步钟".例如,如果在惯性系 S 中只讨论 x 轴上发生的事件,x 轴上不同坐标处就需放置一系列"同步钟",如图 1-3 所示.如果事件发生在 x 坐标处,就需要用 x 坐标处时钟来测量事件发生的时间坐标.设此时 x 处时钟的指针正好指向 t 时刻,则事件发生的时空坐标就为 (x,t).虽然现实中不可能在参考系所有位置坐标处都放置同步时钟,但是在思想实验中设想这样去测量事件发生的时间坐标显然是严格精确的.

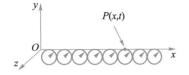

图 1-3　用同步钟测量事件的时间坐标

有了对时空坐标测量的正确理解,接下来我们就在光速不变原理的基础上,来讨论狭义相对论中重要的时空效应:时间延缓、长度收缩及同时性的相对性.

1.2.2 时间延缓

爱因斯坦早在青少年时代就开始怀疑牛顿的绝对时间的概念,他曾设想了著名的"追光实验":如果能追赶上一束光的话,它看起来会像什么样子呢?你会看见一条条静止不动的波纹吗?现在我们知道,任何有静止质量的实物粒子都不可能以光速运动,因此这样的"追光实验"实际上是无法实现的. 但是,类似的思想实验却能帮助我们意识到时间测量的相对性.

授课录像:时间延缓的思想实验

我们设想有一飞船相对于地球以 $0.5c$ 的速度运动,设在地球参考系中的 0 时刻,飞船发出了一个闪光信号. 在地球参考系中的 t 时刻,如图 1-4 所示,飞船向前飞行了 $0.5ct$ 的距离,而光信号往前传播了 ct 的距离(光相对于地球参考系的传播速度为 c),此时飞船和光信号之间的距离为 $0.5ct$.

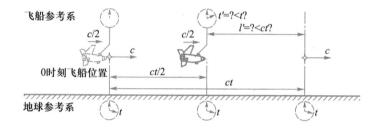

图 1-4　在不同参考系中观测"飞船发光及光传播"的对应事件:地球参考系中 t 时刻飞船和光信号所在位置及相应的距离关系

在飞船参考系中对飞船发光及光传播的对应事件进行观测. 设飞船发出闪光信号时飞船中的时钟也指着 0 时刻. 那么当飞船飞到图 1-4 所示位置时,即地球参考系中的 t 时刻,飞船中的时钟应指到多少呢?按照牛顿绝对时空观,此时飞船中的时钟也应该指向 t 时刻. 但从图 1-4 可以看出,此时光信号相对于飞船往前传播的距离 l' 应该小于光信号相对于地球参考系的传播距离 ct[此时 l' 是否等于地球参考系中测得的 $0.5ct$,我们还不能冒下结论,因为空间距离的测量可能因为参考系的不同而不同. 但是,我们可以假设飞船以更快的速度(如 $0.8c$、$0.9c$)相对于地球飞行,那么同样在地球参考系中的 t 时刻,飞船就往前飞行了更远的距离,飞船与光信号之间的距离就更近. 如果换到飞船参考系中来观测,也应该得到同样的变化趋势. 这样就可定性说明 $l' < ct.$]. 如果光信号相对于飞船往前传播的距离 $l' < ct$,由光速不变原理,光相对于飞船的传播速度仍然为 c,那么此时在飞船参考系中就应该认为光信号往前传播的时间 l'/c 也小于 t,即飞船中的时钟应该指向小于 t 的某一时刻 t'. 这就意味着牛顿绝对时间的概念不再正确了.

通过以上分析可以看出,只要承认光速不变,时间的测量就具有相对性,即在不同惯性系中测得的同样两个事件间的时间间隔是不相同的.为了得到描述时间测量的相对性的定量关系,下面来讨论另一个思想实验:设惯性系 S′相对于惯性系 S 以速度 u 沿着 x 轴正方向运动,在两个参考系中的 0 时刻,S′系的坐标原点 O′正好与 S 系的坐标原点 O 重合,此时,如图 1-5(a)所示,在 S′系的坐标原点 O′处发出了一个闪光信号,光信号沿着 $y′$ 轴传播距离 d 后,被一平面反射镜 M′反射并沿原路返回到坐标原点 O′处.下面分别在 S 系和 S′系中来讨论 O′处"发出光"和 O′处"接收光"这两个事件间的时间间隔是多少.

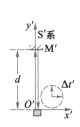

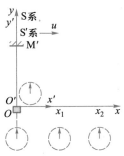

图 1-5 "时间延缓效应"的思想实验示意图
(a)在 S′系中观测;(b)—(d)在 S 系中观测

(a) 在S′系中观测"发射光"和"接收光"两事件的时间间隔

(b) "发射光"事件发生

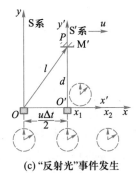

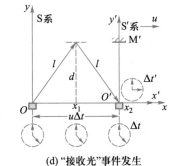

(c) "反射光"事件发生

(d) "接收光"事件发生

首先在 S′系中进行观测:从图 1-5(a)不难看出,光信号直上直下共传播了 $2d$ 的距离,而光速不变为 c,因此,"发射光"和"接收光"这两个事件间的时间间隔 $\Delta t′$ 为

$$\Delta t′ = \frac{2d}{c} \tag{1-5}$$

由于"发射光"和"接收光"这两个事件都发生在 S′系的坐标原点 O′处,因此该时间间隔 $\Delta t′$ 是由位于坐标原点 O′处的一个时钟测得.

然后再在 S 系中进行观测:由于 S′系相对于 S 系在运动,"发射光""反射光"和"接收光"这三个事件分别发生在 S 系中的不同位置,如图 1-5(b)—(d)所示,这三个位置分别为坐标原点 O 处、x_1 坐标处和 x_2 坐标处. 不难看出,S 系中观察到的光的传播路径不再是 S′系中的直上直下,而是如图 1-5(d)所示的斜上斜下. 由对称性可知,斜上和斜下的路径长度相同,设其为 l. 由光速不变原理,即光相对于 S 系的传播速度也是 c,可得 S 系中测得的"发射光"和"接收光"这两个事件间的时间间隔 Δt 为

$$\Delta t = \frac{2l}{c} \tag{1-6}$$

此时间间隔 Δt 是由分别位于坐标原点 O 处和 x_2 处的两个不同时钟测得,其中 $x_2 = u\Delta t$. 另外,"反射光"发生在 $\Delta t/2$ 时刻,如图 1-5(c)所示,其对应坐标 $x_1 = u\,\Delta t/2$. 对此图中的直角三角形 $OO'P$ 应用勾股定理,有

$$l^2 = \left(\frac{u\Delta t}{2}\right)^2 + d^2 \tag{1-7}$$

注意,上式认为在 S 系中的长度 $O'P$ 仍然等于 d,这是因为垂直于相对运动方向的长度与相对运动无关,不会因为观测参考系的不同而不同. 这可以通过"火车钻洞"的思想实验加以说明:我们设想有一列火车正向着一个山洞行驶过去,设火车和山洞静止时的高度相等. 如果假设垂直于相对运动方向的长度会因为相对运动而发生改变,那么不管是变大还是变小,在火车和山洞参考系中都会得到彼此相矛盾的结果. 例如,假设垂直于相对运动方向的长度会因为相对运动而变小,那么山洞参考系中的观测者会认为向着山洞运动而来的火车的高度会变低,从而低于山洞的高度,因此火车能穿过山洞;而火车参考系中的观测者则会认为火车静止不动,山洞向着自己运动过来,山洞的高度因为相对运动变低,从而低于火车的高度,因此火车不能穿过山洞. 但是,火车能否穿过山洞却是一种物理实在,不会因为观测者所在参考系的不同而不同,而这里却在不同参考系中得到了完全相矛盾的结论,这说明最开始的假设是错误的. 因此,垂直于相对运动方向的长度不会因为相对运动而变小. 同理可以说明,垂直于相对运动方向的长度也不会因为相对运动而变大. 总结起来,垂直于相对运动方向的长度与相对运动无关,因此在 S 系中仍然有 $O'P = d$.

联立式(1-6)和式(1-7),消去其中的 l,可解得

$$\Delta t = \frac{2d}{c} \cdot \frac{1}{\sqrt{1-u^2/c^2}} \tag{1-8}$$

又由式(1-5),可得

$$\Delta t = \frac{\Delta t'}{\sqrt{1-u^2/c^2}} \qquad (1-9)$$

由此式可以看出,在 S′系中同一位置先后发生的两个事件间的时间间隔 $\Delta t'$ 不等于在 S 系中测得的相应时间间隔 Δt,它们之间相差一个 $\sqrt{1-u^2/c^2}$ 因子. 这说明时间的测量具有相对性,牛顿绝对时间的概念不再成立.

这里,S′系中两事件发生在同一地点,其时间间隔 $\Delta t'$ 是由位于该地点处的一个时钟测得,这样测得的时间间隔被称为固有时或者原时. 而在 S 系中观测,S′系相对于 S 系运动,S′系中同一地点先后发生的两事件分别发生在 S 系中的不同地点,因此 S 系中的对应时间间隔 Δt 是由不同地点处的两个时钟测得,此时间间隔称为两地时. 由于相对运动速度 u 总是小于光速 c,有 $\sqrt{1-u^2/c^2} <$ 1,因此有 $\Delta t' < \Delta t$,即固有时最短,固有时总是小于两地时. $\Delta t' <$ Δt,也可以看成是 S′系中一只固定不动的时钟在随 S′系相对于 S 系运动时,不停地与路经的 S 系中不同位置的时钟进行比对,而由 S′系中这一只钟测得的时间间隔 $\Delta t'$,总是小于 S 系中不同位置的对应时钟测得的时间间隔 Δt. 在 S 系中观测,似乎是 S′系中这只运动的钟走得慢了. 这个效应在狭义相对论中被称为运动时钟的"时间延缓",也称为"钟慢效应".

时间延缓

由式(1-9)可知,相对速度 u 越大,S′系的钟走得越慢,时间延缓效应越显著. 但当 $u \ll c$ 时,$\sqrt{1-u^2/c^2} \to 1$,就有 $\Delta t \approx \Delta t'$,这意味着两个惯性系中测得的时间间隔是一样的,即又回到了牛顿绝对时间的概念. 因此牛顿绝对时间的概念是相对论时间概念在参考系相对速度很小时的近似.

另外,时间延缓是一种相对效应,即固定于 S 系中的某一只钟在相对于 S′系运动时,S′系的观测者也会认为 S 系的这一只钟相对于自己参考系的多只钟走得慢了. 因此在分析时间延缓效应时,应注意哪个参考系的钟是固定不动的,其测得的才是固有时.

再回到前面讨论的"运动飞船发光"的思想实验中,飞船中固定不动的时钟随飞船相对于地球参考系在运动,因此飞船中的时钟测得的时间 t' 是固有时,而地球参考系中测得的对应时间 t 是两地时. 这两个时间满足时间延缓公式(1-9),即 $t =$ $\dfrac{t'}{\sqrt{1-u^2/c^2}}$,这说明了 $t' < t$,也就解释了"为什么在飞船系中观测,光速仍然为 c,但是光的传播距离却小于地球参考系测得的对应传播距离". 另外,我们还可以计算出此时飞船参考系中测得

的飞船与光信号之间的距离为 $ct' = ct\sqrt{1-u^2/c^2}$ ，这也不同于地球参考系中测得的 $0.5ct$. 可见，距离或长度的测量也是相对的.

例 1-1

一飞船以 $u = 9\,000$ m/s 的速率相对于地面匀速飞行. 固定在飞船上的一只钟走了 5 s 的时间，用地面上的钟测量是经过了多少时间？

解：固定在飞船上的一只钟测得的时间间隔 $\Delta t' = 5$ s 是固有时，由于飞船相对于地球运动，因此地面上需要用不同地点的两只钟才能测得与之对应的时间间隔 Δt，Δt 为两地时，由时间延缓公式(1-9)，有

$$\Delta t = \frac{\Delta t'}{\sqrt{1-u^2/c^2}} = \frac{5\text{ s}}{\sqrt{1-(9\,000/3\times10^8)^2}}$$

$= 5.000\,000\,002$ s

从此结果可以看出，对于以飞船这么大的速率相对于地面运动的参考系而言，其时间延缓效应在实际中已很难测量出来，这也是为什么爱因斯坦相对论的时空观很难被人们理解和接受的原因.

1.2.3 长度收缩

时间和空间是紧密联系的，既然时间的测量具有相对性，空间尺度或物体长度的测量是否也具有相对性呢？或者说，同一物体的长度，在不同的惯性系中进行测量，其长度是否相同呢？这里我们来讨论一列火车以相对速度 u 行驶经过站台的情形，此时如何在火车参考系和站台参考系中去测量火车长度呢？测得的长度又是否一致呢？

授课录像：长度收缩的思想实验

不难想象，由于在火车参考系中火车是静止不动的，因此火车参考系中的观测者只要分别记录(可以不同时记录)车头和车尾的位置，就可测量出火车的长度，我们设其为 l'. 而在站台参考系中观测，火车是运动的，车头和车尾的位置在站台参考系中不断改变. 因此，站台参考系中的观测者要想准确测量运动火车的长度，就必须同时记录车头和车尾的位置，设这样测出的火车长度为 l. 可以看出，在不同惯性系中去测量一个物体的长度时，该物体运动状态(静止或者运动)的不同会导致测量方法的不同，这样用不同方法测得的物体长度间又有什么样的关系呢？

在同一参考系中，可以有多种方法去测量一个物体的长度，

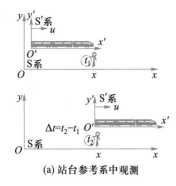

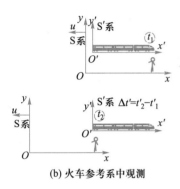

图 1-6 思想实验:火车长度的测量

测得的结果应该彼此一致. 在站台参考系中,除了用"同时记录"的方法外,还可以用如下方法去测量运动火车的长度:如图 1-6(a) 所示,站台上一静止不动的观测者在车头和车尾经过身旁时,分别记录下"车头经过"和"车尾经过"这两个事件的时间坐标 t_1 和 t_2,由此可得火车行驶经过自己所用时间 $\Delta t = t_2 - t_1$,再根据火车的运动速度 u 就可计算出运动火车的长度为 $l = u \cdot \Delta t$,这与通过"同时记录"的方法测得的运动火车的长度应该是相等的.

若在火车参考系中对此过程进行观测,火车则固定不动,站台观测者以相对速度 u 先后"跑过"了车头和车尾,如图 1-6(b) 所示. 站台观测者"跑过车头"和"跑过车尾"这两个事件分别和站台参考系中"车头经过"和"车尾经过"的两事件相对应. 在火车参考系中测出这两个事件发生的时间坐标分别为 t_1' 和 t_2',由此可得站台观测者跑过火车所用时间 $\Delta t' = t_2' - t_1'$,根据相对速度 u 可计算出站台观测者跑过的距离为 $u \cdot \Delta t'$,而这一距离正好就是火车参考系中测得的火车长度 l',即 $l' = u \cdot \Delta t'$.

不难看出,这里的 Δt 和 $\Delta t'$ 分别是在站台参考系和火车参考系中测得的同样两个事件的时间间隔. 在站台参考系中,这两个事件发生在同一位置处(固定不动的观测者所在位置 x 处),因此 Δt 是由站台观测者所在位置处的一个时钟测得,Δt 为固有时;而在火车参考系中,这两个事件则发生在不同位置(车头和车尾处),因此 $\Delta t'$ 是由火车参考系中分别位于车头和车尾处的两个时钟测得,$\Delta t'$ 为两地时. 根据上一节得到的时间延缓公式(1-9),有 $\Delta t' = \dfrac{\Delta t}{\sqrt{1 - u^2/c^2}}$,结合上面得到的两个参考系中测得的火车长度表达式 $l' = u \cdot \Delta t'$ 和 $l = u \cdot \Delta t$,可得

$$l = l' \cdot \sqrt{1 - u^2/c^2} \qquad (1-10)$$

这里 l' 为火车参考系中测得的火车长度,l 为站台参考系中测得的火车长度. 在火车参考系中火车静止不动,这种物体在其中静止的参考系中测得的物体长度称为固有长度或者原长. 而在站台参考系中火车以相对速度 u 运动,这种物体在其中运动的参考系中测得的该运动物体的长度称为运动长度. 固有长度和运动长度之间相差一个由相对速度 u 决定的因子 $\sqrt{1 - u^2/c^2}$. 由于 $\sqrt{1 - u^2/c^2} < 1$,因此有 $l' > l$,即固有长度最长,运动长度总是小于固有长度,这就是狭义相对论中的长度收缩效应.

长度收缩效应

由式(1-10)可知,相对速度 u 越大,长度收缩效应越显著. 但当 $u \ll c$ 时,$\sqrt{1 - u^2/c^2} \to 1$,就有 $l \approx l'$,这意味着两个惯性系中测

得的长度是一样的,即又回到了牛顿绝对空间的概念.因此牛顿绝对空间的概念是相对论时空观在参考系相对速度较小时的近似.

与时间延缓一样,长度收缩也是一种相对效应.如果 S′系观测者去测量静止于 S 系中的棒的长度,也会得到棒的长度变短了的结果.棒在哪个参考系中静止,在这个参考系测得的棒长就是固有长度,固有长度总是最长的.图 1-7 画出了 S 系和 S′系的观测者分别去测量随对方参考系运动的米尺的长度所得的结果,可以看出,无论在哪个参考系中观测,运动米尺的长度都变短了,其长度比起其上的刻度值都偏小了.

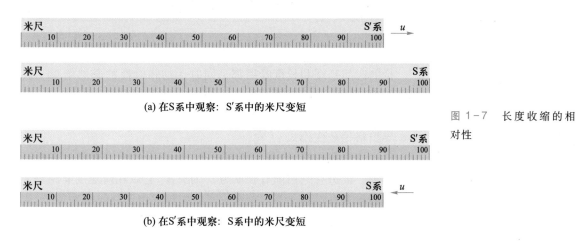

(a) 在 S 系中观察: S′系中的米尺变短

(b) 在 S′系中观察: S 系中的米尺变短

图 1-7 长度收缩的相对性

正是由于长度收缩效应,每个参考系的观测者在观测对方参考系中沿着相对运动方向的坐标轴时,都会认为对方坐标轴的实际长度比起其上的坐标刻度值来说偏小了(可以认为是刻度出现了系统误差),而自己参考系中的坐标轴的长度却和坐标刻度值完全一致.这样在测量同一段长度或者距离时,不同参考系自然就会得到不同的结果,这就是空间测量的相对性.

另外,长度收缩是一种纵向效应,即只有在相对运动的方向才能发生长度收缩,而在垂直于相对运动的方向上长度不会因为相对运动而发生改变.(这在前面已经通过"火车钻洞"的思想实验进行了说明.)

例 1-2

地球直径为 $1.27×10^4$ km,绕太阳公转的速度为 30 km/s.把地面参考系和太阳参考系都看成是惯性系,计算在太阳参考系中黄道面(地球公转轨道所在平面)上测得的地球直径的收缩.

解:在地球参考系测得的地球直径 d_0 为固有长度,在太阳参考系测得的地球直径 d 为运动长度,因此有

$$d=d_0\sqrt{1-u^2/c^2}$$

由此得地球直径的收缩量为

$$d_0-d=d_0(1-\sqrt{1-u^2/c^2})$$

$$= 1.27\times10^4 \text{ km}\times\{1-\sqrt{1-[30/(3\times10^5)^2]}\}$$
$$= 6.39\times10^{-5} \text{ km}=6.39 \text{ cm}$$

结果表明,对于以地球相对于太阳这么大的速率的运动,其带来的长度收缩效应也是微不足道的,这即使在航天技术中也不必考虑.

1.2.4 同时性的相对性

授课录像:思想实验:爱因斯坦火车-同时性的相对性

授课录像:同时性的相对性对时钟对齐的影响

授课录像:同时性的相对性对时间测量的影响(时间延缓)

授课录像:同时性的相对性对长度测量的影响(长度收缩)

同时性的相对性是狭义相对论中最本质的时空效应,前面讨论的时间延缓和长度收缩都是同时性的相对性的必然结果.我们之所以在时间延缓和长度收缩之后来讨论同时性的相对性,是为了得到关于同时性的相对性的定量结果,以便于在下一节中推导出洛伦兹变换式.

这里我们通过"爱因斯坦火车"这一著名的思想实验来进行讨论.设想有一列固有长度为 l' 的火车,它以相对速度 u 相对于地面参考系运动.某时刻在火车的中部发出了一光脉冲信号,光脉冲信号分别向车头和车尾方向传播,这里我们将分别在火车参考系和地面参考系中来讨论:"光信号到达车头"和"光信号到达车尾"这两个事件是否同时发生以及发生的先后次序和时间差.

首先在火车参考系中来进行观测:在火车参考系中,火车静止不动,光信号从火车中部发出,火车中部到车头和车尾的距离相等,光信号向车头和车尾传播所用时间相同,因此,"光信号到达车头"和"光信号到达车尾"这两个事件在火车参考系中同时发生.

然后再在地面参考系中来进行观测:在地面参考系中,虽然火车以相对速度 u 向前运动,但由光速不变原理,光信号发出后,如图1-8(a)所示,其向车头和车尾方向传播的速度相等,都为真空光速 c;但是由于车尾迎着光运动,车头背着光运动,因此当向后传播的光信号到达车尾时,向前传播的光信号还没有追上车头,如图1-8(b)所示;此后火车继续向前运动,又过了一段时间,向前传播的光信才追上车头,如图1-8(c)所示.因此,在地面参考系中,"光信号到达车头"和"光信号到达车尾"这两个事件不同时发生,"光信号到达车尾"发生在前,"光信号到达车头"发生在后.

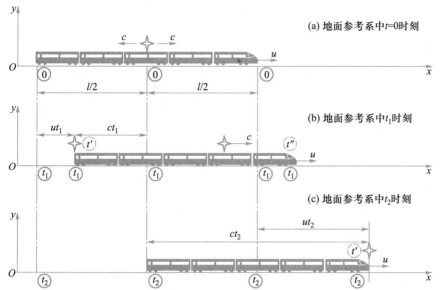

(a) 地面参考系中 $t=0$ 时刻

(b) 地面参考系中 t_1 时刻

图 1-8　爱因斯坦火车：
同时性的相对性

(c) 地面参考系中 t_2 时刻

通过以上分析可以看出，在一个惯性系中不同位置同时发生的两个事件（火车参考系中，光信号同时到达车头和车尾），在另外一个有相对运动的惯性系中却不同时发生（地面参考系中，光信号先到达车尾，后到达车头），这就是同时性的相对性.

那么，在地面参考系中观测，"光信号到达车尾"和"光信号到达车头"这两个事件发生的时间差又是多少呢？为了进行定量的讨论，我们分别设"列车中部发出光信号""光信号到达车尾""光信号到达车头"这三个事件分别对应于地面参考系中的 0 时刻、t_1 时刻和 t_2 时刻，这也分别如图 1-8(a)、(b) 和 (c) 所示. 另外，设在地面参考系中观测，火车的长度为 l，那么火车中部到车头和车尾的距离就都为 $l/2$. 结合图 1-8(a) 和 (b)，可得

$$\frac{l}{2}=ut_1+ct_1 \tag{1-11}$$

再结合图 1-8(a) 和 (c)，可得

$$\frac{l}{2}=ct_2-ut_2 \tag{1-12}$$

联立式 (1-11) 和式 (1-12)，可得

$$t_2-t_1=\frac{l/2}{c-u}-\frac{l/2}{c+u}=\frac{lu}{c^2-u^2}=\frac{lu/c^2}{1-u^2/c^2} \tag{1-13}$$

注意，上式中 l 并不等于火车的固有长度 l'. 由于火车相对于地面参考系以相对速度 u 向前运动，由长度收缩公式 (1-10)，有 $l=l'\cdot\sqrt{1-u^2/c^2}$，将此关系式代入上式 (1-13)，可得

授课录像：同时性的相对性的定量讨论

$$\Delta t = t_2 - t_1 = \frac{l'u/c^2}{\sqrt{1 - u^2/c^2}} \qquad (1-14)$$

由式(1-14)可以看出,在火车参考系中同时发生的两个事件,在地面参考系中观测却不同时发生,其时间差由相对运动速度 u 和两事件在火车参考系中的固有距离 l' 决定.

我们知道,一个参考系中的不同事件是否同时发生,可以通过该参考系中的"同步钟"对事件时间坐标的测量来进行判断. 其实,一个参考系中不同位置的"同步钟"的计时过程本身,或者对齐这些不同位置处时钟的动作本身,就是该参考系中的一系列同时事件. 而"同时性的相对性"则意味着在一个参考系中彼此对齐的同步时钟,在其他有相对运动的参考系中观测,却不再是彼此对齐的了. 在"爱因斯坦火车"这一思想实验中,在火车参考系中光信号同时到达车头和车尾,设两事件发生在火车参考系的 t' 时刻,即光信号分别到达车头和车尾时,位于车头和车尾处的时钟也分别指向 t' 时刻. 但是在地面参考系中观测,光信号先到达车尾、后到达车头,这意味着火车参考系中位于车尾处的时钟先指向 t' 时刻,位于车头处的时钟后指向 t' 时刻,即两个时钟没有对齐,彼此间存在一个时间差. 设在光信号到达车尾时,即车尾处时钟指向 t' 时刻时,如图 1-8(b)所示,车头处时钟指向 t'' 时刻, $t'-t''$ 就是在地面参考系中观测到的位于车头和车尾处的不对齐时钟之间的时间差.

比较图 1-8(b)和(c)可以看出,火车参考系中车头处时钟从 t'' 时刻走到 t' 时刻时,地面参考系的相应时钟从 t_1 时刻走到了 t_2 时刻. 由于 $t'-t''$ 是由火车参考系位于车头处的一个时钟测出的时间间隔,因此 $t'-t''$ 为固有时,地面参考系中的对应时间间隔 t_2-t_1 为两地时,由时间延缓公式(1-9),有

$$t_2 - t_1 = \frac{t'-t''}{\sqrt{1 - u^2/c^2}} \qquad (1-15)$$

比较式(1-15)和式(1-14),可得

$$\Delta t' = t' - t'' = \frac{l'u}{c^2} \qquad (1-16)$$

上式(1-16)就是在地面参考系中观测到的位于火车参考系中车头和车尾处的不对齐时钟之间的时间差. 由于 $\frac{l'u}{c^2} > 0$,因此有 $t' > t''$,这说明车尾处时钟超前于车头处时钟. 由于火车参考系相对于地面参考系是向着车头所在方向运动,因此车尾相较于车头位于相对运动方向的后方,这说明位于相对运动方向后方的时钟总是超前的.

　　总结起来,由于同时性的相对性,一个惯性系中不同位置处彼此对齐的时钟,在有相对运动的其他惯性系中观测,这些时钟都没有对齐.两个不同位置处的时钟之间的时间差由式(1-16)给出,它与相对运动速度 u 和两时钟间的固有间距成正比.考虑有相对运动的两个惯性系 S 系和 S′系,如果在 S 系中观测,S′系相对于 S 系沿着 x 轴正方向运动,S′系中不同位置处的时钟都没有对齐.由于 S′系的 x' 轴上的任一坐标 x' 的数值大小代表了其到原点 O' 的距离,为 S′系中的一段固有长度,因此在 S 系中观测,S′系的坐标 x' 处时钟和原点 O' 处时钟没有对齐,其时间相差 $\frac{ux'}{c^2}$.考虑 $x'>0$ 的情形,坐标 x' 相较于原点 O' 在 S′系相对于 S 系运动方向的前方,因此坐标 x' 处时钟所指时刻落后于原点 O' 处时钟所指时刻,即当原点 O' 处时钟指向 0 时刻时,坐标 x' 处时钟指向 $-\frac{ux'}{c^2}$ 时刻.反过来,S′系中的观测者也会认为 S 系中不同位置的时钟都没有对齐,当 S 系中原点 O 处时钟指向 0 时刻时,坐标 x 处时钟所指时刻(考虑 $x>0$ 的情形)超前于原点 O 处时钟所指时刻(相较于原点 O 位于 S 系相对于 S′系运动方向的后方),其指向 $\frac{ux}{c^2}$ 时刻.

　　为了更好地理解这里通过思想实验得到的时间延缓、长度收缩和同时性的相对性这三个重要的时空效应,这里给出在特定相对运动速度下分别在两个参考系中观察到的时空图像.设 S′系相对于 S 系以 $u=0.866c$ 沿着 x 轴正方向运动,当 $t=t'=0$ 时,S′系的坐标原点 O' 与 S 系的坐标原点 O 重合.由 $u=0.866c$ 可得 $\sqrt{1-u^2/c^2}\approx0.5$,因此式(1-9)可得 $\Delta t=2\Delta t'$,这意味着在 S 系中观测 S′系的每个时钟相较于 S 系中的时钟都变慢了一半;由式(1-10)可得 $l=0.5l'$,这意味着 S′系中的一段固定长度在 S 系中测量变短了一半,即 S 系测得 S′系 x' 轴上任一坐标刻度到原点 O' 的距离比起其坐标值都小了一半;由式(1-16)可得 $\Delta t'=0.866l'/c$,这意味着在 S 系中观测 S′系中不同位置的时钟都没有对齐,当 $l'=4$ l. s. 时,$\Delta t'\approx3.4$ s,即 S′系中每相距 4 l. s. 的时钟都相差 3.4 s.这里,为了突出"同时性的相对性",我们选取了 l. s.(光秒)作为距离的单位,1 l. s. $=1$ $c\times1$ s $=3.0\times10^8$ m.为了便于比较,我们选取在 S 系的 0 时刻和 3.4 s 这两个时刻来进行观测,这两个时刻之间 S′系相对于 S 系向前运动了 $0.866c\cdot3.4$ s ≈3 l. s. 的距离.图 1-9 为分别在 S 系的 0 时刻和 3.4 s 这两个时刻观测到的 S′系不同 x' 坐标的位置及其时钟读数的时空图像.

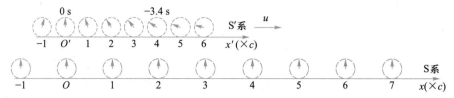

(a) S系0时刻: S′系不同x′坐标处的时钟所指时刻都不同, 相对运动方向
后方的时钟超前; S系x′坐标刻度的对应长度被压缩为一半

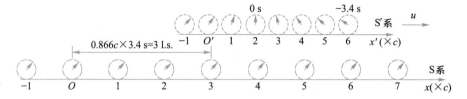

(b) S系3.4 s时刻: S′系不同x′坐标处的时钟都只往前走了1.7 s[相较于(a)]

图 1-9 S 系中的观测者观察到的 S′ 系中不同 x 坐标的位置及其时钟读数的时空图像(S′系以 $u=0.866c$ 的速度相对于 S 系沿 x 轴正方向运动, 此时 $\sqrt{1-u^2/c^2}\approx0.5$)

图 1-9(a)是在 S 系 0 时刻观测到的时空图像:此时 S 系中不同位置的时钟都彼此对齐,指向 0 时刻,但 S′系中不同坐标处的时钟都没有对齐,由于两个参考系的原点钟(O 点和 O′点处时钟)在 0 时刻相遇为已知条件,所以此时 S′系中只有位于原点 O′处的这一只时钟指向 0 时刻,其他位置处的时钟都没有指向 0 时刻,相对运动中后方(x′坐标值较小)的时钟超前,每相距 4 l.s. 的时钟所指时刻相差 3.4 s;S′系不同 x′坐标之间的距离为其坐标刻度差值的一半,即 x′轴上刻度值相差 2 l.s. 的 2 个坐标间的距离在 S 系中观测只有 1 l.s. 从这个时空图像我们可以清楚地看出同时性的相对性和长度收缩这两个时空效应.

图 1-9(b)是在 S 系 3.4 s 时刻观测到的时空图像:除了与图(a)相类似地呈现出同时性的相对性和长度收缩这两个时空效应外,相对于图 1-9 所示的 0 时刻,S′系相对于 S 系沿着 x 轴正方向运动了 3 l.s. 的距离,S′系坐标原点 O′运动到 x=3 l.s. 位置处;S′系中的每一只时钟都往前走了 1.7 s,为 S 系中时钟所走时间的一半,这就是时间延缓效应,即 S 系的观察者发现 S′系中的每一只时钟都走慢一半.

通过图 1-9 中(a)与(b)的相互比较,可以直观形象地看到狭义相对论中三个重要的时空效应:同时性的相对性、长度收缩和时间延缓. 同时性的相对性意味着在 S 系的任一时刻观测,S′系中不同 x′坐标处的时钟没有对齐,每相距 4 l.s. 的时钟都相差 3.4 s;长度收缩效应意味着在 S 系中观测 S′不同 x′坐标之间的距离为其坐标刻度差值的一半,即 x′轴上相距 2 l.s. 的两个坐标间的距离在 S 系中观测时只有 1 ls;时间延缓效应意味着 S′

系中的任一只时钟相较于 S 系时钟都走慢了一半．注意，这些时空效应都是 S 系的观测者在观察 S′系的 x′坐标位置及其时钟时得到的，但 S′系的观测者并不会认为自己参考系中的坐标及时钟会有什么问题，他们会认为自己参考系内的时钟都是对齐同步的，x′坐标间的距离及时钟的运行是同样的标准和精确．但由于运动的相对性，S′系的观测者会观察到 S 系中不同位置的时钟都没有对齐，每相距 4 l. s. 的时钟都相差 3.4 s，x 轴的长度整体也被压缩为一半，S 系的任一只时钟相较于 S′系时钟也都走慢了一半．

狭义相对论的时空效应之所以抽象，是因为两个参考系各自对所观察到的时空图像的描述似乎彼此矛盾，而这些不同观测结果又很难简单地相互对应上，其中最主要的原因是同时性的相对性引起的"彼此观察到对方参考系的时钟都没有对齐"．两个参考系在相对运动的过程中，他们的坐标及其时钟在不停地彼此相遇并进行比对，图 1-9 已给出了 S 系分别在 0 时刻和 3.4 s 这两个时刻观察到的比对结果，如果这些比对结果同样能被 S′系的观测者所认同，那么两个参考系中分别观察到的时空效应就都是正确的，不会产生相互矛盾．

由于在 S 系中观察 S′系不同位置的时钟都没有对齐，所以 S 系在某一时刻 t 一定可以观察到 S′系中有且只有一只指向某一时刻 t' 的时钟，即 S 系某位置处的 t 时刻钟会与 S′系某位置处的 t' 时刻钟相遇并进行比对；反过来在 S′系中观察，S 系不同位置的时钟也没有对齐，S′系在 t' 时刻也一定可以观察到 S 系中有且只有一只指向时刻 t 的时钟，即 S′系某位置处的 t' 时刻钟会与 S 系某位置处的 t 时刻钟相遇并进行比对．那么，分别在两个参考系中观察到的相遇并进行比对的 t 时刻钟和 t' 时刻时钟是否是同一对时钟呢？为了进行验证，我们在图 1-9(a)和(b)所示的时空图像(对应于 S 系的 0 时刻和 3.4 s 这两个时刻)中选取 S′系中读数为 0 和 -3.4 s 的时钟[分别在图 1-9(a)和(b)标出]，这样就可以得到两个参考系相遇的 2×2＝4 对时钟的比对结果，为了验证这些比对结果是否被 S′系的观测者所确认，图 1-10 分别给出 S′系在 0 时刻和 -3.4 s 这两个时刻观测到的 S 系不同 x 坐标的位置及其时钟读数的时空图像，图中分别标出了 S 系中读数为 0 和 3.4 s 的时钟．

从图 1-10 中可以同样清楚地看出同时性的相对性、长度收缩和时间延缓这三个时空效应：在 S′系中观测，S′系不同位置的时钟是对齐同步的，但 S 系中不同坐标处的时钟都没有对齐，在 S′系的 0 时刻(图 1-10(a)所示)，S 系中只有位于原点 O 处的这一只时钟指向 0 时刻(满足已知条件：在两个参考系的 0 时刻两

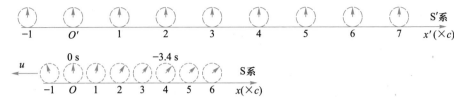

(a) S′系0时刻：S系中只有原点O处时钟指向0时刻

图 1-10　S′系中观测者观察到的 S 系中不同 x 坐标的位置及其时钟读数的时空图像（S 系以 $u=0.866c$ 的速度相对于 S′系沿 x' 轴负方向运动，此时 $\sqrt{1-u^2/c^2}\approx0.5$）

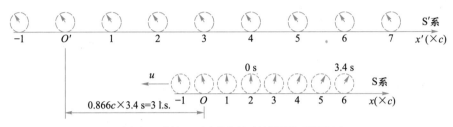

(b) S′系-3.4 s时刻：S系中的每只时钟都只往后退了1.7 s

原点钟相遇），但 S 系其他位置的时钟都没有指向 0 时刻，在相对运动方向后方（x 坐标值较大）的时钟超前，相距 4 l.s. 的时钟相差 3.4 s；S 系中 x 轴的长度整体也被压缩为一半，S 系的任一只时钟相较于 S′系时钟也都走慢了一半．这里，S′系的-3.4 s 时刻是相对于 0 时刻分别往回退了 3.4 s 的时间，因此 S 系的 x 轴也会相对于其在 S′系 0 时刻的位置（图 1-10（a）所示）分别沿着 x' 轴正方向往后退 $0.866c\cdot3.4\,\text{s}\approx3$ l.s. 的距离，即退到图 1-10（b）所示位置．

　　另外从图 1-10 还可以看出，S′系在 0 时刻和-3.4 s 两个时刻能分别观察到 S 系中位于 $x=0$ 和 2 l.s. 处的 0 时刻钟（S′系中与之相遇时钟的对应位置为 $x'=0$ 和 4 l.s.）和位于 $x=4$ l.s. 和 6 l.s. 处的 3.4 s 时刻钟（S′系中与之相遇时钟的对应位置为 $x'=$ 2 l.s. 和 6 l.s.）．再与图 1-9 所示的 4 对时钟的比对情况进行比较，可以发现这是同样的四对时钟，即在 S 系中观测到的 4 对时钟的相遇和比对结果被 S′系的观测者所认同．

　　由于这里只给出了两个参考系分别在两个时刻的观测结果，所以只能验证 4 对时钟的比对结果．但通过这种方式，我们可以验证两个参考系在任意时刻的任意一对时钟的比对结果，且在一个参考系中的观测结果一定会被另外一个参考系中的观测者所认同．正是这些彼此认同的观测结果在两个参考系中分别导致各自观察到的"同时性的相对性"，即认为对方参考系中的时钟都没有对齐，并最终导致了认为对方参考系的坐标轴都变短了、时钟都变慢了这些时空效应．这说明在不同参考系中观察到的这些具有相对性的时空效应是彼此符合的，不会产生矛盾的结果．

相对论时空效应之所以抽象,是因为它常常会干扰我们所熟悉的正常思维方式,误认为是不是自己测量长度的尺子或者测量时间的时钟出现了问题.事实上,每一个参考系的观测者仍然是按照自己所熟悉的正确方式去测量长度和时间,测量所用的尺子和时钟仍然和原来一样精准.观测者在自己参考系中通过测量获得的关于长度和时间的所有认知都是客观实在的,和是否存在别的参考系或者别的什么参考系是否也对同一长度和时间进行了测量没有丝毫关系.但是,如果存在别的参考系,这些参考系正好也做了同样的测量,观测者就会发现两边的测量结果不一样,而且这些不同测量结果之间的对应关系又不符合习惯了的绝对时空观以及伽利略变换.观测者会发现其他参考系中"不同位置时钟没有对齐、每一个时钟都走得较慢、坐标刻度的数值比起其到坐标原点的距离偏大"等一系列"奇异现象".正是这些"奇异现象",才导致了其他参考系的测量结果与自己所测的不同.

然而,对于生活在地球上的人们,通常能够遇到的其他参考系的相对运动速度都大大低于光速,其他参考系中的种种"奇异现象"并不能被地球上的人们直观地观察到,因此,在人们的思想中根深蒂固的仍然是牛顿的绝对时空观和伽利略变换.但是,爱因斯坦却在光速不变原理的基础上,通过思想实验,揭示了在相对高速运动(接近光速)的参考系间很容易显现出来的那些"奇异"的时空效应,这就是前面讲到的同时性的相对性、时间延缓和长度收缩.爱因斯坦在这些时空效应的基础上,找到了不同参考系中得到的不同测量结果间的对应关系,这就是反映爱因斯坦相对论时空观的洛伦兹变换.

1.3 洛伦兹变换

上一节,我们讨论得到了相对论中重要的时空效应:同时性的相对性、时间延缓和长度收缩.下面我们就在此基础上推导反映爱因斯坦相对性原理的洛伦兹变换.

1.3.1 洛伦兹变换的推导

与讨论伽利略变换时所选取的参考系相类似,我们设有两个

洛伦兹变换

 文档:洛伦兹

授课录像:洛伦兹变换

授课录像:洛伦兹变换
的推导

授课录像:坐标变换式
时空图像

授课录像:时间正变换式
时空图像

授课录像:时间逆变换式
时空图像

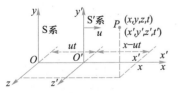

图 1-11   洛伦兹 x 坐标变换式推
导:S 系中观测

惯性系 S 系和 S′系,S 系的 x 轴与 S′系的 x' 轴重合,y、z 轴与 y'、z' 轴分别平行;S′系相对于 S 系以速度 u 沿着 x 轴正方向做匀速直线运动;将 S′系的坐标原点 O' 与 S 系的坐标原点 O 重合那一刻作为计时起点,即此时 $t = t' = 0$. 某时刻在空间某点 P 处发生了一个事件,S 系和 S′系的观测者分别测得该事件的时空坐标为 (x, y, z, t) 和 (x', y', z', t'). 下面我们来讨论这两个时空坐标之间的变换关系.

前面一节已经得到,与相对运动速度相垂直的方向上的长度测量与参考系无关. 由于这里只有 x 轴方向上有相对运动,因此可得 $y' = y$,$z' = z$. 下面我们将只讨论 x 坐标变换式和时间变换式.

首先来讨论 x 坐标变换式. 图 1-11 画出了 t 时刻,即事件发生时,S 系中的观测结果:S 系中观测者测得事件发生在 t 时刻,事件在 x 轴上的对应坐标为 x. 由于 $t = 0$ 时,S′系的坐标原点 O' 与 S 系的坐标原点 O 重合,因此 t 时刻原点 O' 运动到了 S 系中 $x = ut$ 位置处. 又由于 S′系测得该事件发生在 x' 处,因此 t 时刻,S′系的 x' 坐标与 S 系的 x 坐标彼此重合,S 系中的观测者认为 x' 坐标与坐标原点 O' 之间的距离为 $x - ut$. 由于 x' 为 S′系中的坐标刻度值,所以 $O'x'$ 为 S′系中一段静止的长度,其大小 x' 可看成是固有长度;由于 S′系相对 S 系运动,因此 S 系中测得的 $O'x'$ 的长度 $x - ut$ 就对应于运动长度. 由长度收缩公式(1-10),有

$$x - ut = x' \cdot \sqrt{1 - u^2/c^2}$$

将上式变形,可得

$$x' = \frac{x - ut}{\sqrt{1 - u^2/c^2}} \qquad (1-17)$$

式(1-17)为由惯性系 S 到惯性系 S′的 x 坐标变换式,该式可以理解成 S 系中的观测者在 t 时刻对 S′系中 x' 坐标的对应长度(与 S′系坐标原点 O' 之间的距离)进行了测量,测得的结果 $x - ut$ 对应于运动长度,而 x' 则代表了 S′系中的固有长度,式(1-17)实际上是一个长度收缩的关系式.

同理,S′系中的观测者在 t' 时刻也能对 S 系中 x 坐标的对应长度(与 S 系坐标原点 O 之间的距离)进行了测量,测得的结果为 $x' + ut'$,而这里 x 则为固有长度,$x' + ut'$ 为运动长度,它们之间也满足长度收缩的关系式,即

$$x = \frac{x' + ut'}{\sqrt{1 - u^2/c^2}} \qquad (1-18)$$

上式为由惯性系 S′到惯性系 S 的 x 坐标变换式.

　　接下来我们再来讨论事件在两个惯性系之间的时间变换式.首先在 S′ 系中进行观测,图 1-12(a)给出了 S′ 系中 0 时刻观测到的时空图像:S′ 系中不同位置时钟都指向 0 时刻,图中画出了坐标原点 O′ 处、x′ 坐标处以及与 S 系 x 坐标相应的位置处的 0 时刻钟;S 系中不同位置的时钟都没有对齐,此时只有原点 O 处的一个时钟指向 0 时刻,由式(1-16)可知 x 处时钟超前于原点 O 处的时钟,指向 $\dfrac{ux}{c^2}$ 时刻. 图 1-12(b)给出了 S′ 系中在事件发生的 t′ 时刻观测到的时空图像:S′ 系中不同位置的时钟都指向 t′ 时刻,S 系 x 坐标与 S′ 系 x′ 坐标彼此重合,S 系中 x 处时钟指向 t 时刻.

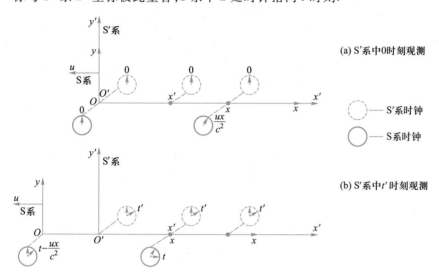

(a) S′系中0时刻观测

⊝ —— S′系时钟

◯ —— S系时钟

(b) S′系中t′时刻观测

图 1-12　洛伦兹时间变换式推导:S′系中观测

　　由图 1-12 可以看出,S′ 系中观测者认为事件发生在 t′ 时刻,从 0 时刻算起至事件发生经历了 t′ 时间. 在这段时间里,S 系中 x 处时钟从 $\dfrac{ux}{c^2}$ 时刻走到了 t 时刻,其走过的时间为 $t-\dfrac{ux}{c^2}$(事实上,S 系中不同位置的时钟在这段时间里都向前走了 $t-\dfrac{ux}{c^2}$ 的时间间隔,比如原点 O 处时钟就从 0 时刻走到了 $t-\dfrac{ux}{c^2}$ 时刻). 由于 $t-\dfrac{ux}{c^2}$ 是 S 系中位于 x 坐标处的一只时钟测得的时间间隔,因此 $t-\dfrac{ux}{c^2}$ 为固有时,而与之相对应的 S′ 系中的时间间隔 t′ 为两地时,根据时间延缓公式(1-9),有

$$t'=\frac{t-\dfrac{u}{c^2}x}{\sqrt{1-u^2/c^2}} \tag{1-19}$$

式(1-19)为由惯性系 S 到惯性系 S′ 的时间变换式,该式可以理解

成 S′ 系的观测者对 S 系时钟读数进行修正的过程:首先 S′ 系认为 S 系中的时钟都没有对齐,在 S′ 系的 0 时刻,S 系 x 处时钟已经指到 $\dfrac{ux}{c^2}$ 时刻,当事件在 t' 时刻发生时,S 系 x 处时钟实际走过的时间为 $t-\dfrac{u}{c^2}x$,这对应于式(1-19)中的分子;在对 S 系中时钟的不对齐性进行了修正后,S′ 系中的观测者还发现 S 系 x 处的这只时钟走得慢了,于是又对 S 系时钟的钟慢效应进行了修正,即将 $t-\dfrac{u}{c^2}x$ 除以因子 $\sqrt{1-u^2/c^2}$,这样所得的时间间隔才能与 S′ 系中测得的时间间隔 t' 相一致,即由式(1-19)所示的时间变换式成立.

同理,若在 S 系中进行观测,则会认为 S′ 系中的时钟都没有对齐,在 S 系 0 时刻,S′ 系 x' 处时钟指向 $-\dfrac{ux'}{c^2}$ 时刻,到 t 时刻事件发生时,S′ 系 x' 处时钟实际走过的时间为 $t'+\dfrac{u}{c^2}x'$;在修正成 x' 处一个时钟所走时间后,S 系中的观测者还发现 S′ 系 x' 处的这只时钟走得慢了,于是将 $t'+\dfrac{u}{c^2}x'$ 除以因子 $\sqrt{1-u^2/c^2}$,这样就得到了 S 系中测得的对应时间间隔 t,因此有

$$t=\frac{t'+\dfrac{u}{c^2}x'}{\sqrt{1-u^2/c^2}} \tag{1-20}$$

式(1-20)为由惯性系 S′ 到惯性系 S 的时间变换式.

综合式(1-17)、式(1-19)以及 y、z 方向的变换关系,可得到如下从惯性系 S 到惯性系 S′ 的**洛伦兹变换式**:

洛伦兹变换式

$$\left.\begin{array}{l} x'=\dfrac{x-ut}{\sqrt{1-u^2/c^2}} \\[2mm] y'=y \\ z'=z \\[2mm] t'=\dfrac{t-\dfrac{u}{c^2}x}{\sqrt{1-u^2/c^2}} \end{array}\right\} \tag{1-21}$$

根据式(1-21),如果已知事件在 S 系中的时空坐标 (x, y, z, t),就可求出该事件在 S′ 系中的时空坐标 (x', y', z', t').

同样,综合式(1-18)、式(1-20)以及 y、z 方向的变换关系,可得如下从惯性系 S′ 到惯性系 S 的洛伦兹变换式:

$$x = \frac{x' + ut'}{\sqrt{1 - u^2/c^2}}$$

$$y = y'$$

$$z = z' \tag{1-22}$$

$$t = \frac{t' + \dfrac{u}{c^2}x'}{\sqrt{1 - u^2/c^2}}$$

根据式(1-22),如果已知事件在 S′ 系中的时空坐标(x', y', z', t'),就可求出事件在 S 系中的时空坐标(x, y, z, t),该式也称为洛伦兹变换的逆变换. 另外,考虑到 S 系相对于 S′ 系以速度$-u$运动,只需要把式(1-21)中的 u 换成$-u$、并把带撇和不带撇的量互换,也可得到式(1-22).

这里,我们在相对论重要的时空图像(同时性的相对性、时间延缓、长度收缩)的基础上推导得到了洛伦兹变换. 此外,我们还可以直接从爱因斯坦相对性原理和光速不变原理这两个基本假设出发,根据不同惯性系对于物理规律的等价性,得知不同惯性系间的时空坐标变换必须是线性的,且此线性变换在相对运动速度大大低于光速时还应过渡到伽利略变换,再考虑到在不同惯性系中真空光速为恒定值,这样也可推导出洛伦兹变换.

洛伦兹变换中的因子$\sqrt{1 - u^2/c^2}$是相对论中一个重要的因子,为了表达简便,通常也设

$$\gamma = \frac{1}{\sqrt{1 - u^2/c^2}} \tag{1-23}$$

以上洛伦兹变换式(1-21)和式(1-22)就可以通过 γ 表示成如下更简练的形式

$$x' = \gamma(x - ut), \quad y' = y, \quad z' = z, \quad t' = \gamma\left(t - \frac{u}{c^2}x\right) \tag{1-24}$$

$$x = \gamma(x' + ut'), \quad y = y', \quad z = z', \quad t = \gamma\left(t' + \frac{u}{c^2}x'\right) \tag{1-25}$$

从以上洛伦兹变换可以看出,同一事件在不同惯性系中的时空坐标之间是彼此关联的,不同惯性系对时间和空间的测量不能再像伽利略变换中那样互相独立、彼此分开,而是紧密联系、不可分割. 因此,在相对论中我们把习惯上的三维空间坐标和一维时间坐标合称为四维时空坐标.

由洛伦兹变换式(1-24)很容易看出,当 $u \geq c$ 时,因子 γ 将变成无穷大或者虚数,显然这没有物理意义. 这说明任何参考系或实际物体(不包括光)的运动速度都不可能等于或者大于真空光

速,真空光速是任何实物粒子运动速度的上限,同时也是能量和信息传输速度的上限. 另外,当 $u \ll c$ 时,因子 $\sqrt{1-u^2/c^2} \to 1$,$\dfrac{u}{c^2} \to 0$,洛伦兹变换转化为式(1-1)所示的伽利略变换. 这说明爱因斯坦相对论时空观不是对牛顿绝对时空观的简单否定,而是对后者的发展,牛顿绝对时空观是相对论时空观在运动速度 u 很小时的一个近似. 在宏观领域,即使所谓的高速运动物体,例如子弹和卫星,其速度大小也仅为 10^3 m/s 到 10^4 m/s 的量级,比光速小很多,所以以牛顿力学在这一领域还是非常精确的,这也是相对论的建立和理解都相当困难的原因.

历史上洛伦兹变换是荷兰物理学家洛伦兹(H. A. Lorentz)首先得到的,但他是为了解释迈克耳孙-莫雷实验的零结果,在承认绝对静止惯性系(以太参考系)的前提下,假设物质在相对于以太运动时会发生收缩,从而得到了洛伦兹变换. 在洛伦兹的理论中,变换仅仅被看作数学上的辅助手段,并不包含相对论的时空观. 而爱因斯坦则在实验事实的基础上,根据相对性原理和光速不变原理,重新导出了洛伦兹变换,并赋予洛伦兹变换崭新的物理内容,实现了时空观的变革.

例 1-3

用洛伦兹变换证明,点光源发光的波前如果在一个惯性系中的形状为球面,那么在另一个惯性系中也为球面.

证明:设惯性系 S(S') 的坐标原点 $O(O')$ 在 $t = t' = 0$ 时刻彼此重合,此时位于坐标原点处的点光源发出一光信号,该光信号在惯性系 S 中任意时刻 t 时的波前形状为球面,其方程为

$$x^2 + y^2 + z^2 = c^2 t^2$$

将洛伦兹逆变换式(1-22)代入上式,得

$$\left(\frac{x' + ut'}{\sqrt{1-u^2/c^2}} \right)^2 + y'^2 + z'^2 = c^2 \left(\frac{t' + \dfrac{u}{c^2}x'}{\sqrt{1-u^2/c^2}} \right)^2$$

整理,得

$$x'^2 + y'^2 + z'^2 = c^2 t'^2$$

上式为惯性系 S' 中的一个球面方程,这说明该光信号在惯性系 S' 中任意时刻 t' 时的波前形状也是球面.

授课录像:洛伦兹变换例题

两个球面方程具有完全相同的数学形式,这是狭义相对性原理的一个表现. 同样,将洛伦兹变换代入麦克斯韦方程组中,也能保持方程组的数学形式不变,这称为洛伦兹变换的协变性.

例 1-4

宇宙飞船相对于地面以 $0.8c$ 的速度飞行,飞船上的观测者测得飞船长 30 m. 一光脉冲从船尾传到船头,问在飞船上和在地面上观测,光脉冲走过的路程和所需要的时间各是多少.

解:设地面参考系为 S 系,飞船参考系为 S′系,他们都可看作惯性系,S′系相对于 S 系以速度 $u=0.8c$ 沿 x 轴正方向做匀速直线运动.

本题涉及以下两个事件.

事件 1:船尾发出光脉冲,在 S 系和 S′系中的时空坐标分别为 (x_1, t_1),(x_1', t_1').

事件 2:船头收到光脉冲,在 S 系和 S′系中的时空坐标分别为 (x_2, t_2),(x_2', t_2').

根据已知条件,飞船长度是在 S′系中测得的,因此

$$x_2'-x_1' = 30 \text{ m}$$

在 S′系中,飞船静止,因此光脉冲从船尾传到船头所经历的路程就是 30 m,传播这段路程所需时间为

$$t_2'-t_1' = \frac{x_2'-x_1'}{c} = \frac{30 \text{ m}}{3\times10^8 \text{ m/s}} = 10^{-7} \text{ s}$$

把上述结果代入洛伦兹坐标逆变换式 (1-22),可得两事件在 S 系中的空间间隔和时间间隔分别为

$$x_2-x_1 = \frac{(x_2'-x_1')+u(t_2'-t_1')}{\sqrt{1-u^2/c^2}}$$

$$= \frac{30 \text{ m}+0.8c\times30 \text{ m}/c}{\sqrt{1-0.8^2}}$$

$$= 90 \text{ m}$$

$$t_2-t_1 = \frac{(t_2'-t_1')+\frac{u}{c^2}(x_2'-x_1')}{\sqrt{1-u^2/c^2}}$$

$$= \frac{10^{-7}\text{s}+0.8\times10^{-7}\text{s}}{\sqrt{1-0.8^2}}$$

$$= 3\times10^{-7} \text{ s}$$

即光脉冲在 S 系中传播的路程为 90 m,需要的时间为 3×10^{-7} s. 在 S 系光速仍然为 $(x_2-x_1)/(t_2-t_1) = 3\times10^8$ m/s,可见光速在任何惯性系中均为恒定值.

若按照伽利略变换式 (1-1),两事件在 S 系中的空间间隔和时间间隔分别为

$$x_2-x_1 = (x_2'-x_1')+u(t_2'-t_1')$$
$$= 30 \text{ m}+0.8\times30 \text{ m} = 54 \text{ m}$$
$$t_2-t_1 = t_2'-t_1' = 10^{-7} \text{ s}$$

由此可得 S 系中的光速大于真空光速 c,与光速不变的实验结果相矛盾. 可见,在研究接近光速运动的物体时,狭义相对论是必不可少的.

1.3.2 利用洛伦兹变换验证相对论时空效应

在狭义相对论中,洛伦兹变换是最基本的关系式,狭义相对论的时空性质和运动学结论,如同时性的相对性、长度收缩、时间延缓、速度变换式等都可以由洛伦兹变换直接导出. 在以下讨论

中,都会涉及两个惯性系:S 系和 S′ 系,其中 S′ 系相对于 S 系以速度 u 沿着 x 轴正方向运动.

1. 同时性的相对性

授课录像:验证同时性的相对性

两个事件在 S′ 系中的不同位置同时发生,这两个事件在 S′ 系中的时空坐标分别为 (x_1', t') 和 (x_2', t'),问在 S 系中这两个事件是否同时发生?

设这两个事件在 S 系中的时空坐标分别为 (x_1, t_1) 和 (x_2, t_2),这里要讨论这两个事件在 S 系中的时间关系,根据洛伦兹逆变换式(1–22)中的时间变换式,有

$$t_1 = \frac{t' + \frac{u}{c^2}x_1'}{\sqrt{1 - u^2/c^2}}, \quad t_2 = \frac{t' + \frac{u}{c^2}x_2'}{\sqrt{1 - u^2/c^2}}$$

由上面两式,可得

$$t_2 - t_1 = \frac{(t' - t') + \frac{u}{c^2}(x_2' - x_1')}{\sqrt{1 - u^2/c^2}} = \frac{\frac{u}{c^2}(x_2' - x_1')}{\sqrt{1 - u^2/c^2}} \qquad (1-26)$$

式(1–26)中,由于 $x_2' \neq x_1'$(不同位置),可得 $t_2 \neq t_1$,这意味着在 S 系中观测,这两个事件不同时发生,其时间差与这两个事件在 S′ 系中的空间距离 $x_2' - x_1'$ 成正比.这一结果与上一节在"爱因斯坦火车"思想实验中得到的结果式(1–14)一致.

这里在洛伦兹变换的基础上,通过简单的推导,就验证了同时性的相对性.同时性的相对性是相对论中最本质的时空效应,它是爱因斯坦对时间这一相对论中最为抽象的概念深入研究的结果,也是爱因斯坦建立起狭义相对论的突破口.为了帮助我们进一步理解时间的本性,我们来比较下面关于空间和时间相互变换的两种描述:

(1)在一个参考系中同一地点、不同时间发生的两个事件,在另一个参考系中观测,将在不同地点发生.

(2)在一个参考系中同一时间、不同地点发生的两个事件,在另一个参考系中观测,将在不同时间发生.

这两个叙述中唯一的不同就是"地点"和"时间"的位置互换了一下,这恰巧体现了"时间"和"空间"在相对论中处于等同的地位,它们是同一均匀的"时空连续体"中的两个不同分量.在第一个描述中,时间间隔变换成了空间间隔,这非常容易被人们所理解和接受,因为只要参考系间存在相对运动,一个参考系中同一地点、不同时间发生的两个事件,在另一个参考系中就一定发生在不同地点.而在第二个描述中,空间间隔变换成了时间

间隔,其实质就是同时性的相对性,但这却非常不易被人们所认识到,这是因为人们所遇到的宏观物体的运动速度都远小于光速.爱因斯坦以其深邃的洞察力,认识到关于时间的问题实质上就是一个同时性的问题,他在光速不变原理的基础上,推导得到了同时性的相对性,使时间和空间处于了平等的地位.

为了描述相对论中时间和空间的等同性,德国数学家闵可夫斯基(H. Minkowski)将时间作为第四维坐标加到三维空间坐标中,建立起了闵可夫斯基空间.他曾经在题为"时间和空间"的报告中说道:"我要向大家介绍的空间和时间的观念,是从实验物理学的土壤中生长起来的,这就是它们力量的所在.这些观念是革命性的,从现在起,空间自身和时间自身消失在阴影之中了,现实存在的只有空间和时间的统一体."在闵可夫斯基空间中,相对论的各种时空效应将会非常直观形象地表现出来.我们将在1.3.3节中介绍闵可夫斯基空间.

例 1-5

在地面参考系中,北京、上海两地相距约 1 000 km,某一时刻有两列火车同时在北京站和上海站发车.中国空间站在地球上空沿着从北京到上海的方向以约 7.7 km/s 的速度飞过,在空间站所在的参考系中观测,两列火车是否同时发车?如果不同时发车,谁先谁后,时间差是多少?

解:设地面参考系为 S 系,北京到上海的方向为 x 轴,中国空间站所在参考系为 S′系,它们都可看作惯性系,S′系相对于 S 系以速度 $u=7.7$ km/s 沿 x 轴正方向做匀速直线运动.

本题涉及两个事件:

事件 1:北京站发车,在 S 系和 S′系中的时空坐标分别为 (x_1,t_1),(x_1',t_1').

事件 2:上海站发车,在 S 系和 S′系中的时空坐标分别为 (x_2,t_2),(x_2',t_2').

根据已知条件,有 $x_2-x_1=1\ 000$ km,$t_1=t_2$,由洛伦兹时间变换式(1-21),可得两事件在 S′系中的时间间隔为

$$t_2'-t_1' = \frac{(t_2-t_1)-\dfrac{u}{c^2}(x_2-x_1)}{\sqrt{1-\dfrac{u^2}{c^2}}}$$

$$=\frac{0-\dfrac{7.7}{(3\times10^5)^2}\times10^6}{\sqrt{1-\left(\dfrac{7.7}{3\times10^5}\right)^2}}\ \mu s$$

$$=-86\ \mu s$$

$t_2'-t_1'<0$,说明在空间站所在参考系中观测,两列火车不同时发车,上海站发车事件早于北京站发车事件,其时间差为 86 μs.

从这道例题可以看出,由于在空间站所在参考系观测时,地球沿着从上海到北京的方向相对于空间站参考系运动,因此上海位于相对运动方向的后方,所以位于上海的地球钟超前,上海站发车这一事件先发生,这也与计算得到的 $t_2' - t_1' < 0$ 相一致.这里还需要注意,所问的是在空间站所在参考系中观测,并不是指在空间站上遥望,而空间站所在参考系则可以用一个随空间站一起运动的坐标系来代表,题中所述两事件会发生在空间站所在参考系的某一位置,空间站所在参考系测得的事件发生时刻应由分别位于两事件发生处的时钟测出.另外还可以看出,即使对于空间站这么大的运动速度及北京和上海两地相距 1 000 km 这么大的距离,在空间站所在参考系中观测到的地面系的北京钟和上海钟只有 86 μs 的时间差.在日常生活中,我们能遇到的运动速率和直接能观察到的空间范围都会小得多,因此同时性的相对性这一时空效应很难被直接观察到.

2. 时间延缓

事件 1 和事件 2 在惯性系 S′ 中同一个地点先后发生,其时空坐标分别为 (x', t_1') 和 (x', t_2') $(t_2' > t_1')$,这两个事件在 S′ 系中的时间间隔为 $\Delta t' = t_2' - t_1'$,求这两个事件在惯性系 S 中的时间间隔 Δt 是多少.

授课录像:验证时间延缓

授课录像:时间延缓时空图像

授课录像:时间延缓例题

设这两个事件在 S 系中的时空坐标分别为 (x_1, t_1) 和 (x_2, t_2).同样由洛伦兹逆变换式(1-22)中的时间变换式,有

$$t_2 - t_1 = \frac{(t_2' - t_1') + \dfrac{u}{c^2}(x' - x')}{\sqrt{1 - u^2/c^2}} = \frac{t_2' - t_1'}{\sqrt{1 - u^2/c^2}}$$

因此,在 S 系中这两个事件的时间间隔可表示成

$$\Delta t = \frac{\Delta t'}{\sqrt{1 - u^2/c^2}} \qquad (1-27)$$

这里两个事件在 S′ 系中同一位置先后发生,对应时间间隔 $\Delta t'$ 是由位于 x' 处的一个时钟测得,因此 $\Delta t'$ 为固有时.又由洛伦兹逆变换中的 x 坐标变换式,有

$$x_2 - x_1 = \frac{(x' - x') + u(t_2' - t_1')}{\sqrt{1 - u^2/c^2}} = \frac{u(t_2' - t_1')}{\sqrt{1 - u^2/c^2}}$$

很明显,$x_2 \neq x_1$,这说明两个事件在 S 系中不同位置发生,其时间间隔 Δt 分别由位于 x_2 和 x_1 处的两个时钟测得,Δt 为两地时.

对于所有的 u,式(1-27)中分母总是小于 1,因此总有 $\Delta t > \Delta t'$,即固有时最短,固有时总是小于两地时.这就是 1.2.2 节中讨论的时间延缓效应.

S′系中的这一只时钟测得的时间间隔偏小,其实不是这只钟真正走得慢了. 两个参考系中的所有时钟都是一样的标准钟,走得也一样快慢,只是该 S′系时钟在相对于 S 系运动的过程中,不断地和 S 系中不同位置处的相遇时钟进行比对,比对的结果是自己的读数总是偏小. 而 S′系的观察者却会认为,S 系中不同位置的时钟本身就没有对齐,后遇到的时钟(位于相对运动方向的后方)的读数是超前的,因此相遇时它们的读数总是偏大,这才有了"S 系观测者认为 S′系这只时钟走得慢了一点"的结论. 由此可见,时间延缓其实是由同时性的相对性引起的.

授课录像:例 1-7

例 1-6

现代物理实验观测到,以 $u = 0.91c$ 高速自由飞行的 π 介子在其生存期内平均飞行距离为 17.14 m,求它的固有寿命.

解:取地面参考系为 S 系,π 介子所在参考系为 S′系. 在 S 系内,π 介子的平均寿命为

$$\Delta t = \frac{d}{u} = \frac{17.14 \text{ m}}{0.91 \times 3 \times 10^8 \text{ m/s}} = 6.28 \times 10^{-8} \text{ s}$$

这里的 Δt 并不是所求的固有寿命. 所谓固有寿命是指静止粒子的寿命,即固有寿命一定是固有时. 由于 π 介子在 S′系中是静止的,S′系相对于 S 系运动,因此 S 系中测得的 Δt 为两地时,与其相对应的 S′系中的固有时 $\Delta t'$ 才是固有寿命,为

$$\Delta t' = \Delta t \sqrt{1 - u^2/c^2} = 6.28 \times 10^{-8} \text{ s} \times \sqrt{1 - 0.91^2}$$
$$= 2.60 \times 10^{-8} \text{ s}$$

这一结果与实验值符合得很好.

例 1-7

一颗星以 $0.6c$ 的速度远离地球,在地球上用一个钟测得它的光脉冲的闪光周期是 5 s,求在此星上的闪光周期.

解法一:在地球参考系中,星以 $0.6c$ 的速度离开地球,并先后发出了两次闪光,如图 1-13 所示,设在星球参考系中星于 t_1' 时刻发出了前一次闪光,于 t_2' 时刻发出了后一次闪光,两次闪光的时间间隔 $\Delta t' = t_2' - t_1'$ 就是所求的星上的闪光周期. 由于 t_1' 和 t_2' 是由位于星上的同一个时钟测得的,因此闪光周期 $\Delta t'$ 为原时. 而这里已知的在地球上的一个钟测得的闪光周期 $\Delta t_E = 5$ s 却并不是

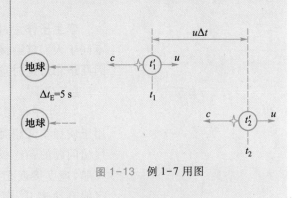
图 1-13 例 1-7 用图

地球参考系中与所求 $\Delta t'$ 相对应的两地时 Δt,这是因为两地时 $\Delta t=t_2-t_1$ 需由地球参考系中分别位于两次闪光事件发生处的两个不同时钟测得.由时间延缓公式,可得先后发出闪光的两个事件在地球参考系中的时间差 Δt 为

$$\Delta t = \frac{\Delta t'}{\sqrt{1-u^2/c^2}} = \frac{\Delta t'}{\sqrt{1-(0.6)^2}}$$

由于星在两次闪光间相对于地球向前运动了 $u\Delta t$ 的距离,因此后一次闪光传播到地球比前一次闪光要多传播 $u\Delta t$ 的距离,光多传播这段距离所用的时间为 $u\Delta t/c$.因此有

$$\Delta t_E = \Delta t + \frac{u\Delta t}{c} = 1.6 \cdot \frac{\Delta t'}{\sqrt{1-(0.6)^2}}$$

解得

$$\Delta t' = 2.5 \text{ s}$$

即星上的闪光周期为 2.5 s.

解法二: 上面我们从地球参考系中观测者的角度解得了星上的闪光周期,同样我们也可以从星球参考系的角度进行讨论.

在星球参考系中,星固定不动,地球以 0.6c 的速度离开星,星在一个闪光周期 $\Delta t'$ 内先后发出两次闪光,两次闪光先后传播到达地球,地球上的一个钟测得的两次闪光到达的时间间隔 $\Delta t_E = 5$ s 为原时,由时间延缓公式,可得闪光先后到达地球的两个事件在星球参考系中的时间间隔 $\Delta t'_E$ 为

$$\Delta t'_E = \frac{\Delta t_E}{\sqrt{1-u^2/c^2}} = \frac{5 \text{ s}}{\sqrt{1-(0.6)^2}} = 6.25 \text{ s}$$

由此可知后一次闪光比起前一次闪光要多传播 $u\Delta t'_E$ 的距离才能到达地球,后一次闪光多传播这段距离所用的时间为 $u\Delta t'_E/c$,因此有

$$\Delta t'_E = \Delta t' + \frac{u\Delta t'_E}{c}$$

同样可解得

$$\Delta t' = 2.5 \text{ s}$$

由此题可以看出,在讨论相对论时空效应时,一定要分析清楚事件,不要盲目地套用公式.这里地球上由一个时钟测得的闪光周期 Δt_E 与所求的星上的闪光周期 $\Delta t'$ 虽然存在联系,但是与 $\Delta t'$ 并不满足时间延缓的关系式,这是因为闪光先后到达地球的事件和星先后发出闪光的事件是完全不同的 4 个事件.只有对同样的两个事件,若它们在一个参考系中同一地点先后发生,在另外一个参考系中不同地点发生,这两个参考系中分别用事件发生处的钟分别测得的时间间隔之间才满足时间延缓的关系式.

孪生子佯谬: 在爱因斯坦提出狭义相对论后,由于其时空观不同于人们普遍接受的牛顿绝对时空观,因此出现了很多关于爱因斯坦相对论时空观的争论,其中有一个著名的争论就是所谓的"孪生子佯谬".

"孪生子佯谬"由法国科学家朗之万(P. Langevin)首先提出,用于质疑狭义相对论中的时间延缓效应."孪生子佯谬"是这样提出问题的:有一对孪生兄弟 A 和 B,A 留在地球上生活,B 登上飞船(速度接近光速)进行太空旅行.若在地球参考系中观测,飞船高速离开,高速返回,由于时间延缓效应,飞船上的动钟变

慢,B 返回地球后,A 发现 B 更年轻.但是 B 所在的飞船参考系却会观测到,地球高速离开,高速返回,地球上的时钟因时间延缓效应走得较慢,当地球回到飞船时,B 却发现 A 更年轻.这里站在不同的参考系中讨论,得到了截然相反的结论,而物理实在只能有一个,因此这也被称为"佯谬".上面的讨论中用到了狭义相对论的时间延缓效应,这是否意味着时间延缓效应出现问题了呢?

对于这个佯谬的讨论,已经超出了狭义相对论研究的范畴,狭义相对论只适用于惯性系,惯性系彼此之间的相对运动速度是恒定的.这里的地球参考系可以认为是一个惯性系,狭义相对论的原理在其中是成立的;但是飞船参考系先离开再返回地球,其间必定经历减速、掉头、再加速的过程(相对于惯性系做变速运动),因此飞船参考系在此过程中不能再当作惯性系,狭义相对论在飞船参考系中不再成立.在这个意义上两个参考系就不能再被认为是彼此对称的了,上面由对称性引起的矛盾就不复存在了.

那么,如果飞船返回地球,到底谁更年轻呢? 对于这个问题,可以从广义相对论、狭义相对论或多普勒效应等不同角度进行讨论,而且都能得到一致的结果,即太空旅行者 B 更年轻了.广义相对论认为,飞船参考系在相对于惯性系减速、掉头、再加速的过程中是一个加速系,加速系就相当于存在引力场,而引力场能使空间弯曲并使时间延缓,因此 B 更年轻.如果用狭义相对论的理论进行讨论,则认为这里存在三个惯性系,即地球参考系、匀速离开的飞船系、匀速返回的飞船系,B 在折返点处从离开的飞船系迅速跳到返回的飞船系上,此时地球参考系中位于折返点处的时钟并没有发生变化,但由于地球所在位置从离开飞船系的后方突然变到了返回飞船系的前方,因此在两个不同的飞船系中观测,地球参考系中位于地球处时钟从落后于折返点处时钟突然变成了超前于折返点处时钟,地球处时钟因为参考系的变换突然增大,因此 B 返回地球时更年轻.

随着科学技术的发展,关于"孪生子佯谬"的讨论结果也被实验所验证:1966 年,实验中让 μ 子沿一直径为 14 m 的圆周运动并回到出发点,结果表明运动的 μ 子的寿命比静止的 μ 子的更长.1971 年,美国海军天文台将四台铯原子钟装上飞机分别绕行地球赤道向东和向西飞行一周,飞机回到原处后,将飞行铯原子钟和地面铯原子钟的读数进行了比较,结果发现,向东飞行(与地球自转方向相同)的铯原子钟比静止在地面上的钟慢了 59 ns,向西飞行(与地球自转方向相反)的铯原子钟比静止在地面上的钟快了 273 ns,这说明相对于惯性系(绕太阳公转的地球参考系)

转速越大的钟走得越慢,实验结果在误差范围内与相对论的预言值相符.由于被实验所验证,孪生子佯谬也被称为孪生子效应.

我国自主研制的北斗导航系统(BDS)已能达到米级以内的定位精度,为了实现这样高精度的定位,就必须考虑相对论时间延缓效应对时钟读数的影响.GPS 的基本工作原理是:用户终端(如手机)在进行定位时会同时收到 4 颗以上卫星分别发出的关于卫星自己的时空坐标信息(x_i, y_i, z_i, t_i),这样就可得到 4 个以上的传播延迟方程$\sqrt{(x-x_i)^2+(y-y_i)^2+(z-z_i)^2}=c(t-t_i)$,用户设备通过求解传播延迟方程组,就可得到用户终端的时空坐标(x, y, z, t),从而达到定位授时的目的.这里,卫星发来的时间坐标t_i并不是卫星上搭载的原子钟的读数(卫星的固有时),而是考虑了相对论效应,将星载原子钟的读数修正成地球海平面上静止观测者所在参考系(地球自转参考系)中的对应时间.由于卫星高速(约4 000 m/s)运动,考虑到狭义相对论的时间延缓效应,星载原子钟每天要比地球上的时钟慢约 7 μs;又由于卫星在高空(约 2 万千米),卫星所在位置处地球引力较弱,考虑到广义相对论的引力钟慢效应,星载原子钟每天又比地球上时钟快了约 45 μs.考虑这两种效应,星载原子钟每天大约比地球上的时钟快 38 μs,考虑这一时间差,就可将星载原子钟的读数修正为地球海平面上静止观测者所在参考系中的时间坐标t_i,这样就可以通过求解传播延迟方程组得到用户终端在地球表面的精确位置.每天 38 μs 的误差虽然很小,但是由于用户终端与卫星通过光速 c 传递信号,而 38 μs·c=11.4 km,这就意味着如果不考虑相对论效应,用户终端上的结果每天会累积±11.4 km 的误差,这样就无法进行准确定位.

3. 长度收缩

S′系中有一静止的棒沿着 x' 轴方向放置,其棒长为 l'.由于棒在 S′系中静止,因此 l' 为棒的固有长度.该棒随 S′系相对于 S 系运动,因此 S 系中测得的该棒的长度 l 为运动长度.求 S 系中测得的该运动长度 l 为多少.

在 S 系中要测量运动棒的长度,就需要同时记录棒的左、右两端.设 S 系中的观测者在 t 时刻同时记录了棒的左、右两端,得到其位置坐标分别为 x_1 和 x_2,则 S 系测量出运动棒的长度为 $l=x_2-x_1$.

S 系中记录棒左、右两端的两个事件的时空坐标分别是(x_1,t)和(x_2,t).S′系中也观测到 S 系中进行记录的两个事件,设其位置坐标分别是 x'_1 和 x'_2.由于这两个事件一定发生在棒的左、右两端处,因此有 $x'_2-x'_1=l'$.由洛伦兹变换的 x 坐标变换式,有

授课录像:验证长度收缩

$$x_1' = \frac{x_1 - ut}{\sqrt{1 - u^2/c^2}}, \quad x_2' = \frac{x_2 - ut}{\sqrt{1 - u^2/c^2}}$$

以上两式相减,得

$$x_2' - x_1' = \frac{(x_2 - x_1) - u(t - t)}{\sqrt{1 - u^2/c^2}} = \frac{x_2 - x_1}{\sqrt{1 - u^2/c^2}}$$

即有

$$l = l'\sqrt{1 - u^2/c^2} \tag{1-28}$$

授课录像:长度收缩例题 1

显然 $l < l'$. 这表明在 S 系中测得的棒的运动长度比起棒的固有长度变短了,与所有不同 u 对应的运动长度相比,固有长度最长. 这就是在 1.2.3 节中得到的长度收缩效应.

授课录像:长度收缩例题 2

就如时间延缓一样,长度收缩也是同时性的相对性的必然结果. S 系中通过同时记录棒左、右两端测得了运动棒的长度. 但在 S′ 系中观察,S 系中同时记录的两个事件却没有同时发生,记录棒右端(即 S 系中棒的前端,留下记录 x_2)的事件先发生,记录棒左端(即 S 系中棒的后端,留下记录 x_1)的事件后发生,进行左端记录得到 x_1 时,右端记录 x_2 已经随 S 系运动了一段距离,这就导致了 S 系中测得的棒长 $l = x_2 - x_1$ 小于 S′ 系中棒的原长.

授课录像:例 1-9

例 1-8

火车以 $0.6c$ 的速度行驶经过一站台,站台上相距 10 m 的两个机械手同时在火车车厢上划出两条痕迹,求火车上的观测者测得的两痕间距.

解:这里我们采用三种不同的方法进行求解.

解法一:在站台参考系中观测

站台上两机械手同时在火车车厢上划出痕迹,为站台参考系中同时发生的两个事件. 如果火车车厢上本身就有两条痕迹,站台参考系的观测者要去测量痕迹间距,也要求同时记录两条痕迹在站台上的对应位置. 通过以上两种不同叙述的对比可知,站台上的 $\Delta x = 10$ m 在这里可以理解为在站台参考系中通过同时记录测得的运动火车上的两条痕迹(假设先有痕迹,这与同时划出痕迹并不矛盾)之间的距离,因此其为运动长度;火车上的两条痕迹之间的距离 $\Delta x'$

则为固有长度,由长度收缩公式(1-28),有

$$\Delta x' = \frac{\Delta x}{\sqrt{1 - u^2/c^2}} = \frac{10 \text{ m}}{\sqrt{1 - 0.6^2}} = 12.5 \text{ m}$$

解法二:在火车参考系中观测

站台上两机械手相距 $\Delta x = 10$ m,为一段固有长度,火车上的观测者测得其距离 $\Delta x''$ 为运动长度

$$\Delta x'' = \Delta x \cdot \sqrt{1 - u^2/c^2}$$
$$= 10 \text{ m} \times \sqrt{1 - 0.6^2} = 8 \text{ m}$$

在火车参考系中观测,站台上机械手划痕的两个事件没有同时发生,靠近车头的机械手(相对运动方向的后方)先划痕,靠近车尾的机械手(相对运动方向的前方)后划痕,两个划痕事件发生的时间差为

$$\Delta t' = \frac{u\Delta x/c^2}{\sqrt{1-u^2/c^2}}$$

靠近车头的机械手划痕后,靠近车尾的机械手又向前运动了 $u\Delta t'$ 才划痕,因此火车参考系中测得的两痕间距 $\Delta x'$ 为

$$\Delta x' = \Delta x'' + u\Delta t' = 8\text{ m} + \frac{10\text{ m}\times 0.6^2}{\sqrt{1-0.6^2}} = 12.5\text{ m}$$

解法三:洛伦兹变换

机械手划痕的两事件在站台参考系中的时空坐标为 $(x_1,\ t_1)$ 和 $(x_2,\ t_2)$,在火车参考系中的时空坐标为 $(x_1',\ t_1')$ 和 $(x_2',\ t_2')$。由题意可知: $\Delta x = x_2 - x_1 = 10\text{ m}$, $t_1 = t_2$,由洛伦兹变换的 x 坐标变换式,可得火车参考系中测得的两痕迹之间的距离 $\Delta x'$ 为

$$\Delta x' = x_2' - x_1' = \frac{x_2 - x_1 - u(t_2 - t_1)}{\sqrt{1-u^2/c^2}}$$

$$= \frac{10\text{ m}}{\sqrt{1-0.6^2}} = 12.5\text{ m}$$

这里,我们通过三种不同的方法求得了相同的结果。可以看出,当给出一段长度或距离时,我们不能简单地把它当成是一段固有长度或者是一段运动长度。一段长度,如果是在一个参考系中通过同时记录得到的结果,那么它就可以对应为运动长度;而如果这段长度是在另一个参考系中被测量的,此时它就对应于固有长度;或者它也可以是任意两个事件间的空间距离(既不是固有长度也不是运动长度)。在讨论一段长度是固有长度还是运动长度时,必须和具体发生的事件联系起来。

另外,由于长度的测量是和记录的事件相联系,因此也可将长度收缩关系应用到某些事件在不同参考系中的距离的讨论上。如当讨论在一个参考系中同时发生的两事件在另一个参考系中对应的空间距离时,即使这两个事件与长度测量没有关系,也可将这两个事件在同时发生参考系中的距离理解为运动长度,而在不同时发生参考系中的距离理解成固有长度,它们之间满足长度收缩公式(1-28)。

例 1-9

星球 A、B 以 $0.8c$ 的相对速度相互接近,(1)当星球 A 发出一闪光时,星球 A 所在参考系中的观测者测得两星球距离为 3×10^8 m,问星球 B 所在参考系中的观察者此时测得两星球的距离是多少?(2)当星球 B 发出一闪光时,星球 A 所在参考系中的观测者测得两星球距离为 3×10^8 m,问星球 B 所在参考系中的观察者此时测得两星球的距离又是多少?

解:此题中已知的是星球 A 所在参考系(简称 A 系)的观测者在某一参考事件(发出闪光)发生时测得的两星球间距离,求的是星球 B 所在参考系(简称 B 系)在该参考事件发生时测得的两星球间的相应距离。A 系观测者要在参考事件发生时(对应于某一时刻)测量两星间距,只需要在该事件发生时记录星球 B 所在位置(星球 A 在 A 系中静止不动)。无论参考事件发生在什么位置,都不会影响到 A 系的测量结果,这是因为 A 系中不同位置的时钟始终是同步对齐的,A 系观测者一定是在参考事件发生那一刻记录了星球 B 所在位置,这与参考事件发生的具体位置无关。但在 B 系中要在参

考事件发生时测两星间距,则需要在参考事件发生那一刻记录星球 A 所在位置(星球 B 在 B 系中静止不动),但由于两个参考系没有统一的同时性,所以当参考事件发生在不同位置时,两参考系测得的两星间距并不相同.

题目中已知发出闪光的参考事件分别发生在星球 A 处和星球 B 处,即"星球 A 发出一闪光"(称为事件 1)或"星球 B 发出一闪光"(称为事件 2).当参考事件发生时,A 系观测者需要去刻度星球 B 的位置(称为事件 3),B 系观测者需要去刻度星球 A 的位置(称为事件 4),下面我们来计算在两种情况下已知 A 系中测得的两星间距,B 系中相应的两星间距分别是多少.

(1)已知 A 系测得星球 A 发出一闪光(事件 1 发生)时两星间距为 3×10^8 m,这表示 A 系在事件 1 发生那一刻记录了星球 B 所在位置(事件 3),事件 1 和事件 3 在 A 系中同时发生.由于事件 1 发生在星球 A 处,所以事件 1 和 3 的间距为测得的 $l=3\times10^8$ m.

而在 B 系中观测,星球 B 静止不动,星球 A 以 $0.8c$ 的速度向星球 B 运动,事件 1 发生时,B 系观测者记录了星球 A 所在位置(事件 4),事件 1 和事件 4 同时发生在同一位置,即星球 A 处,此时星球 A 到星球 B 的距离就是要求的 B 系测得的两星间距.而 A 系中记录星球 B 所在位置的事件(事件 3)在此时并没有发生(事件 1 和事件 3 在 A 系中同时发生,但由于同时性的相对性,A 系中同时发生的两事件在 B 系中观测时是不同时发生的,位于相对运动后方的事件先发生,所以事件 1 先发生,事件 3 后发生),但事件 3 将要发生在星球 B 处,由于在 B 系中星球 B 静止不动,所以要求的 B 系测得的两星间距实际上就是事件 1 和事件 3 之间的距离.

由于事件 1 和事件 3 在 A 系中同时发生,由例题 1-8 的讨论可知,A 系中测得的 $l=3\times10^8$ m 就对应于运动长度,B 系中测得的事件 1 和事件 3 之间的空间距离 l' 对应于固有长度,由长度收缩公式(1-28),有

$$l'=\frac{l}{\sqrt{1-u^2/c^2}}=\frac{3\times10^8\ \text{m}}{\sqrt{1-0.8^2}}=5\times10^8\ \text{m}$$

即当星球 A 发出一闪光时,星球 B 所在参考系中的观察者测得两星球间的距离为 5×10^8 m.

(2)**解法一**(通过四个事件之间的关系进行讨论):已知 A 系测得星球 B 发出一闪光(事件 1 发生)时两星间距为 3×10^8 m,而 B 系观测者刻度星球 A 位置的事件(事件 4)一定发生在星球 A 位置处,由于在 A 系中星球 A 静止不动,所以 A 系在事件 1 发生时测得的两星间距 3×10^8 m 也是事件 1 和事件 4 之间的距离.由于 B 系观测者在事件 1 发生时同时刻度了星球 A 的位置(事件 4),所以在 B 系中事件 1 和事件 4 同时发生.同样的道理,B 系测得的两星间距 l'' 对应于运动长度,而 A 系测得的 $l=3\times10^8$ m 对应于固有长度,由长度收缩公式(1-28),有

$$l''=l\sqrt{1-u^2/c^2}=3\times10^8\times\sqrt{1-0.8^2}\ \text{m}$$
$$=1.8\times10^8\ \text{m}$$

即当星球 B 发出一闪光时,星球 B 所在参考系的观察者测得两星球间的距离为 1.8×10^8 m.

解法二(考虑对称性):由于运动是相对的,根据问题(1)中的结果,当参考事件发生在星球 A 处时,A 系测得的两星间距对应为运动长度,所以根据对称性可以得出结论,当参考事件发生在星球 B 处时,B 系测得的两星间距就应该对应为运动长度.因此,当星球 B 发出一闪光时,A 系测得的 $l=3\times10^8$ m 对应于固有长度,由长度收缩公式

（1-28），可得 B 系此时测得的两星间距离为 $1.8×10^8$ m，与第一种方法得到的结果相同．

在这两种情形下都用到了长度收缩的公式，在前一种情形（星球 A 发出一闪光作为参考事件）下 A 系中测得的两星球距离 l 为运动长度，B 系中的对应距离 $\dfrac{l}{\sqrt{1-u^2/c^2}}$ 为固有长度，而在后一种情形（星球 B 发出一闪光作为参考事件）下 A 系中测得的两星球距离 l 则为固有长度，B 系中的对应距离 $l\sqrt{1-u^2/c^2}$ 为运动长度．可以看出，以哪个星球上发生的事件（发出闪光）为时间参考，该星球参考系中测得的两星球距离就是运动长度，而在另一个星球参考系中的对应距离就是固有长度．

总结起来，在不同参考系中讨论彼此间有相对运动（靠近或是远离）的两物体间的空间距离时，必须以某一具体事件作为时间参考点进行讨论，无论参考事件发生在哪一个物体上，在该物体所在参考系中测得的两物体间距就对应于运动长度，而在另一物体所在参考系中的相应距离则为固有长度，两者之间满足长度收缩的关系式．与时间延缓和长度收缩效应相似，这一结果同样也体现了不同惯性系之间的等价性．

4. 因果律

授课录像：验证因果律

通过前面的讨论已经知道，同时性的相对性意味着在一个惯性系中同时发生的两个事件，在另外一个惯性系中观测，可以不同时发生，而且这两个事件发生的时间顺序也可以因为参考系的不同而发生改变．这是否就意味着有因果关系的两个事件，其发生的先后顺序也会因为参考系的不同而不同呢？即是否会出现原因和结果的时序发生颠倒的情形呢？

设在惯性系 S 中先后发生了有因果关系的两个事件，事件 1 是原因，事件 2 是结果，其时空坐标分别为 (x_1, t_1) 和 (x_2, t_2)．由于原因发生在前，结果发生在后，因此一定有 $t_1<t_2$．而在另一个有相对运动的惯性系 S′ 中，设这两个事件的时空坐标分别为 (x'_1, t'_1) 和 (x'_2, t'_2)，下面来讨论 S′ 系中这两个事件发生的时间顺序．由洛伦兹变换式（1-21）中的时间变换式，有

$$t'_2-t'_1=\frac{(t_2-t_1)-\dfrac{u}{c^2}(x_2-x_1)}{\sqrt{1-u^2/c^2}}=\frac{t_2-t_1}{\sqrt{1-u^2/c^2}}\left(1-\frac{u}{c^2}\frac{x_2-x_1}{t_2-t_1}\right)$$

$$(1-29)$$

这里设

$$v_s=\frac{x_2-x_1}{t_2-t_1} \qquad (1-30)$$

在 S 系中事件 1 和事件 2 有因果关系，因果关系可以理解成事件间存在某种"信号"相联系．例如，对于抛体运动过程中的相应

事件间,"联系信号"就是被抛出的物体;对于光传播过程中的相应事件间,"联系信号"就是传播的光波. 这里在 S 系中,"联系信号"花费了 t_2-t_1 的时间,传递了 x_2-x_1 的距离,从事件 1 处传递到了事件 2 处,引起了事件 2 的发生. 因此上式中的 v_s 就可理解成"联系信号"的传递速度. 实际中,不管"联系信号"是物体还是光波,其传递速度一定不超过光速 c,即有 $v_s \leqslant c$. 将式(1-30)代入式(1-29),可得

$$t_2'-t_1' = \frac{t_2-t_1}{\sqrt{1-u^2/c^2}} \left(1-\frac{u}{c^2}v_s\right) \qquad (1-31)$$

可以看出,由于 $v_s \leqslant c$,且 $u<c$,因此有 $1-\dfrac{u}{c^2}v_s>0$,由此可得 $t_2'-t_1'$ 总是与 t_2-t_1 同号,这就意味着在 S′系中观测,两事件发生的时间顺序不会发生颠倒,事件 1 也是先于事件 2 发生.

总结来说,在某个惯性系中观测到的具有因果关系的两个事件,其发生的时间顺序在任何其他惯性系中都不会出现颠倒,即不会出现因果倒置的情况. 这个结论在经典物理学中是很自然的,在狭义相对论中也是成立的. 因此,我们说狭义相对论是服从因果律的,那种试图利用狭义相对论原理回到过去、起死回生的想法是不能实现的.

*1.3.3 闵可夫斯基空间

在爱因斯坦建立狭义相对论之后不久,他大学时代的数学老师闵可夫斯基就建立了一种四维空间,用于描述爱因斯坦狭义相对论的时空观,这个空间被后人称为闵可夫斯基空间. 闵可夫斯基空间也为爱因斯坦建立广义相对论的理论架构提供了基础. 为了帮助我们加深对狭义相对论时空观及洛伦兹变换的理解,我们在此对闵可夫斯基空间进行简要介绍.

闵可夫斯基空间是一个四维平直空间,用于描述事件在不同惯性系中的时空坐标,其中的四维包括三个空间维和一个时间维. 在闵可夫斯基空间中,每个惯性系都对应于一个由彼此正交的四个坐标轴 x、y、z 和 ict 构成的坐标系,只要与一个惯性系相对应的坐标轴确定,其他惯性系的坐标轴也随之确定(通过坐标轴的旋转或平移得到),不同坐标系之间的变换遵循洛伦兹变换. 任一事件在闵可夫斯基空间中都对应于一点,该点在不同坐标系中的坐标读数 (x, y, z, ict) 就对应于该事件在相应惯性系

闵可夫斯基空间

授课录像:闵可夫斯基空间

授课录像:光锥

授课录像:二维闵可夫斯基图

授课录像:利用闵可夫斯基图讨论同时性的相对性

授课录像:利用闵可夫斯基图讨论时间延缓效应

授课录像:利用闵可夫斯基图讨论长度收缩效应

授课录像:利用闵可夫斯基图讨论因果律

中的时空坐标,事件在不同惯性系中的时空坐标当然也满足洛伦兹变换.

由于闵可夫斯基空间是一个四维平直空间,因此空间中任意两点间的距离可以表示成

$$s^2 = \Delta x^2 + \Delta y^2 + \Delta z^2 + (ic\Delta t)^2 \tag{1-32}$$

由于 $i^2 = -1$,s^2 的取值可能为负,其开根号可能得到虚数,没有物理意义.因此,闵可夫斯基空间中任意两点间的距离就表示成 s^2 的形式,s^2 被称为事件在闵可夫斯基空间中的四维时空间隔.

与我们所熟悉的三维的欧几里得空间不同,在闵可夫斯基空间中,除了包含三个空间坐标轴 x、y、z 外,还包含一个独立的时间坐标轴,这体现了空间坐标和时间坐标在形式上的等价性.时间坐标轴表示成 ict,其中 ct 可以理解成将时间坐标轴变成和其他三个空间坐标轴一样,都具有长度量纲.那么,为什么时间坐标轴要表示成 ict 这样的虚数形式呢?

在 1.3.1 节的例 1-3 中,我们已经在特殊条件下利用洛伦兹变换证明了,S 系和 S′系观测到的光波前的形状都是球面,球面方程可表示为如下普遍形式:

$$x^2 + y^2 + z^2 = c^2 t^2$$

同样,利用洛伦兹变换可以证明,对于在空间任意位置的光源在任意时刻发出的光信号(发光事件在 S 系和 S′系中的时空坐标分别为 (x_0, y_0, z_0, t_0) 和 (x'_0, y'_0, z'_0, t'_0),其波前的形状在两个参考系中仍然是球面,即两个参考系中波前形状满足如下方程:

$$\left.\begin{array}{l} \Delta x^2 + \Delta y^2 + \Delta z^2 = (c\Delta t)^2 \\ \Delta x'^2 + \Delta y'^2 + \Delta z'^2 = (c\Delta t')^2 \end{array}\right\}$$

上式中 $\Delta x = x - x_0$,$\Delta y = y - y_0$,$\Delta z = z - z_0$,$\Delta t = t - t_0$;$\Delta x' = x' - x'_0$,$\Delta y' = y' - y'_0$,$\Delta z' = z' - z'_0$,$\Delta t' = t' - t'_0$,其中 (x, y, z, t) 和 (x', y', z', t') 为光传播到波前上任意一点的对应事件分别在 S 系和 S′系中的时空坐标.将上式等号右边的项移到等号左边,可得

$$\left.\begin{array}{l} \Delta x^2 + \Delta y^2 + \Delta z^2 - (c\Delta t)^2 = 0 \\ \Delta x'^2 + \Delta y'^2 + \Delta z'^2 - (c\Delta t')^2 = 0 \end{array}\right\} \tag{1-33}$$

比较式(1-33)和式(1-32)就可以看出为什么闵可夫斯基空间中的时间轴要表示成 ict 这样的虚数了.在闵可夫斯基空间中,发光事件对应于一点,该点在 S 系和 S′系中的坐标分别为 (x_0, y_0, z_0, ict_0) 和 $(x'_0, y'_0, z'_0, ict'_0)$;光波传播到空间某一位置(波前上一点)的事件对应于另外一点,该点在 S 系和 S′系中的坐标分别为 (x, y, z, ict) 和 (x', y', z', ict').正是因为事件的时

间坐标表示成了 ict,式(1-33)中两式等号的左边就代表了发光事件和光传播的对应事件间分别在 S 系和 S′系中的四维时空间隔.此四维时空间隔都等于 0,就意味着在闵可夫斯基空间中,由光信号联系起来的两事件间的四维时空间隔与参考系无关,为恒定值 0.

利用洛伦兹变换还可以证明,不仅是对由光信号联系起来的两事件,而是对任意的两事件,由式(1-32)定义的事件间的四维时空间隔在不同惯性系中都保持不变,即同样两事件间的四维间隔 s^2 在不同惯性系中是一个不变量.这也意味着如果两事件间的空间间距 $\Delta x^2 + \Delta y^2 + \Delta z^2$ 因观测参考系的变化而发生了变化,其时间间隔 Δt 必然会发生相应的变化.可见,我们所熟悉的事件间分别的空间间距和时间间隔被统一到了闵可夫斯基空间的四维时空间隔中,空间和时间统一成了一个整体,对空间的测量和对时间的测量彼此关联、不可分割,绝对时间和绝对空间的概念当然就不能成立.这些相对论时空观中最本质的东西,都在闵可夫斯基空间中被直观形象地表现了出来.

为了加深对闵可夫斯基空间和相对论时空观之间联系的理解,这里我们利用"四维时空间隔为不变量"来讨论 1.2.2 节中所讲的时间延缓效应.两个事件在 S′系中同一地点先后发生,其时空间隔为 $-(c\Delta t')^2$;这两个事件在 S 系中发生在空间不同地点,相应的时空间隔为 $(x_2-x_1)^2 - (c\Delta t)^2$.由时空间隔的不变性,有 $-(c\Delta t')^2 = (x_2-x_1)^2 - (c\Delta t)^2$.可以看出,等号右边多了一项一定为正的空间间距的平方,要等式成立,就一定要求 $\Delta t' < \Delta t$.另外,代入 $x_2-x_1 = u\Delta t$,很容易得到 $\Delta t = \dfrac{\Delta t'}{\sqrt{1-u^2/c^2}}$,这正是时间延缓的表达式.

前面已经得到,由光信号相联系的事件间的时空间隔都为 0,这是光速不变原理的必然结果.此外,事件间的时空间隔还可以大于 0 或小于 0.时空间隔的不同取值代表了事件间的不同时空属性.$s^2 = 0$ 称为**类光间隔**,对应事件间可以通过光信号建立联系;$s^2 < 0$ 称为**类时间隔**,对应事件(例如某参考系中同一地点先后发生的两事件)间可以通过低于光速的信号联系起来;$s^2 > 0$ 称为**类空间隔**,对应事件(例如某参考系中不同地点同时发生的两事件)间一定不能通过低于或等于光速的信号联系起来.由于具有类时间隔或类光间隔的事件间可以通过小于或等于光速的信号建立联系,因此这些事件间就可以存在因果关系,其发生的时间顺序就不可能因为参考系的变化而发生改变.而对于

类光间隔

类时间隔

类空间隔

具有类空间隔的事件,由于它们不可能通过低于或等于光速的信号联系起来,因此这些事件间就不可能存在因果关系,这些事件是否同时发生或者发生的先后顺序就可以因为参考系的不同而不同.

闵可夫斯基空间还可以用时空图的形式将相对论时空观及其事件间的时空联系更加直观地表现出来.闵可夫斯基空间有四个独立的维度,很难在三维世界中直观地表示出来.但如果只讨论一维的相对运动(x 方向的),闵可夫斯基空间就可以在由时间轴 ct(略去 i)和空间轴 x 构成的二维平面上表示出来,这称为闵可夫斯基图.在时空图中,观察者所在的惯性系 S(静止的)可用相互垂直的 ct 轴和 x 轴表示出来,如图 1-14 所示.时空图上任意一点可对应于一事件,该点在 S 系的 x 轴和 ct 轴上的对应坐标(x,ct)就是该事件在 S 系中的时空坐标,这些时空点称为世界点.例如,时空图的坐标原点 O(注意:不要将其理解成空间 x 轴的坐标原点)可对应于 S 系中发生在 $t=0$ 时刻、$x=0$ 位置处的某一事件,这里我们称为"原点事件";ct 轴上的不同时空点对应于 S 系中不同时刻发生在 $x=0$ 位置处的事件;x 轴上的不同时空点对应于 S 系中 0 时刻发生在 x 轴上不同位置处的事件.

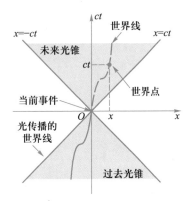

图 1-14   二维闵可夫斯基时空图

原点事件

时空图中的 x 轴(对应于 $ct=0$)将时空图分成了 $t<0$ 和 $t>0$ 的区域,其中 $t<0$ 区域中的时空点对应于已经发生了的事件,$t>0$ 区域中的时空点对应于将要发生的事件.事件发展进程中的一系列事件对应的一系列时空点可以连成一条线,称为世界线(事件变化的时空轨迹).与原点事件相联系的变化过程可表示为一条通过坐标原点 O 的世界线(在 $t>0$ 的区域的对应事件还没有发生,所以画成了虚线).

如果 ct 轴和 x 轴的单位相同,则平分 ct 轴和 x 轴间夹角的两条直线可由方程 $x=\pm ct$ 表示.不难看出,这两条直线就对应于与原点事件相关联的光传播过程的世界线($t=0$ 时刻光传播到 $x=0$ 位置处).方程中的正、负号分别对应于光信号沿 x 轴正、负方向传播.两条光信号的世界线构成了顶点位于坐标原点 O 处的两个锥形,称为与原点事件相联系的光锥.位于 $t<0$ 区域的光锥称为过去光锥,位于 $t>0$ 区域的光锥称为未来光锥.所考虑的原点事件不同,与之相关联的世界线也会不同.由于物体的运动速度不可能超过光速,因此与任意原点事件相联系的世界线一定位于与其对应的光锥之内.

光锥将时空图分成了三个区域:光锥面上、光锥面内及光锥面外.如果以原点事件为参考,光锥面上的时空点与原点事件间的时空间隔一定为类光间隔（$s^2 = 0$），光锥面内的时空点与原点事件间的时空间隔一定为类时间隔（$s^2 < 0$），光锥面外的时空点与原点事件间的时空间隔一定为类空间隔（$s^2 > 0$）. 由于互为类光间隔或类时间隔的两事件间可以存在因果关系，其发生的时间顺序不会因为参考系的变化而发生改变. 因此，不管在其他什么参考系中进行观测，过去光锥面上或面内的事件一定发生在原点事件之前，称为原点事件的绝对过去；未来光锥面上或面内的事件一定发生在原点事件之后，称为原点事件的绝对未来. 而对于互为类空间隔的事件，由于彼此间不可能存在因果关系，因此它们是否同时发生以及发生的先后顺序都可以因参考系的不同而不同. 另外，任一事件在发生时，都可以假想为原点事件，作出相对应的光锥，以方便讨论该事件和其他事件间的时空联系.

图 1-14 所示的时空图中只画出了表示观察者所在惯性系 S 的坐标系（相互垂直的 ct 轴和 x 轴），如何才能确定与 S′系（相对于 S 系做匀速运动，条件与推导洛伦兹变换时相同）相对应的坐标系呢？设时空图中与 S′系相对应的坐标系由时间轴 ct' 和空间轴 x' 构成. 由于不同坐标系之间满足洛伦兹变换，因此可根据洛伦兹变换式（1-21）中的 x 坐标变换式和时间变换式，设 $x' = 0$，可得 S′系的时间轴 ct' 在 S 系中的对应方程为 $ct = \dfrac{c}{u}x$；设 $t' = 0$，可

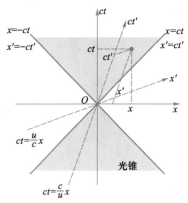

图 1-15 二维闵可夫斯基图：S 系和 S′系

得 S′系的空间轴 x' 在 S 系中的对应方程为 $ct = \dfrac{u}{c}x$. 这样，如图 1-15 所示，就确定了表示 S′系的 ct' 轴和 x' 轴在时空图中的位置. [对于 S′系中的观测者，可首先画出与 S′系相对应的彼此垂直的 ct' 轴和 x' 轴，再根据洛伦兹逆变换式（1-22），反过来确定表示 S 系的坐标轴在时空图中的对应位置.]

可以看出，时空图中 S 系和 S′系的坐标系原点正好彼此重合，说明 S 系的原点事件就是 S′系的原点事件，这也与所给的条件（$t = t' = 0$ 时，S 系 $x = 0$ 处正好与 S′系 $x' = 0$ 处重合）相符合. 此外，S′系的 x' 轴和 ct' 轴在 S 系中的斜率互为倒数，它们相对于 S 系的 x 轴和 ct 轴沿相反方向转过了相同的角度，角度大小与相对速度 u 有关. 可以看出，x' 轴和 ct' 轴相对于 S 系中光传播的世界线（即光锥世界线）是对称的. 另外由光速不变，可知在 S′系中两条光传播的世界线应该满足方程 $x' = \pm ct'$，这说明两条光传播的世界线应平分 x' 轴和 ct' 轴之间的夹角. 由此可见，光锥的形状在两个参考系中没有发生变化，这是光速不变原理的必然结果，也是闵可夫斯基图的一个重要特征.

确定了表示 S 系和 S′系的坐标轴后,就可以方便地通过作图的方式(作与其中一个坐标轴平行的直线,与另外一个坐标轴相交)得到某事件在 S 系和 S′系中分别的时空坐标. 可见,利用闵可夫斯基图可以非常方便地读出同一事件在不同参考系中的时空坐标,因此也就可以非常直观地讨论相对论的不同时空效应. 例如,在 S(S′)系中 $x(x')$ 轴上的不同时空点分别对应于 S(S′)系中不同地点在 0 时刻同时发生的事件,通过作图[做与 $x'(x)$ 轴平行的直线相交于 $ct'(ct)$ 轴]很容易看出,这些事件在 S′(S)系中对应的时间坐标却不相同,即这些事件在 S′(S)系不同时发生,这就是同时的相对性. 在 S(S′)系中 $ct(ct')$ 轴上的不同时空点分别对应于在 S(S′)系中在 $x=0(x'=0)$ 处先后发生的事件,通过作图很容易看出这些事件在 S′(S)系中对应时间差也发生了变化. 要根据闵可夫斯基图定量地讨论这些相对论时空效应,还需知道 S 系和 S′系的坐标轴上相应坐标刻度之间的长度比例关系(由于长度收缩和时间延缓效应,S 系和 S′系的坐标轴上相应坐标刻录在时空图中所对应的长度彼此不相等,由于篇幅原因,在这里不再对此进行讨论).

利用时空图还可以对因果关系进行非常直观的讨论. 由图 1-15 可以看出,与原点事件相联系的光锥的形状没有因为参考系的变化而发生变化,因此,不管参考系如何变化,位于光锥面内和面上的任意事件和原点事件发生的时间顺序都不会改变. 又由于这些事件和原点事件间可以存在因果关系,这说明相对论中参考系的变换并不会破坏因果律. 而对于光锥外的事件,这里我们考虑图 1-15 中位于 x 正半轴和 x' 正半轴之间区域的对应事件,很容易看出,该区域的时空点位于 x 轴上方,与其对应的事件在 S 系中发生在原点事件之后,但这些时空点却位于 x' 轴的下方,说明相应事件在 S′系中发生在原点事件之前,因此,这些事件和原点事件发生的时间顺序在 S 系和 S′系中正好相反. 但由于这些事件和原点事件之间的间隔属于类空间隔,它们之间不可能存在因果关系,因此,其发生的时间顺序的颠倒并不会带来因果关系的混乱. 这里,在 S 系中发生在原点事件之后的事件,在 S′系中观测却发生在原点事件之前,这是否就意味着 S′系中的这些事件可以影响到原点事件的发生呢? 答案是否定的. 因为要去影响原点事件,就必须进入到与原点事件相对应的过去光锥之中,通过与光锥线斜率的比较可知,这必须具有超过真空光速的速度,显然,这是不可能实现的. 因此,只要物体的运动速度不能超过光速,任何向过去或者未来的穿越都是不可能实现的.

总结起来,闵可夫斯基空间是为了表现狭义相对论的时空观而建立的一个四维几何空间,它体现了时间和空间的等同性.与我们所熟悉的不同参考系的空间坐标轴会随着时间发生相对移动的情形不同,在闵可夫斯基空间中表示不同参考系的空间轴和时间轴都是固定不动的,任一事件在闵可夫斯基空间中都对应于一点,这样就可以非常方便地读出某一事件在不同参考系中的时空坐标,相对论的各种时空效应也就可以非常直观地显现出来.

1.4 相对论速度变换

显然,在狭义相对论中,伽利略速度变换公式(1-2)不能成立,那么应该代之以什么样的速度变换公式呢?

考虑质点相对于惯性系 S 和惯性系 S′ 都运动的情况.设质点在 S 系和 S′ 系的时空坐标分别为 (x, y, z, t) 和 (x', y', z', t'),按照速度的定义,质点相对于 S 系和 S′ 系的运动速度分量为

$$v_x = \frac{\mathrm{d}x}{\mathrm{d}t}, \quad v_y = \frac{\mathrm{d}y}{\mathrm{d}t}, \quad v_z = \frac{\mathrm{d}z}{\mathrm{d}t}$$

$$v_x' = \frac{\mathrm{d}x'}{\mathrm{d}t'}, \quad v_y' = \frac{\mathrm{d}y'}{\mathrm{d}t'}, \quad v_z' = \frac{\mathrm{d}z'}{\mathrm{d}t'}$$

由洛伦兹坐标变换式(1-21)可得

$$\frac{\mathrm{d}x'}{\mathrm{d}t'} = \frac{\dfrac{\mathrm{d}x'}{\mathrm{d}t}}{\dfrac{\mathrm{d}t'}{\mathrm{d}t}} = \frac{\gamma\left(\dfrac{\mathrm{d}x}{\mathrm{d}t} - u\right)}{\gamma\left(1 - \dfrac{u}{c^2}\dfrac{\mathrm{d}x}{\mathrm{d}t}\right)}$$

$$\frac{\mathrm{d}y'}{\mathrm{d}t'} = \frac{\dfrac{\mathrm{d}y'}{\mathrm{d}t}}{\dfrac{\mathrm{d}t'}{\mathrm{d}t}} = \frac{\dfrac{\mathrm{d}y}{\mathrm{d}t}}{\gamma\left(1 - \dfrac{u}{c^2}\dfrac{\mathrm{d}x}{\mathrm{d}t}\right)}$$

$$\frac{\mathrm{d}z'}{\mathrm{d}t'} = \frac{\dfrac{\mathrm{d}z'}{\mathrm{d}t}}{\dfrac{\mathrm{d}t'}{\mathrm{d}t}} = \frac{\dfrac{\mathrm{d}z}{\mathrm{d}t}}{\gamma\left(1 - \dfrac{u}{c^2}\dfrac{\mathrm{d}x}{\mathrm{d}t}\right)}$$

化简,得

授课录像:相对论速度变换

授课录像:相对论速度变换例题

$$v'_x = \frac{v_x - u}{1 - \dfrac{uv_x}{c^2}}$$

$$v'_y = \frac{v_y \sqrt{1 - u^2/c^2}}{1 - \dfrac{uv_x}{c^2}}$$

$$v'_z = \frac{v_z \sqrt{1 - u^2/c^2}}{1 - \dfrac{uv_x}{c^2}}$$

$$(1-34)$$

这就是相对论速度变换. 需要注意的是, 与洛伦兹坐标变换不同, 在垂直于 x 方向的 y、z 方向速度分量也有相对论效应. 这是由于在洛伦兹坐标变换中, S′系中的时间坐标 t' 不仅与 S 系的时间坐标 t 有关, 还与 S 系的空间坐标 x 也有关系. 当 $u \ll c, v_x \ll c$ 时, 式(1-34)可简化为 $v'_x = v_x - u, v'_y = v_y, v'_z = v_z$, 即转化为伽利略速度变换. 可见, 相对论速度变换并没有彻底否定我们所熟悉的伽利略速度变换, 伽利略速度变换是相对论速度变换在相对运动速度大大低于光速时的近似. 如果光子在 S 系中的运动速度 $v_x = c$, 则由相对论速度变换式(1-34), 可得

$$v'_x = \frac{c - u}{1 - uc/c^2} = c$$

即光子在 S′系中的运动速度仍为 c. 可见, 相对论速度变换符合光速不变原理.

将相对论速度变换式(1-34)中的 u 换成 $-u$, 并把带撇和不带撇的量互换, 可以得到相对论速度变换的逆变换:

$$v_x = \frac{v'_x + u}{1 + \dfrac{uv'_x}{c^2}}$$

$$v_y = \frac{v'_y \sqrt{1 - u^2/c^2}}{1 + \dfrac{uv'_x}{c^2}}$$

$$v_z = \frac{v'_z \sqrt{1 - u^2/c^2}}{1 + \dfrac{uv'_x}{c^2}}$$

$$(1-35)$$

例 1–10

从高能加速器中发射出两个运动方向相反的粒子,速率都是 $0.9c$. 求两粒子间的相对速率.

解:如图 1–16 所示,设实验室所在参考系为 S 系,A 粒子所在参考系为 S′系,S′系相对于 S 系的运动速度 $u = -0.9c$,B 粒子相对于 S 系的运动速度 $v_x = 0.9c$,由相对论速度变换式(1–34),可得 B 粒子相对于 A 粒子(即 S′系)的运动速率为

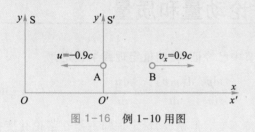

图 1–16 例 1–10 用图

$$v'_x = \frac{v_x - u}{1 - \frac{uv_x}{c^2}} = \frac{0.9c - (-0.9c)}{1 - (-0.9) \times 0.9} = \frac{1.8}{1.81}c = 0.994c$$

可见,在狭义相对论框架下,两个速度小于 c 的粒子合成后速度总是小于 c,表明实物粒子相对于任何惯性系的运动速度都不可能超过真空光速. 若用伽利略速度变换则会得出错误的相对速率 $v'_x = v_x - u = 1.8c$,说明伽利略变换不适合高速运动领域.

例 1–11

在太阳参考系中观察,一束星光垂直射向地面,速度为 c,而地球以 30 km/s 的速度垂直于光线公转. 求在地面参考系中观测,星光速度的大小和方向.

解:如图 1–17 所示,以太阳参考系为 S 系,以地面参考系为 S′系,S′系相对于 S 系的运动速度是 $u = 30$ km/s,沿 x 轴方向. 在 S 系中光线垂直射向地面,$v_x = 0$,$v_y = -c$,$v_z = 0$,代入相对论速度变换式(1–34),得

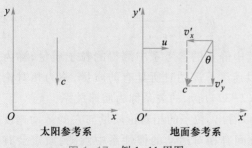

图 1–17 例 1–11 用图

$$v'_x = -u, \quad v'_y = -c\sqrt{1 - u^2/c^2}, \quad v'_z = 0$$

则相对于地面参考系星光速度的大小为

$$v' = \sqrt{v'^2_x + v'^2_y + v'^2_z} = c$$

可见在地面参考系观测光速仍为 c,这表明真空光速与参考系的运动情况无关;设星光方向与竖直方向夹角为 θ,则

$$\tan\theta = \frac{|v'_x|}{|v'_y|} = \frac{u}{c\sqrt{1 - u^2/c^2}} \approx \frac{u}{c}$$
$$= 10^{-4}, \quad \theta \approx 20.6''$$

在 18 世纪著名的"光行差"观测中,通过准确测量光行差角 θ,并利用地球公转速度 u 和 $c = u/\tan\theta$ 计算出光速值,这样得到的光速值已非常接近准确值.

1.5 相对论动力学基础

前面几节讨论的是相对论的运动学内容,从中我们已经知道,在高速运动领域时空性质与牛顿力学不同,因此高速运动粒子的运动定律也必然要发生相应的改变,这主要表现在动量、质量、能量等物理量需要重新定义以及它们所满足的新的变化规律.这些新定义和新规律在粒子低速运动时应过渡到牛顿力学所对应的定义和规律.

1.5.1 相对论动量和质量

授课录像:质速关系

我们在 1.1.1 节中已经证明,动量定理或牛顿定律

$$F = \frac{\mathrm{d}p}{\mathrm{d}t} = \frac{\mathrm{d}(mv)}{\mathrm{d}t} = m\frac{\mathrm{d}v}{\mathrm{d}t} \qquad (1-36)$$

在伽利略变换下保持不变.但是,动量定理却不能在洛伦兹变换下保持不变.爱因斯坦认为,动量定理是自然界基本而普遍的规律,同样也适用于高速运动领域,所以应该在洛伦兹变换下保持不变.要将动量定理纳入相对论的框架,就必须修改这些定律以及相联系的概念.

对动量定理的修改可以从对动量守恒定律的讨论开始.动量守恒定律是自然界的普适规律,在所有惯性系中都应该成立.在承认洛伦兹变换以及相对论速度变换的前提下,通过对简单的碰撞过程中动量守恒的分析,很容易得到:要动量守恒定律在不同的惯性系中都成立,且粒子的动量 p 仍然保持 mv 的形式,粒子的质量就必须重新定义.如果粒子以速度 v 相对于某参考系运动,则此运动粒子的质量 m 为

$$m = \frac{m_0}{\sqrt{1 - v^2/c^2}} \qquad (1-37)$$

其中,m_0 是粒子在其中静止的参考系中测得的粒子质量,称为静止质量;m 为粒子以速度 v 运动时所具有的质量,称为相对论质量或运动质量.式(1-37)所示的关系称为质速关系.

由质速关系可以看出,粒子的相对论质量与它的运动速度有关,即在不同的彼此间有相对运动的惯性系中观测,质点会有不同的运动质量.图 1-18 画出了粒子的相对论质量 m 随其运动速度 v 的变化关系.可以看出,在 $m_0 \neq 0$ 的情况下,v 增大时,m 增

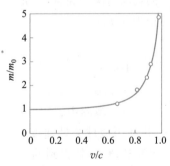

图 1-18 相对论质量随运动速率变化的曲线

加;v 越大,m 增加越快;若 $v \rightarrow c$,则 $m \rightarrow \infty$. 因为相对论质量不能为无穷大,因此实物粒子的速度只能无限地趋近于真空光速,永远也不能达到真空光速. 在宇宙射线中曾经检测到的高速质子,其运动速度比真空光速仅小 10^{-24} 倍. 对于光子,一般认为其静止质量 $m_0 = 0$,v 可以达到 c,这时其运动质量 m 为一有限值. 由图 1-18 还可以看出,当 $v \ll c$ 时,$m \approx m_0$,即粒子的质量与其运动速度无关,等于其静止质量. 因此,m_0 实际上就是牛顿力学中与运动无关的质量.

早在 1901 年,德国物理学家考夫曼(W. Kaufmann)在测量 β 射线(电子射线)比荷 $-e/m$ 的实验中,就已经发现粒子的运动质量随其运动速度增大而增大的变化趋势. 不久以后,质速关系就通过对 β 射线比荷的精确测定而得到了验证. 近代在高能粒子加速器中取得的相关实验结果,也无一不证明质速关系的正确性.

将经典力学中不变的质量修改成相对论质量后,粒子的动量就相应地修正为

$$p = mv = \frac{m_0 v}{\sqrt{1 - v^2/c^2}} \tag{1-38}$$

我们称之为相对论动量.

在相对论中,仍然用动量的时间变化率来定义粒子的受力,在定义了相对论质量和相对论动量后,相对论中的动量定理可以写成如下形式:

$$F = \frac{\mathrm{d}p}{\mathrm{d}t} = m \frac{\mathrm{d}v}{\mathrm{d}t} + \frac{\mathrm{d}m}{\mathrm{d}t} v = ma + \frac{\mathrm{d}m}{\mathrm{d}t} v \tag{1-39}$$

这就是相对论力学的基本方程. 与经典力学中的牛顿第二定律 $F = ma$ 不同,在相对论中力的作用效果不仅是产生加速度,而且会引起粒子运动质量的增加. 因此,在粒子被加速的问题上,相对论力学和牛顿力学间存在着本质的区别:在牛顿力学中,随着外力做功,质点速度不断增大,可以直至无穷大;但在相对论中,随着外力做功,不仅速度要增大,质量也要增大,因此质点的惯性越来越大,当 $v \rightarrow c$ 时,$m \rightarrow \infty$,$a \rightarrow 0$,因此,粒子的运动速度永远也超不过真空光速. 可见,在处理接近光速的高速运动问题时,牛顿第二定律 $F = ma$ 不再成立,必须使用相对论力学的基本方程式(1-39)进行讨论.

此外,当 $v \ll c$ 时,$m \approx m_0$,相对论力学的基本方程式(1-39)又变化为 $F = m_0 a$,即经典力学中的牛顿第二定律的形式. 可见,经典力学是相对论力学在速度大大低于光速时的一个特例,相对论力学包含经典力学.

1.5.2 质能关系

授课录像：质能关系

授课录像：质量亏损

由相对论力学的基本方程式(1-39)出发,可以得到狭义相对论中一个非常重要也非常有意义的关系式——质能关系.

1. 相对论动能

首先来讨论相对论中粒子的动能该如何表达. 考虑一简单情形:粒子在外力 F 作用下从静止开始沿 x 轴加速运动,外力 F 也与 x 轴方向一致,求粒子在被加速到速率 v 的过程中,外力 F 做的功. 与经典力学相同,相对论中元功的定义仍然为 $\mathrm{d}A = \boldsymbol{F} \cdot \mathrm{d}\boldsymbol{r}$. 因此对上述情形,有

$$A = \int_0^v F\mathrm{d}x = \int_0^v \frac{\mathrm{d}(mv)}{\mathrm{d}t}\mathrm{d}x = \int_0^v v\mathrm{d}(mv)$$

为了求出这个积分,我们将质速关系式(1-37)等号两边平方,再变形为

$$m^2(c^2 - v^2) = m_0^2 c^2$$

对上式两边求微分,得

$$2mc^2\mathrm{d}m - 2mv\mathrm{d}(mv) = 0$$

再化简,得

$$c^2\mathrm{d}m = v\mathrm{d}(mv)$$

将上式代入前面求做功的积分式中,可得

$$A = \int_0^v v\mathrm{d}(mv) = \int_{m_0}^m c^2\mathrm{d}m = mc^2 - m_0 c^2$$

上式中 m_0 为粒子的静止质量,m 为粒子被加速到 v 时所具有的运动质量. 动能定理作为一般力学规律同样也适用于高速运动领域,根据动能定理,可得粒子获得的动能为

$$E_k = mc^2 - m_0 c^2 \tag{1-40}$$

这就是相对论动能的表达式. 可以看出,当 $v \to c$ 时,$m \to \infty$,$E_k \to \infty$,$A \to \infty$,这意味着,将一个静止质量不为零的物体加速到真空光速需做无穷大的功,即物体运动速度的极限就是真空光速 c. 另外,在 $v \ll c$ 的情形下,利用泰勒展开,粒子动能可以化简为

$$E_k = m_0 c^2 \left(\frac{1}{\sqrt{1 - v^2/c^2}} - 1 \right) = m_0 c^2 \left[\left(1 + \frac{1}{2}\frac{v^2}{c^2} + \frac{3}{8}\frac{v^4}{c^4} + \cdots \right) - 1 \right]$$

$$\approx m_0 c^2 \cdot \frac{1}{2}\frac{v^2}{c^2} = \frac{1}{2}m_0 v^2$$

结果与经典力学的动能表达式相同.

2. 相对论能量

式(1-40)中,动能表示成两项的差,其中 $m_0 c^2$ 与静止质量有关,称为静止能量,用 E_0 表示;mc^2 与相对论质量有关,称为相对论能量或总能量,用 E 表示:

$$E = mc^2 \qquad (1-41)$$

这就是爱因斯坦的质能关系,它是狭义相对论中最有意义的结果,也是物理学中最著名的方程之一,包含了深刻的物理内涵. 我们知道,质量和能量是物质不同的两个基本属性,质量是物质惯性或引力相互作用的量度,能量是物质运动转换的量度,质能关系把两者通过因子 c^2 联系起来,说明一定的质量相当于一定的能量,而一定的能量也相当于一定的质量,质量和能量组成了一个新的统一体. 这里不应把质能关系理解成质量和能量可以互相转化,而应理解成质量和能量是物质相互联系、不可分割的两个基本属性.

静止能量是牛顿力学中没有的全新的物理概念,它表明孤立的物体即使静止也具有能量,这种能量包括物体内所有微观粒子的动能和势能等一切形式的能量,是物体内能的总和.

由式(1-41)计算,与一个电子的静止质量 9.11×10^{-31} kg 相应的静止能量是 0.511 MeV,与一个质子的静止质量 1.67×10^{-27} kg 相应的静止能量是 937 MeV,这种能量比粒子的化学能(几个 eV)要大得多. 可见,即使在质量很小的微观粒子内部也蕴藏着巨大的能量,如果把包含大量微观粒子的宏观物体的这些能量释放出来,那么我们的能源将会取之不尽、用之不竭. 可以说,爱因斯坦的质能关系指引我们走向了原子能时代.

3. 相对论能量守恒定律

封闭系统满足的能量守恒定律在相对论中也是成立的,但是它的内容与经典力学的有所不同. 在相对论中,由于有了质能关系式(1-41),所以能量守恒定律

$$\sum_i E_i = \sum_i m_i c^2 = 常量 \qquad (1-42)$$

与质量守恒定律

$$\sum_i m_i = 常量 \qquad (1-43)$$

是等价的. 但是应该明确,质量守恒指的是相对论运动质量的守恒,而不是静止质量的守恒. 历史上能量守恒定律和质量守恒定律是作为两条独立的定律被发现的,二者之间没有关系,但是在相对论中被完全统一起来了.

4. 质量亏损

由式(1-40)可知,一个粒子的总能量 $E = m_0 c^2 + E_k$,即总能量等

于静止能量加上动能. 如果在一个封闭系统中发生了一个变化或反应,反应前后系统内所有粒子的静止质量由 m_{01} 减少为 m_{02},相应的粒子动能由 E_{k1} 变为 E_{k2},由能量守恒定律式(1-42),有

$$m_{01}c^2 + E_{k1} = m_{02}c^2 + E_{k2}$$

由上式可得

$$E_{k2} - E_{k1} = (m_{01} - m_{02})c^2$$

可以看出,由于反应前后静止质量减少了 $\Delta m_0 = m_{01} - m_{02}$,因此反应前后系统内的所有粒子的动能增加了 $\Delta E = E_{k2} - E_{k1}$,这意味着静止质量的减小会带来了动能的增加,即静止能量以动能的形式释放出来. 静止质量的减少称为质量亏损 Δm_0. 与质量亏损 Δm_0 相应的释放出的动能为

$$\Delta E = \Delta m_0 c^2 \qquad (1\text{-}44)$$

由于质量亏损 Δm_0 乘以的是真空光速的平方 c^2,因此只要有很小的质量亏损,就能释放出非常可观的能量. 注意:质量亏损和质量守恒定律并不矛盾,所谓质量亏损是指静止质量的减少,与其相对应的静止能量以粒子动能的形式释放了出来,质量守恒定律指的就是运动质量的守恒.

1938 年,德国科学家奥托·哈恩(O. Hahn)在实验中发现了铀核裂变现象,铀核裂变过程中出现了质量亏损. 从此,爱因斯坦质能关系的重要意义显现出来,人类也很快进入了原子能时代.

除了在重核裂变过程中会出现质量亏损,在轻核聚变的过程中也会出现质量亏损. 典型的聚变过程是太阳内部发生的四个氢核($_1^1$H)结合成为一个氦核($_2^4$He)的过程.

此外,在存在反物质的情况下,如果正、反物质相遇发生湮没,静止质量将消失,与静止质量相应的静止能量可以全部释放出来. 如果能充分利用这种能量,那将是一种效率比核反应还要高得多的能源. 电子的反粒子称为正电子,除了带相反电荷外,正电子的其他性质与电子相同. 电子与正电子结合时转化为两个光子,因为光子的静止质量为零,所以与电子和正电子的静止质量相应的能量全部转化为光子的动能释放出来.

例 1-12

太阳辐射的能量是由一系列核聚变反应产生的,其结果相当于下列核反应

$$4{}_{1}^{1}\mathrm{H} \rightarrow {}_{2}^{4}\mathrm{He} + 2{}_{1}^{0}\mathrm{e}$$

其中单个质子($_1^1$H)、单个氦核($_2^4$He)、单个正电子($_1^0$e)的静止质量分别为 $m_p = 1.672\ 6 \times 10^{-27}$ kg, $m_{He} = 6.644\ 7 \times 10^{-27}$ kg, $m_e = 0.000\ 9 \times 10^{-27}$ kg,问:

(1) 这一反应释放多少能量?这些能量以什么形式存在?

(2) 这一反应的释能效率多大?

(3) 消耗 1 kg 质子可以释放多少能量?

解:(1) 释放的能量为

$$\begin{aligned}\Delta E &= \Delta m_0 c^2 = (4m_p - m_{He} - 2m_e)c^2 \\ &= (4 \times 1.672\ 6 - 6.644\ 7 - 2 \times 0.000\ 9) \times \\ &\quad 10^{-27}\ \mathrm{kg} \times (3 \times 10^8\ \mathrm{m/s})^2 \\ &= 3.95 \times 10^{-12}\ \mathrm{J} = 24.7\ \mathrm{MeV}\end{aligned}$$

这些能量以氦核和正电子动能的形式存在,如此大的动能表明粒子运动非常剧烈,导致太阳内部的温度极高(达 10^8 K).

(2) 释能效率为

$$\eta = \frac{\Delta E}{4m_p c^2} = \frac{4.15 \times 10^{-12}\ \mathrm{J}}{4 \times 1.672\ 6 \times 10^{-27}\ \mathrm{kg} \times (3 \times 10^8\ \mathrm{m/s})^2}$$
$$= 0.69\%$$

(3) 消耗 1 kg 质子可以释放的能量为

$$\frac{\Delta E}{4m_p} = \frac{4.15 \times 10^{-12}\ \mathrm{J}}{4 \times 1.672\ 6 \times 10^{-27}\ \mathrm{kg}} = 6.20 \times 10^{14}\ \mathrm{J/kg}$$

这相当于 1 kg 优质煤完全燃烧所释放化学能的 2.12×10^7 倍.

1.5.3 相对论能量和动量的关系

授课录像:相对论能量和动量的关系

将 $m = \dfrac{m_0}{\sqrt{1-v^2/c^2}}$ 化为 $m^2c^2 = m^2v^2 + m_0^2c^2$,方程两边同时乘以 c^2,并利用 $E = mc^2$ 和 $p = mv$,可得

$$E^2 = p^2c^2 + m_0^2c^4 \tag{1-45}$$

这就是相对论能量与动量之间的关系式. 不难看出,如果把 E、pc 和 m_0c^2 当成三角形三边的长度,则它们正好构成一个如图 1-19 所示的直角三角形. 相对论动能 $E_k = E - m_0c^2$ 可在此图中表示成斜边与直角边 m_0c^2 的差.

光子静止质量 $m_0 = 0$,静止能量 $E_0 = 0$,但是它有动量 p,运动质量 m 和相对论能量 E. 由式(1-45)得 $E = pc$,由 $E = h\nu = hc/\lambda$ 可得 $p = h/\lambda$,其中,ν 为光波频率,h 为普朗克常量. 因为光子有运动质量,所以光经过大星体旁会受到星体的万有引力而使光线

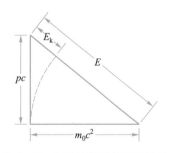

图 1-19 相对论能量与相对论动量的关系

弯曲,这已由爱丁顿(A. S. Eddington)在 1919 年的日食中观测到,证明了相对论的正确性. 因为光子有动量,所以光射到物体表面会产生光压.

对封闭系统,相对论动力学不仅保持能量守恒定律成立,动量守恒定律也成立. 在微观世界,对于不受外界影响的高能粒子的碰撞、裂变和聚变等核反应过程,体系的动量和能量都是守恒的,但需要注意的是动量和能量都要表示成相对论的形式. 粒子在碰撞、反应前后都相距很远,因此考察动量守恒和能量守恒时通常不考虑粒子间的相互作用势能.

与牛顿力学比较,狭义相对论更客观、更真实地反映了自然规律,但是狭义相对论并不是对牛顿力学的否定,而是对牛顿力学的推广. 不能说牛顿力学是错误的,只能说它不完善,它只是狭义相对论在低速情况下的近似. 几百年来,牛顿力学在其适用范围内经受住了实验的考验;同样,狭义相对论在宇宙学、核物理等近代物理的实验观测中也得到了证实.

例 1-13

已知 A、B 两个粒子静止质量均为 m_0,A 粒子静止,B 粒子以 $2m_0c^2$ 的动能向 A 粒子运动,碰撞后合为一体. 若碰撞过程无能量释放,求合成粒子的静止质量.

解:碰撞前 A、B 粒子的能量分别为

$$E_A = m_0c^2, \qquad E_B = m_0c^2 + E_{Bk} = 3m_0c^2$$

根据能量守恒定律,碰撞后合成粒子的能量为

$$E_A + E_B = 4m_0c^2 = m_合 c^2$$

所以合成粒子的运动质量为 $m_合 = 4m_0$,静止质量为

$$m_{合0} = m_合 \sqrt{1 - v^2/c^2} = 4m_0 \sqrt{1 - v^2/c^2}$$

这里只要求出合成粒子的运动速度 v 就可求出其静止质量 $m_{合0}$. 对粒子碰撞过程应用动量守恒定律,有

$$0 + p_B = m_合 v$$

得 $v = \dfrac{p_B}{m_合}$. 为求得 B 粒子的动量 p_B,利用 B 粒子的能量与动量的关系式

$$E_B^2 = p_B^2 c^2 + m_0^2 c^4$$

得 $p_B^2 = 8m_0^2 c^2$,$v^2 = \dfrac{p_B^2}{m_合^2} = \dfrac{8m_0^2 c^2}{16m_0^2} = \dfrac{1}{2}c^2$,所以合成粒子的静止质量为

$$m_{合0} = 4m_0 \sqrt{1 - v^2/c^2} = 2\sqrt{2}\, m_0$$

*1.6　广义相对论简介

1.6.1 广义相对论的基本原理

爱因斯坦在建立了狭义相对论之后,发现狭义相对论存在两个原则性缺陷:第一个缺陷是在抛弃了绝对时空的概念后,惯性系变得无法定义,而且宇宙间严格意义上的惯性系本身也是不存在的;第二个缺陷就是万有引力定律没有得到修正,万有引力定律不满足洛伦兹变换下的不变性,它始终不能被纳入狭义相对论的框架,而且与万有引力相联系的绝对时空观和超距作用也和爱因斯坦的相对论时空观和场的观念相矛盾. 为了消除狭义相对论的这两个根本缺陷,爱因斯坦提出了广义相对性原理和等效原理这两条基本假设,并在此基础上于 1915 年建立了适用于任何参考系的广义相对论. 下面我们来看广义相对论的两条基本假设.

授课录像:广义相对论基本假设

1. 广义相对性原理:在一切参考系中,物理定律都有相同的形式.

这里所说的一切参考系既包含惯性系,又包含非惯性系. 为了消除上面提到的狭义相对论存在的第一个原则性缺陷,爱因斯坦取消了惯性系在理论中的特殊地位,把相对性原理推广到了非惯性系,从而得到了广义相对论的第一条基本假设. 广义相对性原理也被称为广义协变性原理.

广义相对性原理

2. 等效原理:惯性力和引力等效.

等效原理

爱因斯坦在把狭义相对论的相对性原理推广到非惯性系之后,却发现非惯性系中又存在惯性力的问题. 通过对惯性力的分析,爱因斯坦发现了惯性力和引力之间存在的联系. 奥地利科学家马赫(E. Mach)在批判牛顿的绝对时空观时曾指出,物体的惯性不是物体本身所固有的属性,而是由宇宙中无数巨大的天体对该物体的作用产生的,惯性力在本质上是一种引力. 这一思想后来被爱因斯坦称为马赫原理,可见马赫思想对爱因斯坦提出等效原理有着很大的启发和影响. 另外,虽然惯性和引力是物体完全不同的两种属性,但是描述它们的惯性质量和引力质量却彼此相等. 爱因斯坦在这些思考的基础上,提出了著名的等效原理,将非惯性系的问题和引力的问题一并解决. 爱因斯坦还通过如下升降机的思想实验来形象地说明等效原理.

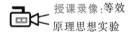

授课录像:等效原理思想实验

爱因斯坦升降机的思想实验中,将位于地球表面的升降机和位于不存在引力的太空中的升降机分成两种情形进行了对比.
第一种情形如图 1-20(a)和(b)所示,分别为升降机在地球表面
静止和在太空中以加速度 $a=g$(地球表面的重力加速度)加速向
上运动.在这两种条件下,升降机中的观测者都能感知到自己的
重量,如果去称量,都能测出自己的重量为 mg. 但由于升降机是
封闭的,观测者看不见外面,因此观测者无法判断自己是在地球
表面静止还是在太空中加速上升.显然,太空中加速上升的升降
机是一个非惯性系,这就意味着在真实引力场中的静止参考系和
非惯性系无法区分,存在引力场的空间不是惯性系.

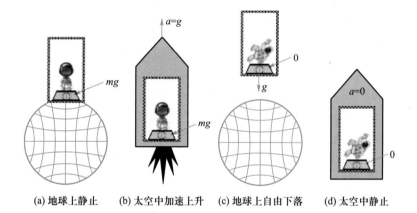

图 1-20 等效原理示意图:爱
因斯坦升降机

(a) 地球上静止   (b) 太空中加速上升   (c) 地球上自由下落   (d) 太空中静止

第二种情形如图 1-20(c)和(d)所示,分别为升降机在地球
表面附近自由下落和在太空中静止或做匀速直线运动.这两种
条件下,升降机中的观测者都处于失重状态,如果去称量自己的
重量,测得的结果都是 0. 这种情况下,升降机中的观测者同样无
法判断自己是在地球表面附近做自由落体运动还是在太空中静
止或做匀速直线运动.由于太空中静止或做匀速直线运动的升
降机可看作一个惯性系,这说明在地球表面附近自由下落的升降
机也可看作一个惯性系.这样,如果在存在引力场的任一局域引
入一个自由降落系,就可消除其中的引力场,使之成为"局域惯性
系",狭义相对论的公式在其中就成立.

通过升降机的思想实验,既可以看出引力场和非惯性系之间
存在的联系,又可以看出同时解决引力场和非惯性系问题的方
法.爱因斯坦就是这样提出了等效原理,并在此基础上建立起了
广义相对论.在广义相对论的两个基本原理中,广义相对性原理
对物理定律的具体内容没有什么限制,只有通过等效原理才能获
得物理内容.

在等效原理的基础上,可对光在引力场中的传播进行讨论,

爱因斯坦就是这样预测了光在引力场中的偏折以及光的引力红移现象. 这里我们首先来讨论光在引力场中的偏折, 在图 1-20 (a) 和 (b) 所示的情形中, 假设有一束光从左侧射入升降机并射向右侧, 我们知道, 光相对于任何惯性系都沿直线传播, 这里, 不存在引力的太空可以认为是一个惯性系, 光在其中应沿直线传播. 但当光射入在太空中加速上升的升降机中时, 由于在光向右传播的过程中, 升降机加速上升, 因此, 对于升降机中的观测者来说, 光的传播路径是一条向下弯曲的抛物线. 又由于升降机是在太空中加速上升或是在地球表面静止对于升降机中的观测者来说是无法区分的, 因此可以断定, 光在地球表面静止的升降机中的传播路径也是同样一条向下弯曲的抛物线. 这说明光线在引力场中发生了弯曲. 爱因斯坦把这种光线的弯曲归因于空间本身是弯曲的, 指出引力可以使空间弯曲, 连带使里面传播的光的路径也一起发生了弯曲.

由于我们生活在平直的三维空间中, 因此不易理解弯曲的三维空间是什么样的. 为了帮助我们理解弯曲空间和平直空间之间的联系, 我们以弯曲的二维空间和平直的二维空间为例加以说明. 地球表面是个球面, 如果一个人不知道地球表面是个球面, 当他沿着直线一路向东行进, 最后再回到出发位置时, 他就会觉得很困惑. 而从高维空间看, 道理其实很简单, 他并没有沿着直线在行进, 而是沿着地球的纬线走过了一个圆周. 这里, 地球表面就是一个弯曲的二维空间, 纬线所在平面却是一个平直的二维空间. 这说明, 弯曲的二维空间中的一条直线是平直二维空间中的一条曲线. 与此相似, 弯曲的三维空间中的直线就是平坦三维空间中的曲线.

宇宙中, 在物质聚集的区域, 例如恒星附近, 较强的引力造成了三维空间的弯曲. 当光从这附近传播经过时, 虽然光在弯曲的三维空间中仍然是沿着直线按照最短的路径往前传播的, 但在平直空间中观测, 光的传播路径就发生了弯曲. 在广义相对论预言的含有大量物质的黑洞附近, 空间弯曲极其强烈.

另外, 广义相对论指出, 在引力场附近, 不仅空间发生弯曲, 时间也要发生弯曲, 即靠近太阳的钟比远离太阳的钟要走得慢, 这种效应叫引力的时间延缓. 时间、空间的弯曲是紧密联系, 不可分割的. 这种弯曲的时空不适合用我们熟知的欧几里得几何描述, 描述弯曲空间的黎曼几何也因此成为爱因斯坦建立广义相对论的强有力的数学工具.

1915 年, 爱因斯坦在黎曼空间建立的爱因斯坦场方程, 标志着广义相对论理论体系的完成, 距离 1905 年狭义相对论的建立整整过去了 10 年．爱因斯坦场方程表明物质和时空是统一的，物质的运动及其分布可以决定时空的结构，由已知的时空结构也可以推算出物质的运动．爱因斯坦广义相对论就这样把非惯性系、引力场和弯曲空间统一了起来，继承了狭义相对论的合理内容，将相对论物理学推广到了非惯性系，同时解决了引力问题．

现在广义相对论的主要应用是在宇观领域，即宇宙学和天体物理学，对黑洞的数学描述就是通过求解爱因斯坦场方程得到的．从广义相对论出发建立起来的引力理论是目前所有相关理论中最好的一种．

1.6.2 广义相对论的几大实验验证

授课录像：爱因斯坦成就

授课录像：广义相对论
实验验证

在广义相对论建立之初，爱因斯坦提出了三项实验检验方案，后来都一一得以实现．这三项实验，一是水星近日点的进动，二是光线在引力场中的弯曲，三是光的引力红移效应．

1. 水星近日点的进动

人们通过天文观测，记录了水星近日点每百年的进动量约为 $5\,600''$，但是根据牛顿理论只能解释其中的 $5\,557''$，而相差的 $43''$ 却无法解释．爱因斯坦在建立了广义相对论后，利用太阳引力使空间弯曲的理论，认为水星的轨迹就是该弯曲空间中的测地线，并对水星近日点的进动量进行了计算，很好地解释了经典理论一直无法解释的 $43''$（图 1-21）．

2. 光线的引力场偏转

爱因斯坦在提出等效原理之后，就预言了光线在引力场中的弯曲现象（图 1-22）．这种弯曲不是出自于引力的"力"作用，而是由引力使空间弯曲的效应所引起的．按广义相对论的引力使空间弯曲的理论进行计算，从某一星球发出的星光，在经过太阳附近时，应发生 $1.75''$ 的偏折．1919 年，英国皇家学会和皇家天文学会联合派出了两支考察队，分别由爱丁顿（Eddington）与克劳姆林（Crommelin）教授带领，分赴非洲几内亚湾的普林西比岛和巴西的索布腊尔两地进行观测．后经过仔细的分析和比较，两支考察队的观测结果分别是 $1.61''\pm0.30''$ 和 $1.98''\pm0.12''$．这与按照广义相对论理论计算得到的结果基本相符．这一观测结果不仅证实了广义相对论的正确性，也使人们开始认识到爱因斯坦广义相对论的重要意义．

另外，在现代天文学中观测到的爱因斯坦环和爱因斯坦十字

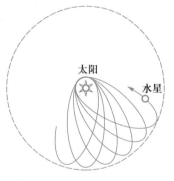

图 1-21 水星近日点的进动

等这些引力透镜效应,也是光线在巨大质量天体附近的巨大引力场中发生偏转的一种现象.

3. 光的引力红移效应

爱因斯坦在提出等效原理之后,预言了当光在远离具有巨大质量的天体时,光的频率会变小,这一效应被称为光的引力红移效应(图 1-23).爱因斯坦还给出了引力红移的公式.

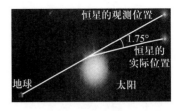

图 1-22 光线的引力场偏转

这一效应可以在很多天文观测中得到的星光光谱中显示出来,只是由于同时还存在多普勒频移,这两种效应很难通过观测区分开来,所以并不能定量证明爱因斯坦关于光的引力红移公式的正确性.

1959 年,美国的庞德(Pound)和雷布卡(Rebka)设计了一个测量地面上光的引力红移的实验.他们将放射源^{57}Co 放置于哈佛大学杰弗逊塔 22.6 m 高的顶层,^{57}Co 放射出的 γ 射线射向塔的底层,在塔的底层用^{57}Fe 接收 γ 射线.利用极为敏感的穆斯堡尔效应,他们精确测得了 γ 射线频率上的变化,结果与广义相对论的预言一致.

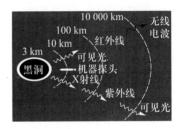

图 1-23 光的引力红移效应

4. 雷达回波的延迟

由于广义相对论认为引力能使空间弯曲,使光线偏转.因此当光或电磁波通过太阳附近时,由于太阳引力的作用,使得空间发生了弯曲,光或电磁波通过太阳附近就需要更长的时间.

为了检验广义相对论关于引力使空间发生弯曲的理论是否正确,1964 年美国物理学家夏皮罗(Shapiro)首先提出了测量雷达回波时间的实验:从地球向行星发射电磁波脉冲,信号被行星反射回地球,分两种情况来测量信号往返的时间.当来回信号的路径远离太阳时,太阳的影响可忽略不计;而当来回信号正好路经太阳近旁时,那么信号往返时间较不经过太阳的情况变长.如此就可以检验空间是否发生了弯曲,是否有时间延迟.科学家先后对水星、金星与火星进行了雷达回波实验,证明太阳质量导致的雷达波往返的时间延迟将达到 200 ms 左右,与广义相对论的预言相符.

5. 黑洞及引力波

爱因斯坦建立广义相对论后不久,德国天文学家史瓦西(Schwarzschild)求得了爱因斯坦场方程的第一个精确解.史瓦西解描述了球对称的天体外部时空的弯曲情况,天体强大的引力场不仅使空间发生了弯曲,时间也发生了弯曲,解中还得出一个临界半径 r_g.史瓦西预言:当任意天体的半径小于 r_g 时,其间的时空弯曲得如此厉害,以致于光和物质都不能从它上面逃脱掉.这种"不可思议的天体"被美国物理学家惠勒(Wheeler)命名为"黑洞".这

一半径 r_g 后来被称为史瓦西半径,史瓦西半径给出了现在通常认为的黑洞半径,以史瓦西半径所形成的球面就是黑洞的视界.

现代天文学认为,黑洞是由质量足够大的恒星在核聚变反应的燃料耗尽后,发生引力坍缩形成的.黑洞的质量非常巨大,体积却十分微小,它产生的引力场极为强劲,以至于任何物质和辐射(包括传播速度最快的光)进入到黑洞的视界内,便再也无法逃逸出来.黑洞的视界将黑洞的内部与外部空间完全隔离开来,因此黑洞无法被直接观测到,仅能通过间接方式推断黑洞的存在及其质量大小,并且观测到它对其他事物的影响.

另外,根据广义相对论,天体的引力会使得时空发生弯曲.如果产生引力的天体做加速运动,引力引起的时空弯曲就能够以波的形式向外传播,其传播速度与真空光速相等.这就是爱因斯坦在广义相对论基础上预言的引力波.引力波可以理解成一种以光速传播的时空波动,如同石头丢进水里产生的波纹一样,引力波可看作宇宙中的"时空涟漪".

在爱因斯坦预言了引力波之后,人们就开始对引力波进行探测.通常认为,引力波的产生非常困难,只有在宇宙中大质量天体及黑洞在加速、碰撞和合并的过程中才可以产生强大的引力波,而这些波源距离地球又都十分遥远,引力波传播到地球时已经变得非常微弱.因此引力波也非常难以被实验探测到.

1974 年,物理学家泰勒(Taylor)和赫尔斯(Hulse)利用射电望远镜发现了一个由两颗质量大致与太阳相当的中子星组成的相互旋绕的双星系统.根据广义相对论,该双星系统会以辐射引力波的形式损失能量,轨道周期每年缩短 $76.5~\mu s$,轨道半长轴每年减少 $3.5~m$,预计大约 3 亿年后发生合并.自 1974 年,泰勒和赫尔斯对这个双星系统的轨道进行了长时间的观测,观测值和广义相对论预言的数值符合得非常好,这间接证明了引力波的存在.

图 1-24　激光干涉引力波天文台(LIGO)

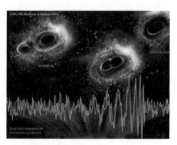

图 1-25　探测到的两个黑洞合并产生的引力波

20 世纪 70 年代,美国物理学家外斯(Weiss)等人开始意识到利用激光干涉方法探测引力波的可能性.采用激光干涉方法的引力波探测器的工作原理类似于迈克耳孙干涉仪,主要包括两个互相垂直的干涉臂.在两臂交会处,一束激光被分为两束,分别进入两个干涉臂并在干涉臂中来回反射,最后这两束光再相遇形成干涉条纹.若有引力波通过,便会在两个干涉臂上引起不同的时空弯曲,这样就会引起光程差发生变化,干涉条纹就会发生相应的变化.由于引力波非常微弱,这要求探测仪器能够在 $1~000~m$ 的距离上感知 $10^{-18}~m$(相当于质子直径的千分之一)的变化.到 20 世纪 90 年代,技术条件逐渐成熟,1991 年,在美国国家科学基金会(NSF)的资助下,麻省理工学院与加州理工学院开始联合建设"激光干涉引力波天文台"(LIGO),它具有探测引力波所需的高灵敏度(图 1-24).

2015 年 9 月 14 日,LIGO 的两台相距 3 000 km 的孪生引力波探测器同时探测到了初始频率为 35 Hz,接着迅速升高到 250 Hz,最后变得无序并消失的引力波信号,整个过程持续了仅四分之一秒. 经过计算和分析,这次探测到的引力波被确定为由 13 亿光年之外的两个黑洞在合并的最后阶段产生的. 两颗黑洞的初始质量分别为太阳质量的 29 倍和 36 倍,合并后变成一个 62 倍太阳质量的黑洞,亏损的质量以引力波的形式往外释放能量,这些能量经过 13 亿年的漫长旅行,终于抵达了地球,被美国 LIGO 的两台孪生引力波探测器探测到(图 1-25).

2016 年 2 月 11 日,美国 LIGO 的科研人员宣布了这次的观测结果. LIGO 的这一发现验证了爱因斯坦(图 1-26)100 年前作出的关于引力波的预言,广义相对论的正确性再一次得到了证明.

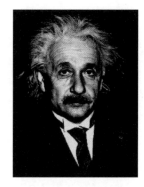

图 1-26 爱因斯坦

 文档:爱因斯坦

本章提要

1. 狭义相对论基本假设

爱因斯坦相对性原理:物理定律在任何惯性系中都具有相同的数学表达形式,即所有惯性系都是等价的,不存在任何特殊的绝对惯性系.

光速不变原理:在所有惯性系中光在真空中的传播速率都等于 c,与光源和观察者如何运动无关.

2. 时间延缓

$$\Delta t = \frac{\Delta t'}{\sqrt{1-u^2/c^2}} \quad (\Delta t' \text{为固有时或原时}, \Delta t \text{为两地时})$$

3. 长度收缩

$$\Delta x = \Delta x' \sqrt{1-u^2/c^2} \quad (\Delta x' \text{为固有长度或原长}, \Delta x \text{为运动长度})$$

4. 同时性的相对性

沿两个惯性系相对运动方向上不同地点发生的两个事件,若在一个惯性系 S′中同时发生,则在另一个惯性系 S 中观测不同时发生,位于相对运动方向后方的那个事件先发生,其时间差正比于相对运动速度 u 和两事件在同时发生参考系中的固有间距

$\Delta x'$, 为

$$\Delta t = t_2 - t_1 = \frac{\Delta x' u / c^2}{\sqrt{1 - u^2 / c^2}}$$

5. 洛伦兹变换

$$x' = \frac{x - ut}{\sqrt{1 - u^2 / c^2}}, \quad y' = y, \quad z' = z, \quad t' = \frac{t - \dfrac{u}{c^2} x}{\sqrt{1 - u^2 / c^2}}$$

6. 相对论速度变换

$$v_x' = \frac{v_x - u}{1 - \dfrac{u v_x}{c^2}}, \quad v_y' = \frac{v_y \sqrt{1 - u^2 / c^2}}{1 - \dfrac{u v_x}{c^2}}, \quad v_z' = \frac{v_z \sqrt{1 - u^2 / c^2}}{1 - \dfrac{u v_x}{c^2}}$$

7. 相对论质量

$$m = \frac{m_0}{\sqrt{1 - v^2 / c^2}} \quad (m_0\text{为静止质量}, m \text{ 为运动质量})$$

8. 相对论动量

$$\boldsymbol{p} = m\boldsymbol{v} = \frac{m_0 \boldsymbol{v}}{\sqrt{1 - v^2 / c^2}}$$

9. 质能关系

$$E = mc^2$$

10. 相对论动能

$$E_k = mc^2 - m_0 c^2$$

11. 相对论能量和动量的关系

$$E^2 = p^2 c^2 + m_0^2 c^4$$

思考题

1-1　举例说明经典力学所遇到的困难,并指出造成这些困难的根源.

1-2　利用洛伦兹变换解释相对论四维时空中时间和空间不可分割的观点.

1-3　"在一个惯性系中两个同时的事件,在另一惯性系中一定是不同时事件 ." 按照相对论时空观,该叙述是否正确?

1-4　什么是固有时?固有时最短的含义是什么?

1-5　一个质点在惯性系 S 中的运动轨迹是 xy 平面上的圆,那么在相对于 S 系以恒定速率 u 沿其 x 轴运动的 S′ 系中观测,运动轨迹是什么形状?

1-6　时间延缓和长度收缩的相对性各指的是什么?

1-7　在一个惯性系中发生的两个因果事件,在另一个惯性系中,发生顺序会不会颠倒?无因果关系的两个事件,结果又会怎样?在科幻电影和小说中经常会看见关于时间隧道或时空穿越的题材,试利用相对论的时空效应及因果律对这些情况出现的可能性进行讨论.

1-8 一列火车和一个山洞的原长相等,火车以 0.8c 速度相对于山洞运动,山洞的前端是封闭的,火车从山洞后端驶入山洞,当火车车尾恰好完全进入山洞后端时,前端封闭口立即打开.试对以下两种关于火车是否能通过山洞的说明进行讨论:

(1) 山洞参考系:由于长度收缩效应,运动的火车长度收缩,变得比山洞的长度短了,所以火车尾部进入后端时,打开前端的封闭口,因此火车能够穿过山洞.

(2) 火车参考系:由于长度收缩效应,运动的山洞长度收缩,变得比火车的长度短了,所以火车尾部进入后端时,火车头部已经和山洞前端的封闭口相撞,因此火车不能通过山洞.

1-9 有人认为在相对于光子静止的参考系中,光子是静止的.这样理解对吗?

1-10 相对论的动量定理和牛顿力学的动量定理有什么区别和联系?

1-11 从能量的观点怎样理解实物粒子的运动速度不能达到光速?

1-12 爱因斯坦在狭义相对论中提出了著名的质能方程,试通过质能方程讨论在什么情况下,能将质量中所蕴藏的巨大能量释放出来.核反应时反应粒子的一部分质量转化为能量,这种说法对吗?

习题

1-1 在以 0.999 8c 的速度匀速行驶的飞船中,一乘客举了一下手,飞船上测量,用了 1 s 的时间.问地球上测量,该乘客举手用时多少?若地球上的人举了一下手,地球上测量用时 1 s,问飞船上测量用时多少?

1-2 在 S 系中同一地点先后发生两个事件,其时间间隔为 2 s.在 S′ 系中测,两事件的时间间隔为 3 s.求在 S 系中这两个事件的空间间隔.

1-3 两个宇宙飞船,彼此以 0.98c 的相对速率相向飞过对方.飞船 1 中的观察者测得飞船 2 的长度为飞船 1 长度的 2/5.求:(1)飞船 1 与飞船 2 的静止长度之比;(2)飞船 2 中的观察者测得飞船 1 的长度与飞船 2 的长度之比.

1-4 在 S 系中,一根静止的棒长度为 l,与 x 轴夹角为 θ,求它在 S′ 系中的长度和与 x' 轴的夹角.已知 S′ 系以速度 u 沿 x 轴方向相对于 S 系做匀速运动.

1-5 在距地面 6 000 m 处宇宙射线与高层大气相互作用,产生了一个平均固有寿命为 2×10^{-6} s 的 μ 子,该 μ 子以 0.998c 的速率朝地面运动.(1)地面上的观测者测定它在衰变以前能够走过多长的平均距离?它能否到达地面?(2)对相对于 μ 子静止的观测者来说,μ 子产生处离地面多远?它在衰变以前能否到达地面?

1-6 惯性系 S 中的观测者测得一个在 $x=100$ km, $y=10$ km, $z=1$ km 处, $t=5\times10^{-4}$ s 时的闪光.若惯性系 S′ 相对于 S 系以 $u=-0.8c$ 的速度沿 x 轴运动,求 S′ 系的观测者测得这一闪光的时空坐标 (x', y', z', t').

1-7 惯性系 S 中的观测者测得两个事件的时空坐标分别为:$x_1=6\times10^4$ m, $y_1=0$, $z_1=0$, $t_1=2\times10^{-4}$ s; $x_2=1.2\times10^5$ m, $y_2=0$, $z_2=0$, $t_2=1\times10^{-4}$ s.如果惯性系 S′ 中的观测者测得这两个事件同时发生,则 S′ 系相对于 S 系运动的速度是多少?惯性系 S′ 系中的观测者测得这两个事件发生的空间间隔是多少?

1-8 原长为 L' 的飞船以速度 u 相对于地面做匀速直线运动.有个小球从飞船的尾部运动到头部,宇航员测得小球的速度恒为 v',求:(1)宇航员测得小球运动所需的时间;(2)地面观测者测得小球运动所需的时间.

1-9 一发射台向东西两侧距离均为 d 的两个接收站 E 和 W 发射无线电信号,今有一飞机以速度 v 沿发射台与两接收站的连线方向由西向东飞行. 求在飞机上测得两接收站收到发射台同一信号的时间间隔. 哪个接收站先收到信号?

1-10 一根米尺沿长度方向相对于观测者以 $0.6c$ 的速度运动. 观测者测量米尺掠过面前要多长时间?

1-11 牛郎星距离地球约 16 l.y., 如果宇宙飞船以 $0.97c$ 的速度匀速飞向牛郎星,那么用飞船上的钟测量,多长时间抵达牛郎星?

1-12 假想飞船 A 和 B 分别以 $0.6c$ 和 $0.8c$ 的速度相对地面向东飞行. 地面上某地先后发生两个事件,在飞船 A 上观测,时间间隔为 5 s, 那么在飞船 B 上观测,相应的时间间隔为多少?

1-13 一飞船飞过地球参考系中的一个观测站,当飞船船首经过观测站时,船首发出一闪光,当飞船船尾经过观测站时,船尾发出一闪光. 地球参考系中的观测者测得两次闪光之间的时间间隔是 75 ns,在飞船参考系中飞船的长度为 30 m. 求:(1)飞船相对于地球参考系的运动速度;(2)在飞船参考系中测得的两次闪光的时间间隔.

1-14 一飞船相对于地球静止时长度为 36 m, 当它离开地球飞向其他星球时,地球参考系的观测者测得其长度为 27 m, 地球参考系中还观测到飞船上的一位宇航员锻炼了 20 min, 问宇航员自己认为自己锻炼了多长时间?

*1-15 一飞船以速度 $u = 0.6c$ 飞离地球,它发射一个无线电信号,经地球反射,40 s 后飞船才收到返回信号. 求飞船发射信号时、信号被地球反射时、飞船接收到信号时,分别从飞船、地球上测量飞船与地球之间的距离.

1-16 A、B 两地相距 120 km, 在 A 地 0 时 0 分 0 秒有一火车启动,在 B 地 0 时 0 分 0.000 3 秒发生一次闪电. 求在以 $0.8c$ 的速度沿 A 到 B 方向飞行的飞船中,观测到的这两个事件的时间间隔. 哪一个事件先发生?

1-17 地球上的观测者发现,一个以速率 $0.6c$ 向东航行的宇宙飞船将在 5 s 后同一个以速率 $0.8c$ 向西飞行的彗星相撞.(1)飞船上的观测者观测,彗星以多大速率向他们接近?(2)飞船上的观测者测量,还有多少时间允许他们离开航线避免相撞?

1-18 若一个电子的能量为 2.0 MeV, 则该电子的动能、动量、速率和运动质量各为多少? 已知电子的静止能量约为 0.51 MeV.

1-19 设快速运动的介子能量为 3 000 MeV, 而这种介子在静止时的能量为 100 MeV. 若其固有寿命为 2×10^{-6} s, 求它在生成到消失的过程中的运动距离.

1-20 热核反应 ${}_1^2\mathrm{H} + {}_1^3\mathrm{H} \rightarrow {}_2^4\mathrm{He} + {}_0^1\mathrm{n}$ 各粒子的静止质量为:氘 $m_\mathrm{D} = 3.343\ 7 \times 10^{-27}$ kg, 氚 $m_\mathrm{T} = 5.004\ 9 \times 10^{-27}$ kg, 氦 $m_\mathrm{He} = 6.642\ 5 \times 10^{-27}$ kg, 中子 $m_\mathrm{n} = 1.675\ 0 \times 10^{-27}$ kg, 问这种热核反应中 1 kg 反应原料完全反应所释放的能量是多少?

1-21 最强的宇宙射线具有 50 J 的能量,如这一射线是由一个质子形成的,则这一质子的速率与真空光速相差多少?

1-22 一个静止的原子核同时向两相反的方向射出两个质子,两者速度均为 $0.5c$. 求:(1)每个质子相对于原子核参考系的动量和能量;(2)一个质子相对于另一个质子所在参考系中的动量和能量. 结果用质子静止质量 m_0 和真空光速 c 表示.

*1-23 静止质量为 m_0 的原子,发射一个能量为 $h\nu$ 的光子而反冲,求该原子发射光子后的静止质量.

1-24 一静止长方体质量为 m, 体积为 V, 如果此长方体沿一棱边方向以速度 v 相对于观测者运动,那么观测者测得长方体的密度为多少?

1-25 静止质量均为 m_0 的两个粒子 A 和 B 以速度 v 沿相反方向运动,碰撞后合成为一个大粒子. 求这个大粒子的静止质量.

1-26 极高速运动粒子碰撞产生复合粒子,然后复合粒子可能再分裂为基本粒子,复合粒子的静止能量越大,越有利于产生丰富的基本粒子. 1988 年北京正负电子对撞机利用电子对撞,获得了 τ 粒子质量的最新数据,并证实了 ξ 粒子的存在. 2005 年在美国"相对论性重离子对撞机"(RHIC)中,以接近光速运行的金原子核相互对撞,成功地使夸克和胶子从质子和中子中释放出来,模拟了宇宙大爆炸最初几微秒的状态.

(1)在 RHIC 内部以相同速度对撞的金核中平均每个质子或中子的能量高达 $E = 100$ GeV,而质子或中子的静止能量仅约为 $E_0 = 1$ GeV,问能量 E 中有多少能够转化为复合粒子的静止能量? (2)早期粒子物理研究用高速质子撞击静止质子靶,利用相对论动力学原理证明,有 $2E_0 \sqrt{1 + \dfrac{E_k}{2E_0}}$ (其中 E_k 为入射质子的动能)的能量转化为复合粒子的静止能量. 如果入射质子的能量仍为 $E = 100$ GeV,求此转化能量.(3)通过比较上面两问中的数值结果,说明为什么现代高能粒子物理研究多采用两高速粒子对撞的方式而不采用高速粒子轰击静止粒子的方式.

第 2 章　微观粒子的波粒二象性

授课录像：导引

这里是量子王国,地处微小世界——原子和亚原子领域,其"语言""法制"和"风土人情"与我们所熟悉的日常世界——宏观领域不同,充满惊奇.既然我们来了,就要"入乡随俗",粗通量子物理的术语、实验基础和理论架构.

从 19 世纪末到 20 世纪初,随着科学与技术的进步,当人们研究的触角进入了"微观粒子"尺度时,物理学家们陆续发现了一系列经典物理学无法解释的新实验现象,例如黑体辐射、光电效应、康普顿效应、原子的线状光谱等.这使得当时已经相当完善的经典物理学处于非常困难的境地,迫使科学家们跳出传统的物理学框架,去寻找新的解决途径,从而促进了量子物理的诞生.

量子物理首先是从黑体辐射问题上突破的.1900 年,普朗克(M. Plank,1858—1947)为了解决经典理论在解释黑体辐射实验规律时遇到的困难,首次提出了能量子的概念,即能量量子化的概念.这对经典物理理论是一个极大的冲击,因为在经典理论中,能量的连续性被认为是"天经地义"的事情.爱因斯坦关于光的波粒二象性的假说,以及随后德布罗意(Louis de Broglie,1892—1960)关于实物粒子的波粒二象性的假设,使人们认识到,一切微观粒子都具有波粒二象性.在此基础上,1926 年,薛定谔(Erwin Schrödinger,1887—1961)提出了描述微观粒子运动规律的非相对论性的薛定谔方程.1928 年,狄拉克(P. A. M. Dirac,1902—1984)又提出了相对论性的狄拉克方程.它们是量子力学的基本方程.经过众多物理学家们的共同努力,终于在 20 世纪30 年代建立了量子力学.这是关于微观世界的理论,量子力学和相对论一起已成为现代物理学的理论基础.

量子物理是人们认识和理解微观物质世界的基础,其研究成果及研究方法已深入到现代科学与技术的各个领域,并在化学、生物、信息、计算机、激光、能源和新材料等方面的科学研究和技术开发中,发挥越来越重要的作用.

本章大致顺着历史的车轮,通过黑体辐射规律、光电效应现象、康普顿效应、氢原子光谱、粒子的波动性等这些对经典物理而言是不可思议的怪事,开始带领大家领略量子物理的"风光". 本章着重引入普朗克、爱因斯坦、玻尔(N. Bohr, 1885—1962)、德布罗意、玻恩(M. Born, 1982—1970)、海森伯 (W. Heisenberg, 1901—1976)等相继提出的量子物理中的一些基本概念、规律和方法,为读者提供必备的现代物理基础知识,从中体会和欣赏微观世界的和谐与优美.

2.1 黑体辐射 普朗克能量子假设

2.1.1 黑体辐射

首先介绍开尔文曾经提到的第二朵乌云的驱散过程. 19 世纪,由于冶金、高温测量技术和天文学等领域的研究和发展,人们开始了对热辐射的研究工作. 如图 2-1 所示,被加热的物体达

授课录像:热辐射

授课录像:黑体辐射

(a)金属丝的颜色随其温度的升高逐渐变亮 (由暗红色变成鲜红,再从接近黄色变成白色,达到炫目的蓝白色)

图 2-1 热辐射

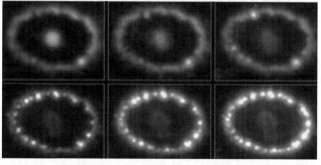

(b)哈勃太空望远镜从1994年到2006年拍摄的超新星1987A,揭示了冲击波撞入气体环,加热其中气体,使它们发光变亮的过程

热辐射

授课录像:经典物理困难

到一定温度时会发出红光,随着温度上升,光的颜色逐渐由红变黄又向蓝白色过渡. 这种由于分子(含有带电粒子)的热运动使物体以电磁波的形式向外传递能量的现象被称为热辐射(thermal radiation). 光的颜色随温度有规律地变化,说明热辐射的电磁波的能量按频率(或波长)的分布与温度有关. 温度越高,辐射出的总能量就越大,高频(短波)成分也越多. 根据这个事实,老练的炼钢工人根据钢水的颜色就可估计其温度. 同样人们可以从恒星的颜色判断出它的表面温度. 一般说来,蓝色恒星表面温度在 25 000 K 以上,白色恒星表面温度在 11 500~7 700 K 之间,黄色恒星表面温度在 6 000~5 000 K 之间,红色恒星表面温度在 3 600~2 600 K 之间. 2006 年,英国研究人员发现,蜜蜂也能够通过识别花朵的颜色来寻找温度更高的花朵. 常言讲,有一分热,就发一分光. 任何物体,不论温度高低,它们的热辐射一刻也没有停止,都会以电磁波的形式向外辐射能量. 只不过,温度较低时,辐射不强,并且辐射的电磁波主要集中在不可见的红外或远红外波段,肉眼看不到而已. 如人体就是天然的红外辐射源,但人体的红外辐射特性与周围环境的红外辐射特性不同. 红外生命探测仪就是利用它们之间的差别,以成像的方式把要搜索的目标与背景分开,如图2-2所示. 正常人体皮肤的红外辐射范围为 3~50 μm,其中 8~14 μm 约占全部人体辐射能量的 46%,能量较集中的中心波长(峰值波长)为 9.4 μm,这个波长是设计人体红外探测仪的重要的技术参量.

图 2-2 红外热像仪拍摄的图像

物体在向外进行热辐射的同时,也吸收来自周围其他物体的热辐射. 当单位时间内物体向外辐射的能量等于吸收外来辐射的能量时,则该物体的热辐射过程达到平衡,称为平衡热辐射. 这时,物体具有一个确定的温度. 下面通过黑体模型来讨论平衡热辐射.

所谓黑体,是指任意温度下对入射的任意频率的电磁波都能够全部吸收的理想物体,且在加热它时,辐射出任意频率的电磁波的能力比同温度下的任意其他物体强. 当然,自然界中绝对黑体是不存在的,即使是非常黑的煤也不能完全吸收入射电磁波的能量;而且很多在我们看来是黑色的物体,只是对可见光强烈地吸收,对诸如红外、紫外波段的不可见光也不是全部吸收.

图 2-3 显示的是沙漠中的纳米比亚变色龙,这种变色龙能使身体两侧呈不同颜色,一面黑色,一面白色,以便早晨较冷时用其中黑的一面吸收热量,用白的另一面防止热量流失.

图 2-3　变色龙防寒

黑体

1895 年,德国物理学家威廉·维恩(W. Wien,1864—1928)和奥托·卢梅尔(O. Lummer,1860—1925)指出黑体可用一空腔来实现,如图 2-4 所示. 在一个由任意不透明材料(如钢、铜、陶瓷等)做成的空腔壁上开一个小孔,且小孔对于空腔足够小,小孔口处就可近似地看成黑体. 这是因为通过小孔射入空腔的所有频率的电磁波经腔内壁多次反射,每反射一次,腔内壁就要吸收一部分电磁波,以致最后几乎全部被腔内壁吸收,再从小孔逃逸出来的电磁波则微乎其微. 例如,假设能量为 E_0 的电磁波射入具有白色空腔内壁的小孔,如图 2-5 所示,在空腔内每次反射时其能量仅被腔壁吸收 10%,经过 100 次反射后,才从小孔出来的电磁波的能量只有 $(0.90)^{100}E_0 = 2.656 \times 10^{-5} E_0$,所以小孔看上去很黑. 大家还可以做这样一个实验,将空腔的外壁用墨涂黑,用可见光照上去时,小孔会比周围腔壁看上去还要黑得多. 通常,人们在白天看到楼房的窗户显得黑黑的,就是因为屋外的光从窗户进入室内以后经过多次反射和吸收,消耗了大量的能量,从窗户再次射出并到达屋外人眼中的光已经非常微弱的缘故,此处的窗户就相当于空腔上的小孔. 同理,动物眼睛的瞳孔看上去常是黑漆漆的. 若对空腔加热至某一温度,空腔壁将不断辐射电磁波,则在腔内形成一辐射场,经过一定时间后,腔内的辐射场与腔壁会达到热平衡,即单位时间内空腔壁向腔内辐射的能量与从腔内吸收辐射的能量相等. 此时空腔内平衡热辐射的性质只依赖于温度,而与空腔的形状和材料无关,且可由腔上处于同样温度的小孔的辐射性质来代表. 而该小孔的辐射和同一温度下的绝对黑体的辐射几乎完全一样,即黑体辐射(blackbody radiation). 例如,在金属冶炼或陶瓷烧制时,常在冶炼炉或窑炉上开一个小孔,以测定炉内的温度,如图 2-6 所示.

图 2-4　黑体模型

图 2-5　腔内壁为白色的空腔上的小孔

黑体辐射

这样一来,人们便可以用上述黑体做实验来研究平衡热辐射的单色辐出度 M_λ,即单位时间内从物体单位表面积发出的波长在 λ 附近单位波长范围内的电磁波的能量. 在 SI 中,其单位为 $W \cdot m^{-3}$(瓦每立方米). M_λ 按波长的分布主要与温度有关,实验结果如图 2-7 所示. 由该图可见,对于一定温度下的分布曲线,M_λ 都有一个极大值,对应的虚线处波长为 λ_m,称为峰值波长.

图 2-6 不同温度下的黑体

$T=300$ K $T=1\,400$ K

图 2-7 三个温度下黑体辐射的单色辐出度 M_λ 按波长的分布曲线

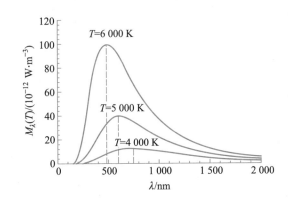

如当 $T=5\,000$ K 时, $\lambda_m=580$ nm, 处在黄光区. 当热力学温度升高时, λ_m 向短波方向移动, 反之, 则向长波方向移动, 且满足

$$\lambda_m T = b \qquad (2-1)$$

这就是维恩位移定律 (Wien displacement law), 由维恩 (图 2-8) 依据热力学理论于 1893 年提出, 并荣获 1911 年度诺贝尔物理学奖. 式 (2-1) 中, $b=2.897\,772\,9(17)\times 10^{-3}$ m·K, 称为维恩常量. 因此, 只要测出峰值波长 λ_m, 就可以估量物体的温度, 利用维恩位移定律就可以制成光测高温计. 例如, 太阳近似为黑体, 对其辐射的观测发现, 峰值波长 λ_m 约为 500 nm, 则由式 (2-1) 可求出太阳表面温度约为 5 800 K. 同理, 可以估算人体辐射光谱的峰值波长, 为 9.4 μm.

在图 2-7 中, M_λ-λ 曲线下与横轴所围面积是该温度下的整个电磁波谱的总辐射出射度 $M(T)$, 即在单位时间内, 从温度为 T 的黑体的单位面积上所辐射出的各种波长的电磁波的能量总和. 在 SI 中, 其单位为 W·m^{-2} (瓦每平方米). $M(T)$ 也可由单色辐出度 M_λ 对所有波长的积分给出, 即

$$M(T) = \int_0^\infty M_\lambda(T)\,\mathrm{d}\lambda \qquad (2-2)$$

1879 年, 斯洛文尼亚物理学家约瑟夫·斯特藩 (J. Stefan, 1835—1893) 对实验数据作了归纳总结, 得到辐射出射度 $M(T)$ 与热力

维恩位移定律

图 2-8 1911 年度诺贝尔物理学奖获得者维恩

文档: 维恩

学温度 T 之间的关系为

$$M(T) = \sigma T^4 \qquad (2-3)$$

之后,又由奥地利物理学家路德维希·玻耳兹曼(L. E. Boltzmann, 1844—1906)于 1884 年从热力学理论出发导出同样的结果,即黑体的辐射出射度与黑体的热力学温度的四次方成正比,称为**斯特藩-玻耳兹曼定律**(Stefan-Boltzmann law). 式(2-3)中,$\sigma = 5.670\ 367(419) \times 10^{-8}\ \mathrm{W \cdot m^{-2} \cdot K^{-4}}$,称为**斯特藩-玻耳兹曼常量**.

斯特藩-玻耳兹曼定律和维恩位移定律在现代科学技术上的应用很广泛,是测量高温、遥感和红外追踪等技术的物理基础.

2.1.2 普朗克能量子假设

19 世纪末,为了从理论上解释黑体辐射现象,许多物理学家试图用经典热力学和统计力学方法导出黑体辐射的单色辐出度与热力学温度和波长的关系,但是他们都失败了. 其中最典型的黑体辐射经典理论公式是**维恩公式**(Wien formula)和**瑞利-金斯公式**(Rayleigh-Jeans formula),分别为下面的式(2-4)和式(2-5).

$$M_\lambda = \frac{C_1}{\lambda^5} \exp\left(-\frac{C_2}{\lambda T}\right) \qquad (2-4)$$

$$M_\lambda = \frac{2\pi}{\lambda^4} kTc \qquad (2-5)$$

式(2-4)是维恩于 1896 年假设了黑体辐射的能量按波长的分布类似于同温度下的理想气体分子按速率的麦克斯韦分布而得到的,其中 C_1 和 C_2 为常量,分别称为第一辐射常量和第二辐射常量. 维恩公式的结果只在短波段和实验相近,但在长波段则与实验相差很大,如图 2-9 维恩线所示.

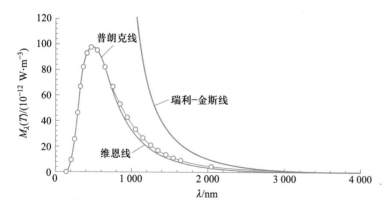

图 2-9 在 $T = 6\ 000$ K 时,黑体辐射的两个经典理论公式结果与实验曲线比较

图 2-10　1904 年度诺贝尔物理学奖获得者瑞利

1900 年 6 月，英国物理学家瑞利勋爵（Lord Rayleigh，即 J. W. Strutt，1842—1912，图 2-10）把他的研究成果以《关于完全辐射定律的评论（Remarks upon the law of complete radiation）》为题发表在《哲学杂志（Philosophy Magazine）》上，他将统计物理中的能量按自由度均分原理应用于黑体辐射情况．但是瑞利在推导中错了一个因数 8，这个错误被英国的詹姆斯·金斯（James Hopwood Jeans，1877—1946）于 1905 年在给《自然（Nature）》杂志的一封信中加以修正，即把原来的瑞利公式用 8 去除，得到了现在的式（2-5），称为瑞利-金斯公式．其中，k 为玻耳兹曼常量，c 为真空中光速．与实验结果进行比较，瑞利-金斯公式仅在长波段适用，在短波段和实验明显不符，如图 2-9 瑞利-金斯线所示．特别是瑞利-金斯公式预示着在短波区域包括紫外线以至 X 射线、γ 射线将有越来越高的单色辐出度，这显然是荒谬的，其失败被荷兰物理学家保罗·埃伦菲斯特（P. Ehrenfest，1880—1933）称为"紫外灾难"（ultraviolet catastrophe）．

紫外灾难

图 2-11　1918 年度诺贝尔物理学奖获得者普朗克

普朗克黑体辐射定律

普朗克常量

　文档：普朗克

1894 年，黑体辐射问题引起了德国物理学家马克思·普朗克（图 2-11）的注意．1899 年底，普朗克得知德国物理学家海因里希·鲁本斯（Heinrich Rubens，1865—1922）等人在当年发表的实验报告中指出维恩公式的缺陷．1900 年 10 月 7 日，鲁本斯夫妇访问普朗克，并告诉他瑞利公式的成败．普朗克由此受到启发，用数学上的内插法导出了一个在短波段趋近维恩公式而在长波段则趋近瑞利-金斯公式的一个经验公式，即

$$M_\lambda = \frac{2\pi hc^2}{\lambda^5} \frac{1}{e^{\frac{hc}{\lambda kT}} - 1} \qquad (2-6)$$

这就是普朗克黑体辐射定律（Planck blackbody radiation law），简称普朗克定律（Planck law）或黑体辐射定律（blackbody radiation law）．其中 $h = 6.626\,070\,15 \times 10^{-34}$ J·s $\approx 6.626 \times 10^{-34}$ J·s，是一个普适常量，后来被称为普朗克常量．1900 年 10 月 19 日，普朗克在德国物理学会的会议上以《论维恩辐射定律的改进（On an improvement of Wien's equation for the spectrum）》为题报告了自己的结果．而鲁本斯得知普朗克的公式后，用他的实验数据进行了核验，发现普朗克的新公式在全波段与实验完全相符，如图 2-9 普朗克线所示．这个消息让普朗克极受鼓舞，并决定寻找隐藏在公式中所蕴藏着的物理本质．

在随后两个月中，普朗克把空腔内壁的原子、分子看成是许多带电的简谐振子，这些简谐振子可以辐射和吸收能量，并与空腔内的辐射达到平衡．黑体向外辐射出的各种频率的电磁波就是这些空腔内壁带电的简谐振子辐射出的．普朗克大胆地假设，频率为 ν 的简谐振子的能量 E 将不再按经典物理规定的那样必须是连续的，它将是不连续的，只能取如下一系列特定的分立值：

$$E = nh\nu \quad (n = 1, 2, 3, \cdots) \tag{2-7}$$

即简谐振子的能量是量子化的（quantization），在发射辐射或吸收辐射时，能量也将只能是以 $\varepsilon = h\nu$ 的整数倍跳跃式地变化．$h\nu$ 作为最小的能量单元，被称为能量子（quantum of energy）．其中，h 被普朗克称为基本作用量子，现在称为普朗克常量．上述假设称为普朗克能量子假设．由于 h 值非常小，因此能量的不连续性在宏观上很难被觉察．普朗克在这一假设基础上，运用经典的统计物理方法就推出了黑体辐射公式（2-6）．

　　1900 年 12 月 14 日，普朗克在德国物理学会的会议上以《论正常光谱能量分布定律的理论（On the theory of the energy distribution law of the normal spectrum）》为题正式宣布了自己的假设和由此的推导，打响了量子革命的第一枪．1919 年，德国物理学家索末菲在他的《原子构造和光谱线》一书中最早将 1900 年 12 月 14 日称为"量子论的诞辰"，后来的科学史家们将这一天定为了量子物理的诞生日．人们称普朗克为量子之父．普朗克因能量子概念的提出获得 1918 年度诺贝尔物理学奖．

　　普朗克能量子假设与经典物理格格不入，当时物理学界对它的反应极为冷淡．人们仅承认普朗克得到的与实验相符的黑体辐射公式，却不接受他的能量子假设，就连普朗克本人当时都觉得难以置信．为回到经典物理的理论体系，在一段时间内他总想用能量的连续性来解决黑体辐射问题，但都没有成功．在 1900 年到 1904 年的文献中，难以找到关于普朗克能量子假设的论文，人们几乎遗忘了普朗克的工作，直到 1905 年阿尔伯特·爱因斯坦（Albert Einstein，1879—1955）的光量子假说和光电效应方程问世，人们才逐渐接受量子思想．

　　1948 年，在普朗克的追悼大会上，爱因斯坦对普朗克的工作高度赞扬，他这样评价道："作用量子这一发现成为 20 世纪物理学研究的基础，从那时起几乎完全决定了物理学的发现．要是没有这一发现，那就不可能建立起分子、原子以及支配它们变化的理论．而且，它还粉碎了古典力学和电动力学的框架，并给科学提出了一项新任务：为全部物理学找出一个新的概念基础．"

能量子

2.2 光电效应 爱因斯坦光量子理论

2.2.1 光电效应

授课录像:光电效应现象

光电效应

光电子

1887 年,德国物理学家海因里希·赫兹(H. Hertz, 1857—1894)在证实电磁波的存在和光的麦克斯韦电磁理论的实验过程中发现,当紫外线照射在金属上时,金属会发射带电粒子.1900 年,赫兹的助手,德国物理学家菲利普·勒纳德(P. Lennard, 1862—1947)通过对这些带电粒子的比荷的测定证实,紫外线使金属释放出的是电子.这种金属表面的电子在光的照射下逸出的现象称为光电效应(photoelectric effect),所逸出的电子称为光电子(photoelectron).

图 2-12 所示为光电效应的实验装置示意图.在真空光电管的阳极 A 和阴极金属 C 之间加上可变直流电压 U,其值可由电压表 V 给出.当光通过光电管的石英窗口照射在阴极金属 C 表面上时,有光电子从金属 C 表面逸出,并在电极 A、C 之间所加电场作用下,向阳极 A 加速运动,形成电流,称为光电流 i. 此光电流 i 可以由电流计 G 测量出来.

光电流

光电效应有如下的实验规律.

1. 饱和光电流 i_{m}

图 2-13 给出的是在频率一定时三种不同强度(I_1、I_2、I_3,且 $I_1 < I_2 < I_3$)的入射光照射下,光电流 i 随加速电压 U 变化的实验曲线示意图.实验表明,当入射光的强度 I 一定时,光电流 i 开始随

授课录像:光电效应实验规律

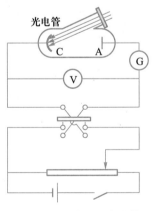

图 2-12 光电效应的实验装置

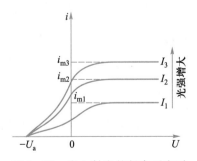

图 2-13 在入射光的频率不变时光电流 i 和电压 U 的实验曲线

加速电压 U 增大而增大;随后当加速电压增加到一定值时,光电流就趋于一个饱和值 i_m,称为饱和光电流,这时单位时间内从阴极逸出的光电子应全部到达阳极.实验发现,在频率一定时,饱和光电流 i_m 与入射光的强度 I 成正比;或者说单位时间内受光照射的金属板释放出来的电子数和入射光的强度成正比.

饱和光电流

2. 截止电压 U_a

图 2-13 的实验曲线还表明,当加速电压 U 减少到零且反向变负时,光电流并不立即降为零.这说明逸出阴极表面的光电子具有一定的初动能,尽管电压为零,无法使光电子加速运动或加了反向电压阻碍光电子向阳极 A 运动,仍有部分光电子可以到达阳极 A. 当 A 和 C 之间所加的反向电压等于 U_a 时,光电流才为零,此时外加电势差的绝对值 U_a 称为截止电压或遏止电压.截止电压 U_a 使从阴极 C 逸出的具有最大初速度 v_m 的光电子,将其初动能 $m_e v_m^2/2$ 全部用来克服外电场力的阻碍所需的能量 eU_a,以至于刚好不能到达阳极 A. 因而截止电压 U_a 与光电子逸出金属表面的最大初速度 v_m 之间有如下关系:

截止电压

$$\frac{1}{2} m_e v_m^2 = eU_a \qquad (2\text{-}8)$$

式中,m_e 为电子的质量;e 为电子电荷的绝对值.从式(2-8)可以看出,光电子的最大初动能 $m_e v_m^2/2$ 与截止电压 U_a 成正比.如图 2-13 所示,在相同频率不同强度的入射光照射下,$i\text{-}U$ 关系曲线在 $U=-U_a$ 处交于一点,这显示出截止电压 U_a 和光电子的最大初动能 $m_e v_m^2/2$ 都与入射光的强度 I 无关.

3. 截止频率 ν_0

图 2-14 给出的是三种不同材料(Cs、Na、Ca)的截止电压 U_a 随入射光的频率 ν 变化的实验曲线示意图.实验表明,当入射光的频率 ν 增大时,截止电压 U_a 将随之线性地增大,即

$$U_a = K\nu - U_0 \qquad (2\text{-}9)$$

式中,K 是与阴极金属材料性质无关的普适常量,也是图 2-14 中 U_a-ν 直线的斜率,而 U_0 是与金属材料有关的量.将式(2-9)代入式(2-8)可得最大初动能 $m_e v_m^2/2$ 与入射光频率 ν 的关系为

$$\frac{1}{2} m_e v_m^2 = eK\nu - eU_0 \qquad (2\text{-}10)$$

即光电子的最大初动能 $m_e v_m^2/2$ 随入射光频率 ν 的增大而线性地增大.

由式(2-10)可知,当入射光频率 ν 降低到 ν_0 时,即

$$\nu_0 = \frac{U_0}{K} \qquad (2\text{-}11)$$

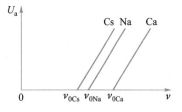

图 2-14 截止电压与入射光频率的关系

截止电压以及光电子的最大初动能将减少到零,电子不能逸出金属表面而发生光电效应.频率 ν_0 称为光电效应的截止频率.它也可由图 2-14 所示的 U_a-ν 关系的直线求出:直线与横坐标的交点所对应的频率就是截止频率.

截止频率

由图 2-14 可知,对于不同的金属有不同的截止频率 ν_0,要使某种金属产生光电效应,必须使入射光的频率大于其相应的截止频率 ν_0 才行.这也就是说,对于频率低于截止频率 ν_0 的入射光,即使光强很大,光照时间很长,也不能发生光电效应,所以截止频率 ν_0 也称为红限频率;相应的波长 λ_m 称为红限波长,只有入射光的波长小于红限波长,才能发生光电效应.

4. 弛豫时间

实验还发现,光电效应具有瞬时性.无论光强怎样微弱,只要入射光的频率大于截止频率 ν_0,光电子几乎都是立即从金属表面逸出,其滞后时间不超过 1 ns.

经典波动理论无法解释光电效应的一些实验结果.第一,按照经典波动理论,入射光的强度越大则光的能量越大,从金属逸出的光电子的最大初动能也就越大;但事实上,光电子的最大初动能随入射光的频率线性增加,而与入射光的强度无关.第二,按照经典波动理论,金属中的电子可连续不断地吸收光的能量,只要光照时间足够长,其频率再小也总是能够获得足够能量而逸出,不应存在截止频率;但事实上,当 $\nu < \nu_0$ 时,无论入射光的强度多强也不能产生光电效应.第三,按照经典波动理论,光波的能量是均匀分布在波面上的,金属中的电子只能吸收其中很少一部分,需要一段时间积累到足够的能量方能从金属表面挣脱,光电效应不可能瞬时发生;但事实上,无论入射光的强度多弱,只要 $\nu > \nu_0$,光电子会立即从金属表面逸出.显然,光的经典波动理论与光电效应实验发生了尖锐的矛盾.

2.2.2 爱因斯坦光量子理论

授课录像:爱因斯坦光量子理论

授课录像:爱因斯坦光电效应方程

为了解释光电效应,1905 年 3 月,年仅 26 岁的爱因斯坦在德国《物理学年鉴》第 17 卷上发表了题为《关于光的产生和转化的一个启发性观点(On a heuristic viewpoint concerning the production and transformation of light)》的论文.在这篇论文中,爱因斯坦在普朗克能量子假设的基础上,进一步提出光量子假说.

根据普朗克能量子假设,电磁波在吸收和发射时不是连续的,而是一份一份地进行的.受此启发,爱因斯坦提出了光(电磁波)在空间传播时也是不连续的,具有粒子性,即光束可以看成由微粒构成的粒子流,这些粒子就称为光量子(light quantum);在真空中,每个光量子都以光速 $c=3\times10^8$ m·s^{-1} 运动. 每一个光量子的能量与普朗克能量子的能量表达式一样,即对于频率为 ν 的光束,每一个光量子所具有的能量 ε 与光的频率 ν 成正比:

$$\varepsilon = h\nu \qquad (2-12)$$

式中,h 为普朗克常量. 此外,光量子具有整体性,即每个光量子在运动中并不瓦解,并且只能整个地被吸收或发射. 以上内容就是爱因斯坦光量子假说.

1926 年,美国物理学家吉尔伯特·刘易斯(G. N. Lewis, 1875—1946)把"光量子"改称为"光子(photon)",并沿用至今.

根据爱因斯坦光量子假说,当光波从一个点向外扩散时,它的能量并不是如经典理论所认为的那样连续地分布在一个越来越大的体积中,而是由定域在空间中的有限数目的能量子组成的.

当频率为 ν 的光照射金属时,金属中的一个电子吸收一个入射光子后,就获得了能量 $h\nu$,该能量的一部分用于该电子逸出金属表面所需的能量,剩余部分则为光电子的初动能. 若逸出金属表面所需的最小能量为 A,称为金属电子逸出功;则由能量守恒可知,光电子获得的最大初动能为

$$\frac{1}{2}m_{\mathrm{e}}v_{\mathrm{m}}^2 = h\nu - A \qquad (2-13)$$

这就是爱因斯坦光电效应方程.

光的强度 I 根据定义是单位时间射到垂直光传播方向上单位面积的能量,所以频率为 ν 的光强可以表示为

$$I = Nh\nu \qquad (2-14)$$

式中,N 为单位时间内射到垂直光传播方向上单位面积上的光子数目.

利用爱因斯坦光量子假说和光电效应方程就可以圆满地解释光电效应.

一个光子的能量只决定于光的频率,例如无论紫光怎样微弱,紫光光子能量总比红光光子能量大. 同样颜色的光,强弱的不同则反映了单位时间内射到金属单位面积上的光子数的多少. 即在频率 ν 相同时,根据式(2-14)可知,光强越大,单位时间内射到金属单位面积上的光子数目就越多,单位时间内吸收了光子并逸出金属表面单位面积的光电子数也越多,饱和光电流就越大. 因此很自然地说明在入射光频率不变时饱和光电流与入射光的强度成正比的实验结果.

授课录像:密立根光电效应实验

普朗克常量

授课录像:光电效应的应用

由爱因斯坦光电效应方程(2-13)可知,光电子的最大初动能与入射光频率成线性关系,而与光强无关;再根据式(2-9)就能说明截止电压与入射光频率的线性关系.

根据爱因斯坦光电效应方程还可以解释在光电效应中截止频率 ν_0 的存在. 电子所吸收的光子能量要达到一定数值才能克服逸出功,从金属表面逃逸出来. 若当电子所吸收的光子能量 $h\nu_0$ 等于逸出功 A 时,电子的初动能 $m_e v_m^2/2 = 0$,电子刚能逸出金属表面,ν_0 的值为

$$\nu_0 = \frac{A}{h} \tag{2-15}$$

显然,若光子的频率小于 ν_0,电子吸收的光子能量则小于逸出功 A,那么无论光强多大,光照时间多长,电子都不能逸出金属表面而成为光电子,即不会发生光电效应. 因为各种金属的逸出功 A 有所不同,因而由式(2-15)可知截止频率 ν_0 也会不同. 表 2-1 给出几种金属电子逸出功 A 和截止频率 ν_0.

表2-1	几种金属电子逸出功 A 和截止频率 ν_0						
金属	钨	锌	钙	钠	钾	铷	铯
截止频率 $\nu_0/10^{14}$ Hz	10.95	8.06	7.73	5.53	5.44	5.15	4.69
逸出功 A/eV	4.54	3.34	3.20	2.29	2.25	2.13	1.94

当频率高于截止频率的光照射金属时,一个光子的能量可立即被金属中的自由电子整个吸收,几乎不需要能量积累的时间,因此光电子从金属表面射出几乎与光照同时发生.

1915 年,为了验证爱因斯坦的光电效应方程,美国物理学家罗伯特·密立根(R. Millikan,1868—1953,图 2-15)对光电效应进行了高精度的测量. 对比式(2-10)和式(2-13),可得

$$A = eU_0 \tag{2-16}$$
$$h = eK \tag{2-17}$$

式中,U_0 也称为金属电子逸出电势. 其实,密立根原本是想证实爱因斯坦的理论是错误的,但竟意外地发现,他已经用实验证实了爱因斯坦方程的每个细节都有效,而且他还利用图 2-14 所示的 U_a-ν 直线的斜率 K 和式(2-17)成功地得到普朗克常量为 $h = 6.56 \times 10^{-34}$ J·s,这与当时用热辐射方法测得的 h 值符合得很好,这个实验在当时也是对爱因斯坦的光量子理论正确性的一个很好的证明,爱因斯坦关于光电效应方面的工作也才真正引起了人们的注意. 1923 年,密立根因"在基元电荷和光电效应方面所做的工作"荣获诺贝尔物理学奖.

图 2-15　1923 年度诺贝尔物理学奖获得者密立根

　文档:密立根

光电效应对于光的本质的认识和量子论的发展曾起过重要的作用．爱因斯坦因成功地解释了光电效应，于 1921 年获得诺贝尔物理学奖．

后来，随着对光电现象研究的深入，光电效应概念的内涵已经发生了很大的变化．物理学家把光照射到某些物质上从而引起物质的电性质发生变化的这类光致电变的现象统称为光电效应．而把 20 世纪初前后研究的光照射到金属表面产生逸出表面的光电子的现象称为外光电效应（external photoelectric effect），以与内光电效应（internal photoelectric effect）相区别．半导体等材料的内光电效应较为明显，当光照射到某些半导体等材料上时将被吸收，虽然半导体有时不向外发射光电子，但在半导体内部激发导电的载流子，从而使得材料的电导率显著增加，即所谓的"光电导效应"；或者由于这种载流子的运动所造成的电荷积累，使得材料两面产生一定的电势差，即所谓的"光生伏特效应"；这些现象统称为内光电效应．基于外光电效应原理工作的光电器件有光电管和光电倍增管，而内光电效应目前的应用更为广泛，如太阳能电池和各种以光敏元件为基础的光电探测器都是基于内光电效应研制、开发出来的器件．

外光电效应

内光电效应

利用光电效应制成的光电器件在生产、科研和国防中已得到广泛的应用，且还在不断开辟新的应用领域．例如，在有声电影、电视和无线电传真技术中都利用光电管或光电池把光信号转化为电信号；图 2-16 为放映电影时应用光电转换来实现声音重放的一种装置．拍摄电影时的配音，是把声音信号转换为光信号，用明暗不同的条纹记录在胶片边缘的音轨上．在放映电影时，光源发出的光通过移动的音轨后发生了强弱的变化，并被光电管所

授课录像：例 2-2

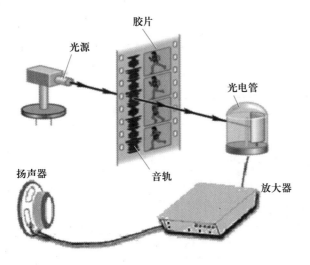

图 2-16　电影的发声系统

接收,光电管把强弱变化的光相应地转变为强弱变化的电流,经放大器放大后,由扬声器放出声音. 在光度测量和放射性测量时也常用光电管或光电池把光变为电流并放大后进行测量;光计数器、光电跟踪和光电保护等多种装置在生产自动化方面应用更为广泛. 流行的防盗自动警铃、烟尘探测器和电梯门防夹传感器等,通常都是使用一束红外线和一个光电池作为开关,当光束被遮挡时,通过光电池的电流就会中断或减弱,报警器被触发;或者电梯不会关门,即使正在关门,也会重新打开. 但是注意电梯防夹功能也不是一直开启的,一旦电梯门快合上时,这种功能就会失效,因此不要在电梯即将关闭时强行进出,如图 2-17 所示,以免带来伤害.

图 2-17 这是危险动作,不要在电梯即将关闭时强行进出

例 2-1

用波长为 200 nm 的单色光照射在金属铝的表面上,已知铝的逸出功为 4.2 eV,求:(1)光电子的最大动能;(2)截止电压;(3)铝的红限波长.

解:(1)根据爱因斯坦光电效应方程,光电子的最大动能为

$$E_{km} = h\nu - A = h\frac{c}{\lambda} - A$$

$$= \left(\frac{6.63\times10^{-34}\times3\times10^{8}}{200\times10^{-9}\times1.6\times10^{-19}} - 4.2\right) \text{eV}$$

$$= 2.0 \text{ eV}$$

(2)由式(2-8)可得截止电压为

$$U_a = \frac{E_{km}}{e} = \frac{2.0}{1} \text{ V} = 2.0 \text{ V}$$

(3)由式(2-15)可得红限波长为

$$\lambda_m = \frac{c}{\nu_0} = \frac{hc}{A} = \frac{6.63\times10^{-34}\times3\times10^{8}}{4.2\times1.6\times10^{-19}} \text{ m}$$

$$= 2.96\times10^{-7} \text{ m} = 296 \text{ nm}$$

例 2-2

如图 2-18 所示为真空中一共轴系统. 外面为石英圆筒,内壁镀有半透明的铝薄膜,其内径 $r_2 = 1$ cm,长为 20 cm. 中间为一圆柱形钠棒,半径为 $r_1 = 0.6$ cm,长亦为 20 cm. 已知钠的红限波长为 $\lambda_m = 540$ nm,铝的红限波长为 $\lambda'_m = 296$ nm. 若用波长 $\lambda = 300$ nm 的单色紫外线从筒外四周垂直于轴线照射该系统,忽略边缘效应. 求:(1)平衡时钠棒与铝膜之间的电势差;(2)平衡时钠棒所带的电荷量.

图 2-18 例 2-2 用图

解:(1) 由于 $\lambda'_m < \lambda < \lambda_m$,所以在紫外线照射下,铝不产生光电效应,钠产生光电效应. 由爱因斯坦光电效应方程可得,从钠棒中逸出的光电子的最大初动能为

$$\frac{1}{2}m_e v_m^2 = \frac{hc}{\lambda} - \frac{hc}{\lambda_m} \qquad ①$$

这些光电子聚集在铝膜上,使钠棒表面和铝膜分别带上正、负电荷. 当它们间的电势差 U 满足关系

$$eU = m_e v_m^2/2 \qquad ②$$

即

$$U = \frac{hc}{e}\left(\frac{1}{\lambda} - \frac{1}{\lambda_m}\right)$$

$$= \frac{6.63 \times 10^{-34} \times 3 \times 10^8}{1.6 \times 10^{-19}}\left(\frac{1}{300 \times 10^{-9}} - \frac{1}{540 \times 10^{-9}}\right)\text{V}$$

$$= 1.84\ \text{V}$$

系统达到平衡.

(2) 若忽略边缘效应,由高斯定理可得

平衡时钠棒与铝膜之间 r 处的电场与钠棒表面所带的电荷量 Q 的关系为

$$E = \frac{Q}{2\pi\varepsilon_0 lr}$$

再根据电势差 U 与电场 E 的关系,有

$$U = \int_{r_1}^{r_2} \boldsymbol{E} \cdot \mathrm{d}\boldsymbol{l} = \int_{r_1}^{r_2} \frac{Q}{2\pi\varepsilon_0 lr}\mathrm{d}r = \frac{Q}{2\pi\varepsilon_0 l}\ln\frac{r_2}{r_1} \qquad ③$$

由式①、式②和式③可得

$$Q = \frac{2\pi\varepsilon_0 hcl}{e\ln\left(\dfrac{r_2}{r_1}\right)}\left(\frac{1}{\lambda} - \frac{1}{\lambda_m}\right)$$

$$= \frac{2\pi \times 8.85 \times 10^{-12} \times 6.63 \times 10^{-34} \times 3 \times 10^8 \times 0.2}{1.6 \times 10^{-19} \times \ln\left(\dfrac{1}{0.6}\right)} \cdot$$

$$\left(\frac{1}{300 \times 10^{-9}} - \frac{1}{540 \times 10^{-9}}\right)\text{C}$$

$$= 4.0 \times 10^{-11}\ \text{C}$$

2.2.3 光的波粒二象性

1917 年,爱因斯坦进一步假设光子不仅具有能量,还有动量. 将光子的能量表达式 $E = h\nu$ 和相对论的质能关系式 $E = mc^2$ 联立,可知光子的相对论质量为

$$m = \frac{h\nu}{c^2} = \frac{h}{c\lambda} \qquad (2-18)$$

则光子的相对论动量为

$$p = mc = \frac{h\nu}{c} = \frac{h}{\lambda} \qquad (2-19)$$

授课录像:光的波粒二象性

从而光子具有能量、质量和动量等粒子所共有的特性.

描述光的粒子性的物理量是能量 E、质量 m 和动量 p;而描述光的波动性的物理量是频率 ν 和波长 λ. 由式(2-12)、式(2-18)和式(2-19)可见,描述光的波动性和粒子性的物理量通过普朗克常量 h 联系起来.

光电效应及其爱因斯坦的光量子理论确立了光的粒子性,人

们开始意识到光既具有波动本性又具有粒子本性,也就是光的**波粒二象性**(wave-particle dualism). 在有些情况下,光突出地显示出其波动性;而在另一些情况下,则突出地显示出其粒子性. 一般地说,频率越高、波长越短、能量越大的光子,其粒子性越显著;而波长越长,能量越低的光子则波动性越显著. 值得提出的是,在同一条件下,光子或者表现其粒子性,或者表现其波动性,而一般不能两者同时都表现出来.

波粒二象性

例 2-3

若红光的波长为 $\lambda_1 = 600$ nm;X 射线的波长为 $\lambda_2 = 0.1$ nm. 分别求它们中光子的能量与动量.

解:根据式(2-12),红光光子的能量为

$$E_1 = h\nu_1 = \frac{hc}{\lambda_1} = \frac{6.63 \times 10^{-34} \times 3 \times 10^8}{600 \times 10^{-9}} \text{ J}$$

$$= 3.32 \times 10^{-19} \text{ J}$$

这也是波长为 600 nm 的红光在任意过程中吸收和发射的最小能量. 同理,可得 X 射线光子的能量为

$$E_2 = h\nu_2 = \frac{hc}{\lambda_2} = \frac{6.63 \times 10^{-34} \times 3 \times 10^8}{0.1 \times 10^{-9}} \text{ J}$$

$$= 1.99 \times 10^{-15} \text{ J}$$

可见,X 射线光子的能量比红光光子的能量大 10^4 的数量级. 因此 X 射线是一种透射力很强的电磁波,能穿透一定厚度的物体,将物体内部情况在银屏上显像,可为医疗诊断所用.

由于 X 射线光子的能量越大,对人体的损害就越大,所以人体要尽可能少地暴露在 X 射线中. 由于铅能够很好地吸收 X 射线,所以人体在进行医用 X 射线诊断时,如图 2-19(a)所示,通过佩戴铅围裙、铅围脖、铅帽或铅眼镜等对非投照敏感器官加以防护,从而降低 X 射线对性腺、甲状腺和大脑或眼晶体等部位的影响. 同理,安检仪前面的门帘是铅帘,也是防止 X 射线外泄的防护设备. 千万不要像图 2-19(b)中的人那样为了急于拿回行李而去掀安检仪的门帘.

根据式(2-19),红光光子的动量为

$$p_1 = \frac{h}{\lambda_1} = \frac{6.63 \times 10^{-34}}{600 \times 10^{-9}} \text{ kg} \cdot \text{m} \cdot \text{s}^{-1}$$

$$= 1.1 \times 10^{-27} \text{ kg} \cdot \text{m} \cdot \text{s}^{-1}$$

X 射线光子的动量为

$$p_2 = \frac{h}{\lambda_2} = \frac{6.63 \times 10^{-34}}{0.1 \times 10^{-9}} \text{ kg} \cdot \text{m} \cdot \text{s}^{-1}$$

$$= 6.63 \times 10^{-24} \text{ kg} \cdot \text{m} \cdot \text{s}^{-1}$$

可见,X 射线光子的动量也比红光光子的动量大 10^4 的数量级.

图 2-19　注意防护 X 射线

(a) X射线胸透时应佩戴铅围裙、
　　　铅围脖、铅帽

(b) 这个"门"帘不能掀

2.3　康普顿效应

2.3.1　康普顿效应

　　1923 年,美国物理学家阿瑟·康普顿(A. H. Compton,1892—1962,图 2-20)在观察 X 射线被石墨等物质散射时,发现在散射线中除有与入射波长相同的射线外,还有波长比入射波长更长的射线,这种有波长改变的散射现象称为康普顿效应(Compton effect).康普顿将这一发现及其理论解释以《X 射线受轻元素散射的量子理论(A quantum theory of the scattering of X-rays by light elements)》为题发表在美国的《物理评论(Physics Review)》上.

　　图 2-21 是康普顿实验装置的示意图. X 射线源发射的一束波长为 λ_0 的 X 射线照射到一块石墨上,经过石墨散射后,在散射角 φ 方向上,穿过准直系统的散射光的波长 λ 及强度可用晶体和探测器所组成的摄谱仪来测定.

康普顿效应

　授课录像:康普顿效应

文档:康普顿

图 2-20 1927 年度诺贝尔物理学奖获得者康普顿正在测晶体对 X 射线的散射

图 2-21 康普顿实验装置示意图

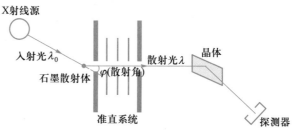

X射线源

入射光 λ_0

石墨散射体

φ(散射角)

准直系统

散射光 λ

晶体

探测器

康普顿用来自钼的波长 $\lambda_0 = 0.071$ nm 的 X 射线作为入射光,测量了在各种不同散射角方向上 X 射线波长随强度分布的关系,实验结果如图 2-22 所示. 图中横坐标表示散射光的波长,纵坐标表示散射光的强度. 实验结果表明,当 $\varphi = 0°$ 时,即在迎着入射光方向测量,发现只有单一波长的光被散射,这个波长与入射光的波长相同. 当 $\varphi \neq 0°$ 时,如 $\varphi = 45°$,90° 和 135° 时,散射光强度分布曲线有两个峰值. 这说明存在两种波长的散射光,即散射光中除了有波长与入射光波长 λ_0 相同的谱线外,同时还有波长 $\lambda > \lambda_0$ 的谱线;而且,随着散射角 φ 的增加,波长的偏移量 $\Delta\lambda = \lambda - \lambda_0$ 也随之增加. 实验给出波长的偏移量 $\Delta\lambda = \lambda - \lambda_0$ 与散射角 φ 之间的关系为

$$\Delta\lambda = \lambda_C(1 - \cos\varphi) \qquad (2-20)$$

上式称为康普顿散射公式. 其中,λ_C 是一普适常量,称为电子的康普顿波长,其量值为

$$\lambda_C = \frac{h}{m_e c} = 2.426\ 310\ 236\ 7(11) \times 10^{-3}\ \text{nm} \approx 2.43 \times 10^{-3}\ \text{nm}$$

$$(2-21)$$

其中,h 为普朗克常量,m_e 为电子的静质量,c 为真空中的光速.

从图 2-22 还可以看出,波长为原波长 λ_0 的散射光谱线的强

I

$\varphi = 0°$

λ

$\varphi = 45°$

λ

$\varphi = 90°$

λ

$\varphi = 135°$

λ

O λ_0 λ λ

图 2-22 康普顿效应实验结果

度随散射角 φ 的增加而减小,而波长为 λ 的散射光谱线的强度随散射角 φ 的增加而增加.

1925—1926 年,当时随康普顿从事研究的我国物理学家吴有训(图 2-23,字正之,Y. H. Woo,1897—1977)用银的波长为 $\lambda_0 = 0.056\ 2$ nm 的 X 射线作为入射线,以 15 种轻重不同的元素作为散射物质,进行了大量实验,在散射角 $\varphi = 120°$ 方向上测量了各种波长的散射光强度,如图 2-24 所示.吴有训指出,原子量小的物质,康普顿散射较强;原子量大的物质,康普顿散射较弱.并且在同一散射角下,对于所有散射物质,波长的改变量都相同.

经典波动理论无法解释上述波长改变了的康普顿效应.按照经典波动理论,在 X 射线的照射下,物质中的带电粒子将从入射光中吸收能量,做同频率的受迫振动,所辐射的电磁波的频率也应与入射光的频率相同,因而不会发生波长改变.显然,光的经典波动理论与康普顿效应发生了尖锐的矛盾.

图 2-23　中国物理学家吴有训

📖 文档:吴有训

2.3.2 康普顿效应的光量子理论解释

1923 年,康普顿借助于爱因斯坦的光量子理论,把上述散射效应看成是 X 射线中的光子与静止的自由电子之间弹性碰撞的结果,并假设在碰撞过程中能量和动量守恒,得到了波长偏移量的公式(2-20),从而对康普顿效应作出了正确的解释.

光子作为微粒,既有能量又有动量.X 射线中光子的能量为 $10^4 \sim 10^5$ eV;而散射物质原子中的外层电子被束缚较弱,使这些电子脱离散射物表面所需的能量仅要几个 eV,远比 X 射线中光子的能量要小,因此可以忽略这些电子的束缚能,近似地认为它们是自由电子.又由于这些电子的热运动平均动能约为 10^{-2} eV,也远比 X 射线中光子的能量要小,所以可以忽略这些电子的动能,近似地认为它们是静止的.

在光子射到散射体上并和某一原子中的外层电子发生碰撞过程中,电子会吸收一部分能量,脱离原子而反冲出去,称为反冲电子;所以散射光子的能量就要比入射光子的能量小,因而散射光的频率会变小,而波长会变长.如图 2-25 所示,设碰撞前入射光子的频率为 ν_0,则其能量为 $h\nu_0$;由式(2-19),光子的动量为 $\dfrac{h\nu_0}{c}\boldsymbol{e}_0$,其中,$\boldsymbol{e}_0$ 为入射光方向上的单位矢量;静止的自由电子能量为 $m_e c^2$,动量为零.碰撞后,散射角为 φ 的散射光子的能量为

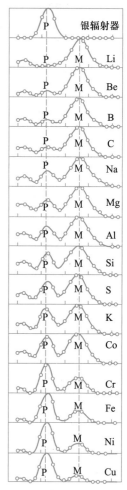

图 2-24　吴有训的 15 种元素散射体的实验结果

授课录像:康普顿效应的光量子理论解释

授课录像:康普顿效应有关讨论

授课录像:康普顿效应例题

授课录像:康普顿与吴有训工作的意义

$h\nu$;其动量为 $\dfrac{h\nu}{c}\boldsymbol{e}$,其中,$\boldsymbol{e}$ 为散射光方向上的单位矢量;反冲速度为 v 的电子的质量为

$$m = \frac{m_{\mathrm{e}}}{\sqrt{1 - \left(\dfrac{v}{c}\right)^2}} \tag{2-22}$$

能量为 mc^2,动量为 mv;由能量守恒定律和动量守恒定律可列出方程

$$h\nu_0 + m_{\mathrm{e}}c^2 = h\nu + mc^2 \tag{2-23}$$

$$\frac{h\nu_0}{c}\boldsymbol{e}_0 = \frac{h\nu}{c}\boldsymbol{e} + m\boldsymbol{v} \tag{2-24}$$

式(2-24)为矢量式,可写成两个分量式

$$\frac{h\nu_0}{c} = \frac{h\nu}{c}\cos\varphi + mv\cos\theta \tag{2-25}$$

$$\frac{h\nu}{c}\sin\varphi = mv\sin\theta \tag{2-26}$$

从式(2-25)和式(2-26)消去 θ,得

$$m^2v^2c^2 = h^2(\nu_0^2 + \nu^2 - 2\nu_0\nu\cos\varphi) \tag{2-27}$$

将式(2-23)中的 $h\nu$ 移到等式左边,再平方可得

$$m^2c^4 = h^2(\nu_0^2 + \nu^2 - 2\nu_0\nu) + m_{\mathrm{e}}^2c^4 + 2hm_{\mathrm{e}}c^2(\nu_0 - \nu) \tag{2-28}$$

将式(2-28)减去式(2-27)后,再代入式(2-22)得

$$2h^2\nu_0\nu(1 - \cos\varphi) = 2hm_{\mathrm{e}}c^2(\nu_0 - \nu)$$

于是有波长偏移量与散射角 φ 的关系为

$$\Delta\lambda = \lambda - \lambda_0 = \frac{c}{\nu} - \frac{c}{\nu_0} = \frac{h}{m_{\mathrm{e}}c}(1 - \cos\varphi) = \lambda_{\mathrm{C}}(1 - \cos\varphi) \tag{2-29}$$

这与康普顿效应的实验结果即式(2-20)和式(2-21)完全符合.

　　为了解释散射光中还有与入射光波长相同的成分,康普顿认为大量光子射向散射物质时,有些光子并未与可以看作自由电子的原子中的外层电子发生碰撞,而是与原子中束缚很紧的内层电子发生碰撞,由于内层电子与原子结合得比较紧密,因此这种碰撞可以看作光子与整个原子的碰撞.由于原子的质量 m_{a} 远大于电子的质量 m_{e},如最轻的氢原子的质量比电子的质量约大 2 000 倍,因此,碰撞后,光子传给原子本身而使其运动的能量就很小,而光子几乎不改变能量,只改变运动方向.即对于这种情况,在式(2-29)中要以原子的质量 m_{a} 代替电子的质量 m_{e},相对而言,原子的质量 m_{a} 很大,因此波长偏移量 $\Delta\lambda \approx 0$.因而散射光的频率几乎不变,即在散射光中还包含波长不变的光.

　　因为散射物中的外层电子可看成自由电子,所以波长偏移量 $\Delta\lambda$ 与散射物的种类无关.由于轻原子中电子束缚较弱,重原子

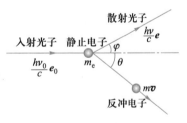

图 2-25　光子与静止的自由电子的碰撞

中内层电子比轻原子中的内层电子多,而内层电子束缚很紧,因此原子量小的物质,康普顿效应较显著;原子量大的物质,康普顿效应不显著.这和吴有训等的实验结果也是一致的.

原则上,任何波长的光经物质散射都能发生康普顿效应.但是,对于波长较长的可见光和红外线等来说,波长偏移量 $\Delta\lambda$ 与入射光的波长 λ 相比小得多,不易观察到.例如,紫光的波长 $\lambda = 400$ nm,在散射角 $\varphi = \pi$ 时,波长偏移量 $\Delta\lambda = 0.004\ 9$ nm,则 $\Delta\lambda/\lambda \approx 10^{-5}$;然而,对于 $\lambda = 0.05$ nm 的 X 射线,$\Delta\lambda/\lambda \approx 10^{-1}$.因此,一般而言,产生康普顿效应的光主要是波长很短的 X 射线和 γ 射线等.

康普顿效应中的电子不像光电效应中的电子那样吸收光子,而是散射光子.假设自由电子能吸收光子,则由能量守恒定律和动量守恒定律列出方程为

$$h\nu_0 + m_e c^2 = mc^2$$

$$\frac{h\nu_0}{c}\boldsymbol{e}_0 = mv\boldsymbol{e}_0$$

上两式与式(2-22)联立求解,得

$$1 - \frac{v}{c} = \sqrt{1 - \frac{v^2}{c^2}}$$

从而推出 $v = c$.因而违反相对论.可见,自由电子吸收光子的过程不能同时满足能量守恒和动量守恒.因此,自由电子不能吸收光子,只能散射光子.

注意,在对光电效应进行解释时没有考虑动量守恒.这是因为在光电效应中,入射光是可见光或紫外线,其光子能量低,电子与整个原子的联系不能忽略,即不能视为自由电子,原子也要参与动量交换,所以光子–电子系统动量不守恒.但原子质量较大,能量交换可忽略,所以光子–电子系统仍可认为能量是守恒的.

光电效应和康普顿效应已成为光具有粒子性的重要实验依据.光电效应揭示了光子的能量与频率的关系,即式(2-12);康普顿效应则进一步揭示了光子的动量与波长的关系,即式(2-19),同时也验证了在微观粒子的相互作用过程中,能量和动量守恒定律也是严格地成立.这与爱因斯坦提出的光子"永不分裂"并无矛盾.在康普顿效应中,电子与光子相互作用时是一个"二步过程",包括两种可能方式.一种方式是先吸后放,即自由电子先整体吸收一个入射光子,再放出一个散射光子,如图 2-26(a)所示;另一种方式是先放后吸,即自由电子先放出一个散射光子,再吸收一个入射光子,如图 2-26(b)所示.无论是先吸后放还是先放后吸,光子都是"以完整的单元产生或被吸收的",全

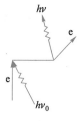

(a) 先吸后放

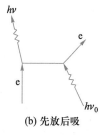

(b) 先放后吸

图 2-26 电子与光子相互作用经历的"二步过程"

过程遵从能量守恒与动量守恒定律.

康普顿于 1927 年与苏格兰物理学家查尔斯·威耳孙（C. T. R. Wilson，1869—1959）分享了诺贝尔物理学奖.但康普顿的成功也不是一帆风顺的，他自己走了近五年的弯路.在他早期的几篇论文中，一直认为散射光波长的改变是由于"混进来了某种荧光辐射"；在计算中起先只是考虑能量守恒，后来才认识到还要用动量守恒.这从一个侧面说明了近代物理学产生和发展的不平坦历程.

通过光的干涉、衍射等实验，人们已经认识到光具有波动性；而通过光电效应和康普顿效应等，人们又认识到光还具有粒子性.这样，1923—1924 年，光具有波粒二象性已被人们所理解和接受.为了解释全部关于光的实验事实，关于光的本性的全面认识应该是：光既具有波动性，又具有粒子性，即光具有波粒二象性.

例 2-4

在康普顿散射实验中，已知入射 X 射线的波长 $\lambda_0 = 0.07$ nm，散射线与入射线相互垂直（图 2-27），求：(1) 反冲电子动能 E_k；(2) 反冲电子运动方向偏离入射 X 射线的夹角 θ.

解：(1) 由康普顿散射公式得散射光的波长偏移量为

$$\Delta\lambda = \lambda_C(1-\cos\varphi)$$

$$= 2.43\times10^{-3}\times10^{-9}\left(1-\cos\frac{\pi}{2}\right)\ \text{m}$$

$$= 0.002\ 43\ \text{nm}$$

则散射光的波长为

$$\lambda = \lambda_0 + \Delta\lambda = (0.07 + 0.002\ 43)\ \text{nm}$$

$$= 0.072\ 43\ \text{nm}$$

由能量守恒可知，反冲电子获得的动能 E_k 就是散射光子失去的能量，即

$$E_k = h\nu_0 - h\nu = hc\left(\frac{1}{\lambda_0} - \frac{1}{\lambda}\right)$$

$$= 6.63\times10^{-34}\times3\times10^8\times$$

$$\left(\frac{1}{0.07\times10^{-9}} - \frac{1}{0.072\ 43\times10^{-9}}\right)\ \text{J}$$

$$= 9.53\times10^{-17}\ \text{J}$$

(2) 根据动量守恒的矢量关系，如图 2-27 所示，有

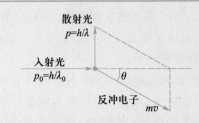

图 2-27 例 2-4 用图

$$\boldsymbol{p}_0 = \boldsymbol{p} + m\boldsymbol{v}$$

反冲电子的动量大小为

$$mv = \sqrt{p_0^2 + p^2} = \sqrt{\left(\frac{h}{\lambda_0}\right)^2 + \left(\frac{h}{\lambda}\right)^2}$$

反冲电子运动方向偏离入射 X 射线的夹角 θ 满足

$$\cos\theta = \frac{p_0}{mv} = \frac{h/\lambda_0}{\sqrt{(h/\lambda_0)^2 + (h/\lambda)^2}} = \frac{\lambda}{\sqrt{\lambda_0^2 + \lambda^2}}$$

$$= \frac{0.072\ 43}{\sqrt{0.07^2 + 0.072\ 43^2}} = 0.719$$

可解出 $\theta = 44.03°$.

2.4 氢原子光谱 玻尔的氢原子理论

2.4.1 氢原子光谱

1853 年,瑞典人埃格斯特朗(Anders Jöns Angström,1814—1874)首先从气体放电的光谱中观测到氢原子光谱中波长为656.3 nm 的红线,即 H_α 线,波长的单位埃(Å)就是以他的名字命名的,有人把 1853 年作为科学光谱的开始. 后来又发现了另外几根可见光区域的氢谱线,它们分别是绿线(H_β 线)、蓝线(H_γ 线)和紫线(H_δ 线),波长依次为 486.1 nm、434.1 nm 和 410.2 nm,如图 2-28 所示. 这些波长值貌似杂乱无章,找出其中的规律以及它与原子结构之间的内在联系,是当时光谱学家和物理学家的重要研究课题.

1885 年,瑞士的一位中学教师约翰·雅各布·巴耳末(J. J. Balmer,1825—1898)发现,氢光谱线中四条可见光谱线的波长可归纳为公式

$$\lambda = B \frac{n^2}{n^2 - 2^2} \quad (n = 3, 4, 5, \cdots) \tag{2-30}$$

式中,$B = 365.47$ nm,是巴耳末由实验数据确定的一个常量.

1890 年,瑞典物理学家约翰尼斯·里德伯(J. R. Rydberg,1854—1919)用波长的倒数 $\sigma = 1/\lambda$ 来代替巴耳末公式中的波长,得到

$$\sigma = R_\infty \left(\frac{1}{2^2} - \frac{1}{n^2} \right) \quad (n = 3, 4, 5, \cdots) \tag{2-31}$$

式中,$R_\infty = 1.097 \times 10^7$ m^{-1},称为里德伯常量;σ 称为波数,它等于单位长度内波长的数目. 式(2-31)称为巴耳末公式,其相应的谱线系称为巴耳末系(Balmer series).

1914 年,在巴耳末研究的启发下,美国物理学家西奥多·莱曼(T. Lyman,1874—1954)发现了描述氢光谱的紫外线系的公式,它只是在巴耳末公式中将分母的 2 改为 1 而已,即

$$\sigma = R_\infty \left(\frac{1}{1^2} - \frac{1}{n^2} \right) \quad (n = 2, 3, 4, \cdots) \tag{2-32}$$

式(2-32)所表示的谱线系称为莱曼系(Lyman series).

1908 年,德国物理学家弗里德里希·帕邢(F. Paschen,

授课录像:氢原子光谱的规律

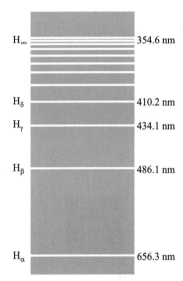

H_∞	354.6 nm
H_δ	410.2 nm
H_γ	434.1 nm
H_β	486.1 nm
H_α	656.3 nm

图 2-28 氢原子光谱的巴耳末系

里德伯常量

巴耳末系

文档:巴耳末

莱曼系

1865—1947)发现了描述氢光谱的红外线系之一的公式,它只是在巴耳末公式中将分母的 2 改为 3 而已,即

$$\sigma = R_\infty \left(\frac{1}{3^2} - \frac{1}{n^2} \right) \quad (n = 4, 5, 6, \cdots) \qquad (2\text{-}33)$$

帕邢系   式(2-33)所表示的谱线系称为**帕邢系**(Paschen series).

1922 年,美国物理学家弗雷德里克 · 布拉开(F. S. Brackett, 1896—1972)给出描述氢光谱的远红外线系的公式,它只是在巴耳末公式中将分母的 2 改为 4 而已,即

$$\sigma = R_\infty \left(\frac{1}{4^2} - \frac{1}{n^2} \right) \quad (n = 5, 6, 7, \cdots) \qquad (2\text{-}34)$$

布拉开系   式(2-34)所表示的谱线系称为**布拉开系**(Brackett series).

1924 年,美国物理学家普丰德(H. A. Pfund, 1879—1949)给出描述氢光谱的远红外线系的公式,它只是在巴耳末公式中将分母的 2 改为 5 而已,即

$$\sigma = R_\infty \left(\frac{1}{5^2} - \frac{1}{n^2} \right) \quad (n = 6, 7, 8, \cdots) \qquad (2\text{-}35)$$

普丰德系   式(2-35)所表示的谱线系称为**普丰德系**(Pfund series).

当把式(2-31)中分母的 2 改为其他正整数 m 时,得到广义巴耳末公式(或称为里德伯公式)

$$\sigma = R_\infty \left(\frac{1}{m^2} - \frac{1}{n^2} \right) \quad (m = 1, 2, 3, \cdots; n = m+1, m+2, m+3, \cdots)$$
$$(2\text{-}36)$$

文档:卢瑟福

1908 年,卢瑟福(E. Rutherford)在 α 粒子对金箔散射的实验中发现,竟有相当多的 α 粒子被金箔大角度散射出去. 卢瑟福的这一实验强烈地启示着,在原子内部带正电的部分似乎是一个"核". 1911 年,卢瑟福提出了原子结构的核式模型:一个原子序数为 Z 的原子,它有一个带正电荷 Ze 的核,其半径约为 10^{-15} m. 核的质量占原子质量的绝大部分. Z 个电子则分布于核外,绕着核旋转,其半径约为 10^{-10} m. 卢瑟福用这一类似太阳系的模型解释了一系列有关 α 粒子散射的实验,同时也正式提出了原子核的概念,或者说首先发现了原子核.

然而,在说明原子的稳定性及线状光谱时,经典物理学遇到了不可克服的困难.

根据卢瑟福的核式原子模型,电子在原子核库仑力作用下绕原子核的运动是有加速度的运动,要不断向外辐射电磁波,即会不断地以辐射形式发射能量,随着能量的减少,电子轨道半径会越来越小,很快坠落到原子核上去. 这个过程时间小于 10^{-12} s,因此不可能有稳定的氢原子存在. 也就是说,按照经典理论,原

子是"短命"的,即卢瑟福核型结构不是稳定的系统,不能解释原子中电子轨道运动的稳定性.

由于电子辐射电磁波的频率应该等于它绕核旋转的频率,所以辐射的电磁波频率 ν 正比于电子绕核转动的半径 $r^{-3/2}$. 电子在向原子核坠落的过程中,轨道半径的连续减小,必导致所辐射电磁波的频率或波长连续改变,原子光谱应为连续谱. 因此经典理论无法解释分离的原子线状光谱.

2.4.2 玻尔的氢原子理论

1913 年,在卢瑟福提出的核式结构模型的基础上,根据对光谱学资料的分析,丹麦物理学家尼尔斯·玻尔在英国的《哲学杂志》上分三次发表了《论原子构造和分子构造(On the constitution of atoms and molecules)》的长篇论文. 在这篇论文中,玻尔突破经典概念的束缚,把光的量子概念与巴耳末公式相结合,提出了包含下面三条基本假设的原子理论:

(1)定态假设. 一个原子系统能够并且只能经常地处在一系列相应于分立能量值 $E_1, E_2, \cdots$ 的状态,在这些状态,虽然电子绕核运转,但并不辐射电磁波,这些状态称为原子系统的定态. 也就是说,原子中的电子只在一些特定的圆轨道上绕核运行,如图 2-29 所示. 电子在这些轨道上运动时并不辐射能量,因此该系统的任何能量变化,只能是由于这些态之间的跃迁引起的.

(2)频率条件. 只有当电子从一个较高能量的轨道向一个较低轨道跃迁时才发射辐射,反之吸收辐射. 也就是说,两个定态之间跃迁时,原子才会吸收或发射一个频率为 ν 的光子,并且有下列称为频率条件的关系式

$$h\nu = |E_f - E_i| \tag{2-37}$$

式中,E_i 和 E_f 分别是初末两个定态的能量值.

(3)角动量量子化假设. 电子以速度 v 在半径为 r 的圆周上绕核运动时,只有电子的角动量大小 L 等于 $\hbar$ 的整数倍的那些轨道才是稳定的,即

$$L = m_e v r = n\hbar \quad (n = 1, 2, 3, \cdots) \tag{2-38}$$

式中,m_e 为电子质量,n 是正整数,$\hbar = h/2\pi = 1.054\,571\,817 \times 10^{-34}$ J·s $\approx 1.05 \times 10^{-34}$ J·s,称为约化普朗克常量.

从这些基本假设出发,玻尔推导出了氢原子的能量公式. 考虑氢原子中的电子绕核做圆周运动,设电子绕核的轨道半径为 r,

授课录像:玻尔量子假设解释氢原子线状光谱

授课录像:氢原子的能量公式

授课录像:玻尔与哥本哈根精神

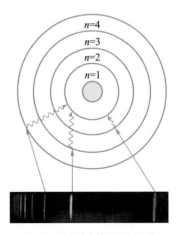

图 2-29 玻尔氢原子理论

则有牛顿运动方程

$$\frac{1}{4\pi\varepsilon_0}\frac{e^2}{r^2}=m_e\frac{v^2}{r} \tag{2-39}$$

式中,e 为电子电荷的绝对值,v 为电子速率. 由量子化条件式 (2-38) 和式 (2-39) 消去 v,可以解出氢原子中允许定态的电子轨道半径为

$$r_n=\frac{4\pi\varepsilon_0\hbar^2}{m_e e^2}\cdot n^2 \quad (n=1,2,3,\cdots) \tag{2-40}$$

上式表明氢原子中定态的电子绕核轨道半径也是量子化的. 当 $n=1$ 时,轨道半径最小,为

$$a_0=\frac{4\pi\varepsilon_0\hbar^2}{m_e e^2}=5.291\ 772\ 109\ 03(80)\times10^{-11}\ \text{m}\approx0.052\ 9\ \text{nm} \tag{2-41}$$

称为玻尔半径,即玻尔原子理论中第一圆轨道的半径.

电子在某一定态轨道上运动时,氢原子系统的总能量即定态能量为

$$E=E_k+E_p=\frac{1}{2}m_e v^2-\frac{e^2}{4\pi\varepsilon_0 r}=-\frac{e^2}{8\pi\varepsilon_0 r} \tag{2-42}$$

上式中已用到式(2-39). 将式(2-40)代入,得到氢原子的能量公式

$$E_n=-\frac{m_e e^4}{2(4\pi\varepsilon_0)^2\hbar^2}\cdot\frac{1}{n^2} \quad (n=1,2,3,\cdots) \tag{2-43}$$

主量子数

式中,n 只能取一系列正整数,称为主量子数. 此式表示,氢原子的能量只能取离散的值,这就是能量的量子化. 式(2-43)给出的每一个能量的可能取值称为一个能级. 氢原子的能级可以用图 2-30 所示的能级图表示.

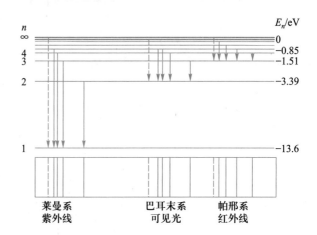

图 2-30　氢原子能级与光谱系图

当 $n=1$ 时，氢原子的能量最低，称为基态能量,其数值为

$$E_1 = -\frac{e^2}{8\pi\varepsilon_0 a_0} = -\frac{m_e e^4}{2(4\pi\varepsilon_0)^2 \hbar^2} \approx -13.6 \text{ eV} \qquad (2\text{-}44)$$

$n>1$ 的能级状态称为激发态. 对于氢原子,任意一激发态的能量是其基态能量的 $1/n^2$,即

$$E_n = \frac{E_1}{n^2} \approx \frac{-13.6}{n^2} \text{ eV} \quad (n=2,3,4,\cdots) \qquad (2\text{-}45)$$

很容易算出,$n=2,3,4$ 时各激发态的能级能量 $E_2 = -3.39$ eV；$E_3 = -1.51$ eV；$E_4 = -0.85$ eV 等. 在 $E<0$ 的区域,电子被原子核即质子吸引,处于束缚态,能量是分立的,即是量子化的. 氢原子的能级间隔随 n 的增大而很快地减小. 当 n 很大时,能级间隔非常小,能级可看作连续变化. 当 $n \to \infty$ 时,$E_\infty \to 0$,表明电子不再被束缚在原子核的周围,而是脱离了原子核,称原子被电离.

E_∞ 与基态的能量 E_1 之差称为电离能 E_i. 氢原子的电离能 E_i 为

$$E_i = E_\infty - E_1 = -E_1 = 13.6 \text{ eV}$$

若电子获得足够多的能量而处于 $E>0$ 的区域,表明电子已完全脱离原子核吸引成为自由电子,即氢原子处于电离态. 这时的自由电子能量也具有连续值.

氢原子的能级公式稍加修改,也适用于类氢离子,例如氦离子 He^+. He 原子核外有两个电子,当它电离失去一个电子后,其结构类似于氢原子,但核电荷为 $+2e$. 以 Z 表示类氢离子的核电荷数,则类氢离子的能级公式为

$$E_n = -\frac{m_e e^4}{2(4\pi\varepsilon_0)^2 \hbar^2} \cdot \frac{Z^2}{n^2} \quad (n=1,2,3,\cdots) \qquad (2\text{-}46)$$

根据玻尔原子理论,当氢原子在不同能级之间跃迁时,会吸收或发射能量为 $h\nu$ 的光子. 在通常情况下,氢原子就处在能量最低的基态. 但当外界提供足够能量时,通常氢原子会吸收一个光子而得到能量 $h\nu$,跃迁到某一激发态. 从较高能级向较低能级跃迁时,就会发出各种相应频率的光. 由玻尔频率条件式 (2-37) 可得,氢原子从能量为 E_n 的高能级跃迁到能量为 E_m 的低能级时,放出光子的频率为

$$\nu = \frac{E_n - E_m}{h}$$

将氢原子能量公式 (2-43) 代入上式,可得

$$\nu = \left(\frac{1}{4\pi\varepsilon_0}\right)^2 \frac{m_e e^4}{4\pi\hbar^3} \left(\frac{1}{m^2} - \frac{1}{n^2}\right)$$

相应的氢原子光谱的波数为

$$\sigma = \frac{1}{\lambda} = \frac{\nu}{c} = \frac{1}{hc}(E_n - E_m) = \frac{m_e e^4}{4\pi (4\pi\varepsilon_0)^2 \hbar^3 c}\left(\frac{1}{m^2} - \frac{1}{n^2}\right)$$

(2-47)

此式与广义巴耳末公式(2-36)形式完全相同,两式相比较,可得里德伯常量

$$R_\infty = \left(\frac{1}{4\pi\varepsilon_0}\right)^2 \frac{m_e e^4}{4\pi\hbar^3 c}$$

(2-48)

把各基本常量的值代入上式,得

$$R_\infty = 1.097\ 373\ 156\ 816\ 0(21)\times10^7\ \text{m}^{-1}$$

由此式计算出的波数与实验测得的氢光谱各谱线的波数符合得非常好.

氢原子发出不同频率的光形成不同的谱线,组成谱线系. 根据玻尔原子理论,人们进一步明确了氢光谱各谱线对应着不同能级之间的跃迁所发射的光. 如图 2-30 所示,氢原子从较高能级回到基态 $n = 1$ 的跃迁发出的光形成莱曼系,这些光的频率处于紫外区;氢原子从较高能级回到 $n = 2$ 的能级的跃迁发出的光形成巴耳末系,这些光的频率处于可见光区;氢原子从较高能级回到 $n = 3$ 的能级的跃迁发出的光形成帕邢系,这些光的频率处于红外区;氢原子从较高能级回到 $n = 4$ 的跃迁发出的光形成布拉开系,这些光的频率处于远红外区等.

授课录像:例 2-5

例 2-5

用能量为 12.5 eV 的电子去轰击基态氢原子. 求受激发的氢原子向低能级跃迁时,可能发出谱线的波长.

解:激发态能级的能量为 $E_n = E_1/n^2$,因而当氢原子从基态跃迁到第二激发态时,所需能量,即激发能为

$$E_3 - E_1 = -1.51\ \text{eV} + 13.6\ \text{eV} = 12.09\ \text{eV}$$

当氢原子从基态跃迁到第三激发态时,所需的激发能为

$$E_4 - E_1 = -0.85\ \text{eV} + 13.6\ \text{eV} = 12.75\ \text{eV}$$

可见能量为 12.5 eV 的电子可把基态氢原子激发到 E_3 能级($n = 3$),由此第二激发态

向低能级跃迁有三种可能:E_3 向 E_2 跃迁,E_2 向 E_1 跃迁,E_3 向 E_1 跃迁. 因此可发出三条谱线,一条属于巴耳末系,其波长为

$$\lambda_{32} = \frac{ch}{E_3 - E_2}$$

$$= \frac{3\times10^8 \times 6.63\times10^{-34}}{[-13.6/3^2 - (-13.6/2^2)]\times1.6\times10^{-19}}\ \text{nm}$$

$$= 658\ \text{nm}$$

另两条属于莱曼系,它们的波长分别为

$$\lambda_{31} = \frac{ch}{E_3 - E_1}$$

$$= \frac{3 \times 10^8 \times 6.63 \times 10^{-34}}{[-13.6/3^2 - (-13.6)] \times 1.6 \times 10^{-19}} \text{ nm}$$

$$= 103 \text{ nm}$$

$$\lambda_{21} = \frac{ch}{E_2 - E_1}$$

$$= \frac{3 \times 10^8 \times 6.63 \times 10^{-34}}{[-13.6/2^2 - (-13.6)] \times 1.6 \times 10^{-19}} \text{ nm}$$

$$= 122 \text{ nm}$$

例 2-6

动能为 20 eV 的电子与处于基态的氢原子相碰,使氢原子激发. 当氢原子回到基态时,辐射出 121.6 nm 的光谱,试求碰撞后电子的速度.

解:由辐射光谱的波长可求出其频率,有

$$\nu = \frac{c}{\lambda} = \frac{3.0 \times 10^8}{121.6 \times 10^{-9}} \text{ Hz} = 2.467 \times 10^{15} \text{ Hz}$$

由于碰撞氢原子获得的能量等于其辐射损失的能量,有

$$E = h\nu = 6.626 \times 10^{-34} \times 2.467 \times 10^{15} \text{ J}$$

$$= 1.635 \times 10^{-18} \text{ J} = 10.216 \text{ eV}$$

可得碰撞后电子的动能为

$$E_k = 20 \text{ eV} - 10.216 \text{ eV} = 9.784 \text{ eV}$$

$$= 1.566 \times 10^{-18} \text{ J}$$

则碰撞后电子的速度为

$$v = \sqrt{\frac{2E_k}{m}} = \sqrt{\frac{2 \times 1.566 \times 10^{-18}}{9.109 \times 10^{-31}}} \text{ m} \cdot \text{s}^{-1}$$

$$= 1.854 \times 10^6 \text{ m} \cdot \text{s}^{-1}$$

1921 年,玻尔(图 2-31)发表了题为《各元素的原子结构及其物理性质和化学性质》的长篇演讲,阐述了光谱和原子结构理论的新发展,诠释了元素周期表,对周期表中从氢开始的各种元素的原子结构作了说明,同时对周期表上的第 72 号元素的性质作了预言. 1922 年,人们发现了这种元素铪,证实了玻尔预言的正确. 1922 年,玻尔因为对原子结构和原子放射性的研究而获得诺贝尔物理学奖.

玻尔原子理论是在经典理论基础上加一些新的量子假设,成功地解释了氢原子线状光谱,作为早期的量子理论,它对量子力学的发展具有重大的先导作用. 爱因斯坦后来将这一理论赞誉为"思想领域的最高音乐神韵". 但是,玻尔理论是有缺陷的,它还远未能反映微观世界的本质. 例如,它不能解释多电子原子的光谱,对谱线的强度、宽度也无能为力. 产生这种缺陷的原因是玻尔的原子模型是牛顿力学概念和量子化条件的混合物.

正确的原子结构理论要建立在全新的量子力学基础之上. 虽然玻尔理论的一些基本概念,如"定态""能级""能级跃迁决定辐射频率"等在量子力学中仍是重要的基本概念,但是从量子力学出发,经典意义上的轨道对微观原子世界已不再适用.

综上所述,从 19 世纪末到 20 世纪初,黑体辐射、光电效应、

图 2-31 1922 年度诺贝尔物理学奖获得者玻尔

文档:玻尔

文档：玻尔与哥本哈根精神

康普顿效应、原子的光谱线系等一系列重要的物理现象暴露了经典物理学的局限性，突现了经典物理学与微观世界规律性的矛盾，从而激发了科学家们去探索和发现微观世界的规律．普朗克的能量子假说、爱因斯坦的光量子理论以及玻尔的原子理论为发现微观世界的规律打下基础．20 世纪 30 年代，量子力学被建立起来了．

2.5　粒子的波动性　玻恩的统计解释

2.5.1　德布罗意

授课录像：德布罗意

图 2-32　1929 年度诺贝尔物理学奖获得者德布罗意

文档：德布罗意

德布罗意波

1924 年，法国巴黎大学年轻的博士研究生路易斯·德布罗意（图 2-32）在光的波粒二象性启发下，在他的题为《量子理论的研究》的博士论文中大胆地提出一个假设：实物粒子如电子、质子等也具有波动性．他认为"如同过去对光的认识比较片面一样，对实物粒子的认识或许也是片面的，二象性并不只是光才具有，实物粒子也具有二象性．"

德布罗意以其敏锐的思维把对光的波粒二象性的描述，应用到了实物粒子上．一个质量为 m、以速度 v 运动的实物粒子，既具有以能量 E 和动量 p 所描述的粒子性，也具有以频率 ν 和波长 λ 所描述的波动性．实物粒子的能量 E 与频率 ν、动量 p 与波长 λ 之间的关系和光子拥有的关系式 $\varepsilon = h\nu$ 和 $p = h/\lambda$ 一样，则与实物粒子相联系的波的频率 ν 和波长 λ 分别为

$$\nu = \frac{E}{h} = \frac{mc^2}{h} \qquad (2-49)$$

$$\lambda = \frac{h}{p} = \frac{h}{mv} \qquad (2-50)$$

式中，$m = \dfrac{m_0}{\sqrt{1-(v/c)^2}}$，$m_0$ 为实物粒子的静质量．式（2-49）和式（2-50）称为德布罗意关系；λ 称为德布罗意波长（de Broglie wave-length）；与实物粒子相联系的波称为德布罗意波（de Broglie wave），亦称为物质波（matter wave）．

德布罗意进而把物质波和驻波联系起来，比较自然地导出了

玻尔原子理论中曾令人困惑的轨道量子化条件. 如图 2-33 所示,他认为氢原子定态中的电子绕核做圆周运动,相应的电子波绕核传播,传播一周后的波应该光滑地衔接起来,相当于电子波在此圆周上形成了稳定的驻波,只有驻波是稳定的振动状态,不辐射能量,这就对应了原子的定态. 因此电子绕核的轨道受到限制,即要求电子轨道周长应该等于电子波长的整数倍,才可以形成稳定的驻波. 设 r 为电子稳定轨道的半径,则有

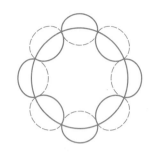

图 2-33 玻尔量子化条件的导出

$$2\pi r = n\lambda \quad (n = 1, 2, 3, \cdots)$$

由德布罗意关系式(2-50),可得电子绕核运动的角动量

$$rmv = n\frac{h}{2\pi}$$

这正是玻尔有关电子轨道角动量量子化条件式(2-38).

当粒子的运动速度 v 远小于光速 c 时,不需考虑相对论效应,德布罗意波长为

$$\lambda = \frac{h}{m_0 v} \tag{2-51}$$

事实上,当时德布罗意的工作能够引起学术界的重视,爱因斯坦起了重要作用. 德布罗意的导师保罗·朗之万(P. Langevin,1872—1946,法国物理学家)在其答辩前将其论文交给爱因斯坦评阅,爱因斯坦对德布罗意的工作给予了充分的肯定,称赞他"揭开了大幕的一角(He has lifted a corner of the great veil)""瞧瞧吧,看来疯狂,可真是站得住脚呢(Read it,even though it might look crazy,it is absolutely solid)". 经爱因斯坦的推荐,德布罗意的物质波理论很快受到了人们的关注.

德布罗意假设在提出时并没有任何实验基础,但德布罗意在1924 年 11 月 27 日进行其博士论文答辩时,对答辩委员会主席让-巴普蒂斯特·佩兰(Jean Baptiste Perrin,1870—1942,1926 年度诺贝尔物理学奖获得者)所提出的物质波如何用实验来证实的问题作了这样的回答:可以用晶体对电子的衍射实验来验证物质波的存在. 事实上,德布罗意早已如此考虑过,他曾在 1923 年 9月 24 日发表在《法国科学院通报》上的题为《光量子、衍射和干涉》论文中预言:从很小的孔穿过的电子束,可能产生衍射现象.

2.5.2 德布罗意波的实验验证

1. 戴维森-革末实验
1927 年,美国贝尔实验室的科学家克林顿·戴维森

授课录像:戴维孙-革末实验

授课录像:汤姆孙的实验、约恩孙实验、克罗米实验

文档:戴维森

（C. J. Davisson，1881—1958，图 2-34 左）和莱斯特·革末（L. H. Germer，1896—1971，图 2-34 右）通过电子束在镍单晶体表面上散射的实验，观察到了和 X 射线衍射类似的电子衍射现象，首先证实了电子的波动性.

图 2-34　1937 年度诺贝尔物理学奖获得者戴维森（左）和革末（右）

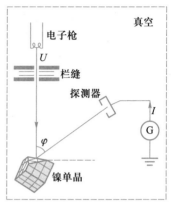

图 2-35　戴维森-革末实验装置的示意图

戴维森-革末实验

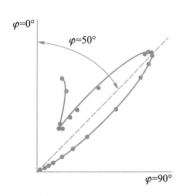

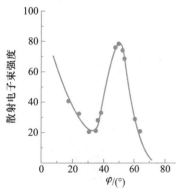

图 2-36　在 U = 54 V 时，散射电子束强度分布

图 2-35 是戴维森-革末实验（Davisson-Germer experiment）装置的示意图. 从电子枪发出的电子束，经 40~600 V 的电压 U 加速后，通过一组栏缝便成为一束很细的电子束，投射到镍的立方单晶体特选的晶面上，经晶面散射后进入电子探测器，电子束强度由电流计 G 测出. 实验时，不是用立方晶体的表面作为电子束的射入面，而是对称地切去立方晶体的一个角后形成一个三角形平面，用它作为电子束的射入面. 让电子束以预先确定的速度正对着这个面射来，而晶体本身则以入射电子束为轴转动，这样便可以测量晶面前方任何方向上的散射电子束的强度. 或者保持散射角 φ 不变，测量在不同加速电压下散射电子束的强度.

实验发现，当加速电压 U 不变时，散射电子束在某些方向上特别强，如图 2-36 所示. 而在某一散射角 φ 方向上，单调地增加加速电压 U，电子探测器中的电流并不随之单调地增加，而是明显地表现出有规律的选择性，即只有当加速电压 U 为某些特定值时，电流才有极大值，如图 2-37 所示.

散射电子束这种强度分布的特点可用德布罗意关系和衍射理论给以如下解释.

当经电压 U 加速后的电子速度 v 远小于光速 c 时，电子的动能为

$$\frac{1}{2}m_e v^2 = eU \qquad (2\text{-}52)$$

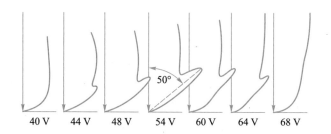

图 2-37　不同加速电压下，散射电子束强度分布

式中，m_e 为电子的静质量．根据式(2-51)和式(2-52)得电子的德布罗意波长为

$$\lambda = \frac{h}{\sqrt{2m_e e}} \frac{1}{\sqrt{U}} = \frac{1.225}{\sqrt{U}} \quad (\text{nm}) \tag{2-53}$$

例如，当 $U = 54$ V 时，电子的德布罗意波长为 $\lambda = 1.67 \times 10^{-10}$ m，这与 X 射线的波长是同一个数量级．

如图 2-38 所示，经原子间距为 $d = 2.15 \times 10^{-10}$ m 的镍晶面沿 φ 方向散射的两散射线的波程差为

$$AC = d\sin\varphi$$

其相干加强的条件为

$$d\sin\varphi = k\lambda \tag{2-54}$$

式中，$k = 1, 2, 3, \cdots$．此即为 X 射线在晶体上衍射时的 布拉格公式（Bragg equation）.

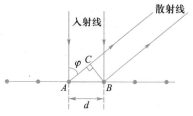

图 2-38　电子束在晶体上的衍射分析

布拉格公式

从图 2-36 可知，当入射电子的能量为 54 eV 时，在 $\varphi = 50°$ 的方向上散射电子束强度最大．这种现象类似于 X 射线被单晶衍射的情形．由式(2-54)，并取 $k = 1$，可得电子的波长 $\lambda = 1.65 \times 10^{-10}$ m．它与由式(2-53)算出的理论值相差很小．

将式(2-53)代入式(2-54)得

$$\sqrt{U} = k \frac{1.225 \times 10^{-9}}{d\sin\varphi} \tag{2-55}$$

即加速电压 U 满足上式时，探测器所测得的散射电子束强度 I 为极大值．由此计算所得的加速电压 U 的各个量值与实验结果相符合．

以上分析说明，电子像 X 射线一样具有波动性，也同时验证了德布罗意波长公式的正确性．

2. 乔治·汤姆孙的实验

也是在 1927 年，英国物理学家乔治·汤姆孙（G. P. Thomson，1892—1975，图 2-39），即电子的发现者约瑟夫·汤姆孙（J. J. Thomson，1856—1940，1906 年度诺贝尔物理学奖获得者）的儿子，做了高能电子束透射多晶体薄膜的实验，也观察到和 X 射线衍射类似的电子衍射现象．

图 2-39　1937 年度诺贝尔物理学奖获得者乔治·汤姆孙

文档：汤姆孙

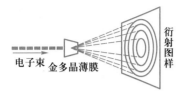

图 2-40 乔治·汤姆孙的实验原理示意图

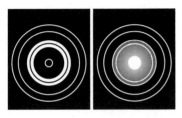

图 2-41 用同一铝膜得到的电子衍射图样（左图）与 X 射线衍射图样（右图）

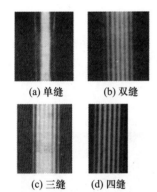

图 2-42 电子单缝、双缝等衍射图像

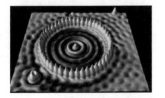

图 2-43 量子围栏

授课录像：一切微观粒子都具有波动性

图 2-40 是乔治·汤姆孙的实验原理示意图．能量为 1 000~8 000 eV 的电子束垂直射入非常薄的金、铂或铝片等，然后用照相底片把衍射图样拍摄下来．因为多晶体是由大量随机取向的微小单晶体组成，沿各种取向的平面都有可能满足布拉格公式，所以可以从各个方向同时观察到衍射．如图 2-41 左图所示，衍射图样是一系列的同心圆，与 X 射线所得的衍射图样（图 2-41 右图）类似．根据这些衍射圆环的直径，便可计算出入射电子的德布罗意波长，实验结果与德布罗意关系式给出的结论非常一致．这充分证明了电子具有波动性，再一次令人信服地展示了德布罗意理论正确性．

十年后，戴维森、汤姆孙因电子衍射实验的成果共同获得 1937 年度诺贝尔物理学奖．

3. 约恩孙实验

1961 年，德国学者克劳斯·约恩孙（C. Jönsson）用铜箔片形成的狭缝直接做了电子单缝、双缝等衍射实验．他在铜箔片上先刻出缝长为 50 μm、缝宽为 0.3 μm、间距为 1 μm 的 5 条狭缝，然后分别用其中的 1~5 条缝做了实验，让经过 50 kV 电压加速即波长约为 0.005 nm 的电子垂直入射，均得到类似光的衍射图样，如图 2-42 所示．

4. 克罗米实验

1993 年，美国科学家迈克尔·克罗米（M. F. Crommie）等人用扫描隧穿显微镜技术，将 48 个铁原子在铜表面上排列成半径为 7.13 nm 的圆环形量子围栏，围栏内运动电子形成同心圆状的驻波，如图 2-43 所示．这是世界上首次直观地观察到的电子驻波图形，也直观地证实了电子的波动性．

在电子的波动性获得证实之后，人们又用衍射实验进一步证实了原子、分子、中子和质子等微观粒子都具有波动性，德布罗意关系也同样正确．例如，1930 年，德国物理学家伊曼努尔·埃斯特曼（I. Estermann，1900—1973）和奥托·施特恩（O. Stern，1888—1969）分别用氦原子和氢分子射线产生衍射，第一次证实了德布罗意关系也适用原子和分子；1988 年，奥地利物理学家安东·蔡林格（A. Zeilinger，1945— ）等做了中子的双缝实验，得到了反映出衍射现象的强度分布曲线，如图 2-44 所示．因此，一切微观粒子都具有波动性．物质波的存在是确实无疑的了，德布罗意关系已成为揭示微观粒子波粒二象性的基本表示式．德布罗意也因此于 1929 年获得了诺贝尔物理学奖，同时是第一位以博士学位论文获得诺贝尔奖的学者．

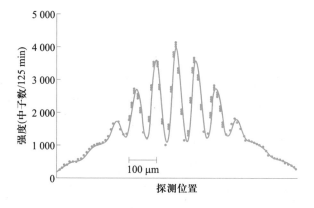

图 2-44　蔡林格等所做的中子双缝实验强度分布曲线（A. Zeilinger, R. Gähler, C. G. Shull, W. Treimer, and W. Mampe, Reviews of Modern Physics, Vol. 60, 1988）

　　从波动光学可知，由于显微镜的分辨本领与波长成反比，光学显微镜的最大分辨距离大于 0.2 μm，最大放大倍数也只有 1 000 倍左右．自从发现电子有波动性后，由于电子束的德布罗意波长比光波波长短很多，而且改变电子波的波长极方便．根据微观粒子波动性发展起来的电子显微镜、电子衍射技术和中子衍射技术已成为探测和分析物质微观结构的有效手段．

例 2-7

　　计算质量为 $m = 0.01$ kg，速率为 $v = 300$ m·s^{-1} 的子弹的德布罗意波长．

　　解：由于 $v \ll c$，不需考虑相对论效应．由式 (2-51) 可得

$$\lambda = \frac{h}{mv} = \frac{6.63 \times 10^{-34}}{0.01 \times 300} \text{ m} = 2.21 \times 10^{-34} \text{ m}$$

结果表明，由于普朗克常量 h 是一个非常小的量，所以宏观物体的德布罗意波长小到实验无法测量的程度．因而，在通常情况下，宏观物体的波动性难以显现出来，仅表现出粒子性．

2.5.3　玻恩的统计解释

1. 概率波

　　在经典物理学中，"粒子"和"波"是两个截然不同的概念．经典的"粒子"是指可以定域于空间一个小区域中的物质，在与物质相互作用时表现出一定质量、电荷等"颗粒性"的属性；且运动时具有确定的轨道，即任意时刻都有确定的位置和速度等特征．而经典的"波"是指某种实在的物理量的空间分布发生周期性的变化，具有频率和波长，即具有时空的周期性；并呈现干涉和衍射等反映相干叠加性的现象．显而易见，按照经典物理学的观

授课录像：概率波

授课录像：费曼对比实验

念,由于波和粒子是两种不同的研究对象,具有非常不同的表现;物质要么具有粒子性,要么具有波动性,非此即彼.

然而,近代物理学却表明,微观粒子具有波粒二象性,对此又如何正确理解呢?

在量子力学建立的初期,人们曾把微观粒子的波粒二象性看作经典的粒子与经典的波的某种叠合. 例如,电子波是一个代表电子实体的波包,电子本身是弥散于空间的物质波动,还有电子的波动性是大量电子之间的相互作用等看法. 但是,这些看法最终都因不能圆满地解释实验现象而不得不被放弃. 例如,若电子是波包,那么当电子打到晶体表面后产生的衍射波将沿不同方向传播开去,在空间不同方向观测到的只能是"电子的一部分",这与实验测得的总是一个个电子是矛盾的. 其次,在非相对论情况下,自由粒子的物质波包必然要扩散,或者说,随着时间的推移,电子将越来越"胖",这也与现有实验是矛盾的.

为了理解微观粒子的波粒二象性,不妨来分析一下电子双缝衍射实验.

1974 年,意大利物理学家皮尔·乔治·梅利(Pier Giorgio Merli,1943—2008)等,在米兰大学的物理实验室里,成功地将电子一个一个地发射出来,并依次逐个射向双缝. 随着入射电子数的积累,在检测屏上得到如图 2-45 所示的图像. 其中,图(a)是只有一个电子到达屏上所形成的图像,图(b)是十几个电子先后到达屏上形成的图像,图(c)是几十个电子先后到达屏上形成的图像. 从这三张图可以看出,每次电子打在屏上总是一个亮点,所以观察到的电子总是"整个"地到达接收点,这显示了电子的粒子性. 并且在屏上这些亮点的位置貌似无规则,这说明,电子

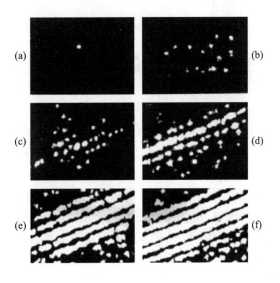

图 2-45　电子双缝衍射实验

每次的去向是不确定的，一个电子到达何处完全是概率事件．但随着时间的推移，打到屏上的电子越来越多，电子在屏上的堆积情况依次诸如(d)、(e)、(f)图所示，逐渐显示出了条纹，且越来越清晰，最后所呈现出的衍射条纹和大量电子短时间内通过双缝后形成的衍射条纹[见图2-42(b)]一样．这明显地体现了单个电子的波动性，而电子的波动性并不是许多电子在空间聚集在一起时才有的现象．因为在前一个电子到达屏幕之后才发射第二个电子，所以屏上的衍射条纹就不是电子间相互作用的结果，而是单个电子波动性的集体贡献．此外，随时间而呈现的衍射条纹说明电子打在屏幕上的位置，有一定的概率分布．电子落在明纹处的概率大，而落在暗纹处的概率小，即落在各点的概率不是均等的．这就是说，尽管单个电子的去向是概率性的，但其概率在一定条件(如双缝)下还是有确定的规律．这些就是1926年物理学家马克思·玻恩(英国籍德国人，图2-46)所提出的概率波概念的核心．

图2-46 1954年度诺贝尔物理学奖获得者玻恩

文档：玻恩

文档：薛定谔猫

玻恩认为德布罗意波并不像经典波那样代表实在的物理量的波动，而是刻画粒子在空间的概率分布的概率波，即德布罗意波是概率波．由于微观粒子的波动性，粒子在空间何处出现是一种随机行为，粒子的运动并不像经典粒子那样沿轨道进行，它何时在何处出现要靠概率来决定．实验中大量电子同时入射与单个电子多次入射得到的双缝衍射图样相同说明微观粒子运动遵守统计规律．当单个电子多次入射时，开始时屏上亮点无规则分布，随着电子增多，逐渐形成衍射图样，这是一个电子重复许多次相同实验表现出的统计结果．而当强电子流入射时，底片上会很快出现衍射图样，这是许多电子在同一个实验中的统计结果，也是大量事件所显示出来的一种概率分布．根据玻恩概率波的观点，电子双缝衍射图样中的明纹所在处，德布罗意波的强度大，到达那里的电子也多，或者说，电子到达那里的概率大．相反地，暗纹处，德布罗意波的强度小，到达那里的电子也少，或者说，电子到达暗纹处的概率小．这正是玻恩对德布罗意波的物理意义的解释，即微观粒子在某处出现的概率(probability density)和德布罗意波的强度成正比，就是说，微观粒子在各处出现的概率才具有明显的物理意义．

玻恩的概率波思想，将微观粒子的粒子性和波动性统一起来，这种统计诠释使人们对波粒二象性有了更加深入的认识．对于其他微观粒子，由于同样具有波粒二象性，所以与它们相联系的物质波也是概率波．也就是说，单个微观粒子位置是不确定的，但对于大量微观粒子，其概率分布导致确定的宏观结果，例

图 2-47　1965 年度诺贝尔物理学奖获得者费曼

如,衍射条纹. 假如一个缝被关闭的话,即进行电子单缝衍射实验,所形成的图像则是单缝特有的,如图 2-42(a)所示.

美国物理学家理查德·费曼(Richard Phillips Feynman, 1918—1988,图 2-47)曾说:"仔细地思考双缝实验的意义,我们就能够一点一滴地了解整个量子力学. (All of quantum mechanics can be gleaned from carefully thinking through the implications of this single experiment.)" 在 1963 年出版的《费曼物理学讲义(Feynman lectures on physics)Ⅲ》的第一章中就介绍了费曼曾经设计的一个对比子弹、水波和电子分别通过双缝的理想实验,以说明微观粒子与经典粒子和经典波的区别.

如图 2-48(a)所示,当一挺机关枪连续地向双缝发射子弹,打在其后的靶上. 若在只开一条缝(缝 1 或缝 2)时,发射 N 颗子弹,靶上子弹密度分布曲线为 P_1 或 P_2. 而在两条缝都打开时,发射 $2N$ 颗子弹,最后得到的子弹密度分布曲线是 P_3. 显然,$P_3 = P_1 + P_2$,则子弹通过双缝后在靶上的密度分布等于两个单缝单独打开时的密度分布的直接相加,这里不发生干涉现象,反映了经典粒子的特性.

如图 2-48(b)所示,当水波通过双缝时,被分为两个相干的子波源,它们在空间进行相干叠加,呈现出双缝干涉图样,在观察屏上的波的强度由曲线 I_{12} 表示.

图 2-48　对比子弹、水波和电子通过双缝的实验装置原理图

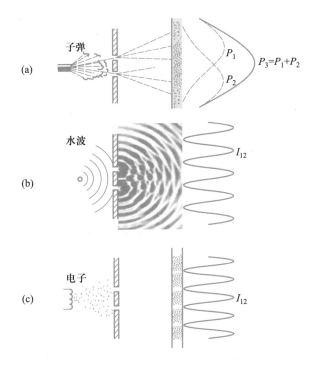

如图 2-48(c)所示,这是电子双缝实验.一方面落在检测屏上的电子呈现出像子弹一样的颗粒性,另一方面屏上的电子的数目分布曲线 I_{12} 反映了类似水波的双缝干涉现象.在只开一条缝时,微观粒子形成单缝衍射图样.在双缝同时打开时,微观粒子的运动就有两种可能:也许是通过缝 1,也许是通过缝 2,与只打开一条缝时在空间运动的可能状态是有区别的,应用不同的概率波来描写.为了得到双缝衍射图样,拟人地说,电子在通过这个缝时,好像"知道"另一个缝也在开着,于是就按双缝条件下的概率行动了.即当电子、光子这样的微观粒子通过缝隙时,它的行为像波而不像粒子,在到达屏幕时,又表现为一个不可分割的粒子.

然而,在电子的双缝干涉实验中,若用探测器放在其中的一条缝隙处,探测电子到底是从哪一条缝隙通过时,屏幕上的干涉图样就会消失.为了使干涉发生,显然必须对粒子"实际上"通过那一条缝隙"缺乏知识".

有人曾用一幅与图 2-49 相似的情景来比喻微观粒子的这种怪异行为.某滑雪者穿着一双雪橇向一棵树滑来,她滑过树之后才被人看见,她滑过的轨迹在经过树时一分为二,树的左边是一条滑道,树的右边是另一条滑道,你并没有看见滑雪者怎样完成这个奇迹般的动作.在不被别人观测到的情况下,别人可以认为滑雪者在一棵树前同时从树的两侧绕过这棵树,走到了树的后面,滑雪者成了所谓的波.但滑雪者一旦被观测者观测到了,那观测者就确定了滑雪者是从哪边绕过树的,滑雪者就是一个粒子,这取决于滑雪者的信息是否泄露给了观测者.

图 2-49 滑雪者的怪异行为

这种改变起因于量子力学的互补性,由于物质运动具有粒子和波的双重属性,但在同一个实验中,二者是相互排斥的.在双缝干涉实验中,测量粒子通过哪一个缝,等于强调了波粒二象性的粒子特性,与粒子性互补的波动性便被排斥了,干涉条纹便不再存在了.这种由于测量或其他影响导致相干性消失的现象称为量子退相干.仅就量子测量而言,人们称之为波包塌缩.这已超出了本课程的学习范围.

2002 年 9 月,双缝电子衍射实验被美国《物理学世界(Physics World)》杂志的读者评为"科学史上最美丽十大物理实验"之首.

通过上面的对比实验,可以看出诸如电子等的微观粒子既不是经典的粒子,也不是经典的波.电子所呈现的粒子性,只是具有所谓的"颗粒性"或"整体性",即总是以具有一定的质量和电荷等属性出现,并不与"粒子具有确切的轨道"的概念有什么联系;电子所呈现的波动性,也只不过是波动性中最本质的东西"波的叠加性",如干涉和衍射,并不是与某种物理量在空间的波动联系在一起.因此波粒二象性把微观粒子的"颗粒性"与波的"叠加性"统一起来.并且微观粒子在某些条件下表现出粒子性,在另一些条件下表现出波动性,这两种性质虽寓于同一体中,却不是同时表现出来.比方说,你在图 2-50 中看到了什么?是一位老妇?还是一位少女?你以某种角度观察,会看到图中是一位老妇,你换一种角度观察,则会看到图中是一个少女,两种图像不会同时出现在你的视觉中.同样,一般观察电子,它只能表现出一种属性,要么是粒子要么是波.但是,作为电子这个整体概念来说,它却具有波粒的二象性,它可以展现出粒子的一面,也可以展现出波的一面,这完全取决于如何去观察它.

图 2-50　老妇还是少女?

授课录像:波函数的统计解释

2. 波函数

在量子力学中,为了反映微观粒子的波粒二象性,可以用波函数来描述它的运动状态,以 $\Psi(r,t)$ 来表示,它是时间和空间的函数.在一般情况下,微观粒子的波函数 $\Psi(r,t)$ 是复函数.1926年,玻恩在概率波概念的基础上给出了波函数的统计诠释,内容为:波函数 $\Psi(r,t)$ 本身没有直接的物理意义,而其模的平方 $|\Psi(r,t)|^2 = \Psi^*(r,t)\Psi(r,t)$ 代表 t 时刻在空间坐标 r 附近单位体积内发现粒子的概率,即粒子出现的概率密度.其中 $\Psi^*(r,t)$ 是 $\Psi(r,t)$ 的复共轭,将 $\Psi(r,t)$ 中的虚数 i 变成-i,得到 $\Psi^*(r,t)$.在空间一个小体积元 dV 内,波函数可视为不变,因此,在体积元 dV=dxdydz 中发现粒子的概率正比于

$$|\Psi|^2 \mathrm{d}V = \Psi\Psi^* \mathrm{d}V \tag{2-56}$$

由于任何一种波的强度都是正比于相应的波函数振幅的平方,与微观粒子相联系的德布罗意波是概率波,且由电子双缝衍射实验分析可见"德布罗意波的强度正比于微观粒子在某处的概率",所以波函数 $\Psi(r,t)$ 又称为概率幅.

根据玻恩的统计诠释,既然 $|\Psi|^2$ 代表概率密度,而概率应当是单值、有限和连续的,因此要求波函数本身满足单值、有限和连续的条件,这称为波函数的标准条件.

波函数的标准条件

另外,由于粒子必定要在空间中的某一点出现,所以任意 t 时刻,在整个空间发现粒子的总概率应是 1,则对波函数有归一化条件(normalizing condition)

归一化条件

$$\int_{-\infty}^{\infty} |\Psi(r,t)|^2 \mathrm{d}V = 1 \tag{2-57}$$

式中,体积分遍及全空间.

对物质波(概率波)而言,波函数 $\Psi(r,t)$ 与波函数 $C\Psi(r,t)$(C 为复常数)所表示的是微观粒子的同一状态.因为微观粒子在空间的概率分布只取决于波在空间各点的相对强度,而不取决于强度的绝对大小.不难看出,对 $C\Psi(r,t)$ 态,在空间任意两点 r_1 和 r_2 处微观粒子的概率密度的比值,即相对概率密度为

$$\frac{|C\Psi(r_1,t)|^2}{|C\Psi(r_2,t)|^2} = \frac{|\Psi(r_1,t)|^2}{|\Psi(r_2,t)|^2}$$

与 $\Psi(r,t)$ 态的相对概率密度完全相同.因此,波函数总可以相差一个任意的复常数因子 C,这一点和经典物理学中的波是不同的.一个经典波的振幅若增大 1 倍,则相应的波动能量将为原来的 4 倍,因而代表不同的波动状态.正因为如此,经典波根本谈不上"归一化".而对于概率波,归一化与否并不影响微观粒子的相对概率密度,亦即不影响其概率分布.通常为了方便起见,选择合适的常数因子,使波函数满足归一化条件.

若某波函数 $\Phi(r,t)$ 未归一化,则总可以令

$$\Psi(r,t) = A\Phi(r,t) \tag{2-58}$$

其中,A 为待定的归一化常数.由式(2-57)给出的归一化条件,有

$$\int_{-\infty}^{\infty} |\Psi(r,t)|^2 \mathrm{d}V = |A|^2 \int_{-\infty}^{\infty} |\Phi(r,t)|^2 \mathrm{d}V = 1$$

由此得

$$A = \left(\int_{-\infty}^{\infty} |\Phi(r,t)|^2 \mathrm{d}V \right)^{-1/2} \tag{2-59}$$

将上式代入式(2-58),就得到归一化的波函数 $\Psi(r,t)$.当然,$\Psi(r,t)$ 与 $\Phi(r,t)$ 描述的是同一概率波.

式(2-57)的意义可解释为粒子在整个空间出现的概率必须等于 1.归一化后,波函数模的平方 $|\Psi(r,t)|^2$ 才称为粒子分布的概率密度,$|\Psi(r,t)|^2 \mathrm{d}V$ 表示 t 时刻在空间 r 点附近 $\mathrm{d}V$ 体积内发现粒子的概率.

在量子力学中,描述微观粒子运动状态的波函数还要满足态叠加原理.其内容为:若 $\Psi_1(r,t)$,$\Psi_2(r,t)$,$\Psi_3(r,t)$,…代表体系中一系列不同的可能状态,则它们的线性组合 $\Psi(r,t) = C_1\Psi_1(r,t) + C_2\Psi_2(r,t) + C_3\Psi_3(r,t) + \cdots$ 也是该体系的一个可能状态,其中 C_1,C_2,C_3,… 为任意复常数.态叠加原理是量子力学的一个基本原理.

态叠加原理还有下面的含义,当粒子处于态 $\Psi_1(r,t)$ 和 $\Psi_2(r,t)$ 的线性叠加态 $\Psi(r,t)$ 时,粒子是既处于 $\Psi_1(r,t)$ 态,也处于 $\Psi_2(r,t)$ 态.

例如,在电子双缝衍射实验中,若用波函数 $\Psi_1(r,t)$ 和 $\Psi_2(r,t)$ 分别表示从缝 1、缝 2 通过的电子的状态,则当双缝同时开启时,一个电子同时处在 $\Psi_1(r,t)$ 态和 $\Psi_2(r,t)$ 态,双缝同时诱导电子

的状态是 $\Psi_1(\boldsymbol{r},t)$ 和 $\Psi_2(\boldsymbol{r},t)$ 的线性叠加态,即 $\Psi(\boldsymbol{r},t)=\Psi_1(\boldsymbol{r},t)+\Psi_2(\boldsymbol{r},t)$. 根据玻恩对波函数的统计诠释,屏上发现电子的概率分布为 $|\Psi(\boldsymbol{r},t)|^2$,有

$$|\Psi(\boldsymbol{r},\ t)|^2=|\Psi_1+\Psi_2|^2=|\Psi_1|^2+|\Psi_2|^2+(\Psi_1^*\Psi_2+\Psi_1\Psi_2^*)$$

$$(2-60)$$

其中,$|\Psi_1|^2$ 表示只开缝 1 时电子在屏上出现的概率密度,$|\Psi_2|^2$ 表示只开缝 2 时电子在屏上出现的概率密度. 两缝同时打开时,除了 $|\Psi_1|^2$ 和 $|\Psi_2|^2$ 外,还有干涉项 $\Psi_1^*\Psi_2+\Psi_1^*\Psi_2$,这正是产生双缝干涉图样的原因.

量子力学中态的叠加,虽然在数学上与经典波的叠加原理相同,但在物理本质上却有根本的不同. 量子态的叠加是指一个粒子的两个态的叠加,其干涉也是这两个态之间的干涉,绝不是两个粒子互相干涉. 因此不管实验是在强粒子流入射,还是弱粒子流入射,或是让粒子一个一个地入射的条件下做的,多次重复实验,所得的干涉条纹结果是相同的.

玻恩统计诠释把微观粒子的波动性和粒子性统一起来,可圆满地解释所遇到的实验现象,因此很快被大多数物理学家所接受,成为量子力学的一个基本假设. 玻恩由于进行了量子力学的基本研究,特别是给出波函数的统计诠释,于 1954 年与德国物理学家沃尔瑟·博特(W. Bothe,1891—1957)分享了诺贝尔物理学奖.

例 2-8

将波函数 $f(x)=\mathrm{e}^{-\alpha^2x^2/2}$ 归一化.

解:设归一化因子为 A,则波函数为

$$\psi(x)=A\mathrm{e}^{-\alpha^2x^2/2}$$

将其代入式(2-57)给出的归一化条件,有

$$\int_{-\infty}^{+\infty}A^2\mathrm{e}^{-\alpha^2x^2}\mathrm{d}x=1$$

积分并求解得

$$A=\left(\frac{\alpha}{\pi^{1/2}}\right)^{1/2}$$

则归一化的波函数为

$$\psi(x)=\left(\frac{\alpha}{\pi^{1/2}}\right)^{1/2}\mathrm{e}^{-\alpha^2x^2/2}$$

2.5.4 自由粒子的波函数

对自由粒子而言,由于它不受外力作用,故作匀速直线运动,其动量和能量皆恒定. 因而按德布罗意假设,与自由粒子相关联

的德布罗意波,其频率和波长也都是恒定的. 在波动学中,凡是频率和波长为确定值的波动都为平面简谐波,这是一种最简单的波动.

在经典波动学中,沿 x 轴正方向传播的角频率为 ω 及角波数为 k 的平面简谐波的波函数为

$$y(x,t)=A\cos(\omega t-kx) \tag{2-61}$$

其复数形式为

$$\tilde{y}(x,t)=A\mathrm{e}^{-\mathrm{i}(\omega t-kx)} \tag{2-62}$$

在量子力学中,若一个自由粒子以动量 p_x 和能量 E 沿 x 轴方向运动,其相应的德布罗意波可用频率 $\nu=E/h$ 或角频率 $\omega=2\pi\nu=E/\hbar$ 和波长 $\lambda=h/p_x$ 或角波数 $k=2\pi/\lambda=p_x/\hbar$ 来表示,其中,$\hbar=h/2\pi=1.054\,571\,817\times10^{-34}$ J·s $\approx1.05\times10^{-34}$ J·s,称为约化普朗克常量. 该德布罗意波的波函数可以写成类似经典的平面简谐波的复数表达形式,即式(2-62),只要把其中描述波动性的参量 ω 和 k 表示成描述粒子性的参量 p_x 和 E 就可以了,并为了区别于经典波动学,将 $\tilde{y}(x,t)$ 改为 $\Psi(x,t)$,因为对德布罗意波(物质波或概率波)来说,波函数不再是实在的物理量. 则自由粒子的波函数可以写成如下形式

$$\Psi(x,t)=A\mathrm{e}^{\frac{\mathrm{i}}{\hbar}(p_x x-Et)} \tag{2-63}$$

其中,A 代表归一化常数. 这就是沿 x 方向传播的,动量为 p_x 和能量为 E 的自由粒子的物质波波函数.

对在三维空间内任意方向上以动量 $\boldsymbol{p}=p_x\boldsymbol{i}+p_y\boldsymbol{j}+p_z\boldsymbol{k}$ 和能量 E 运动的自由粒子,其波函数为

$$\Psi(\boldsymbol{r},t)=\Psi_0\mathrm{e}^{-\frac{\mathrm{i}}{\hbar}(Et-\boldsymbol{p}\cdot\boldsymbol{r})} \tag{2-64}$$

式中,$\boldsymbol{p}\cdot\boldsymbol{r}=p_x x+p_y y+p_z z$. 在非相对论情况下,自由粒子的能量为

$$E=\frac{p_x^2+p_y^2+p_z^2}{2m} \tag{2-65}$$

式中,m 为粒子的质量. 因为自由粒子不受外力场作用,所以其动能就是总能量 E.

若粒子处在力场中受到外力作用,不是自由粒子,则粒子的物质波不再是平面简谐波,其波函数较复杂.

授课录像:自由粒子的波函数

授课录像:薛定谔猫佯谬

2.6 不确定关系

在经典力学中,质点都沿着一定的轨道运动,在轨道上任意

授课录像:电子单缝衍射
中的不确定度

授课录像:海森伯不确定
关系

授课录像:爱因斯坦光
子箱

文档:玻尔和爱因斯坦的
论战

一点都有确定的位置和动量．然而,对微观粒子来说,波动性使微观粒子没有确定的轨道,即坐标和动量不能同时取为确定值,存在一个不确定关系(uncertainty relation)．下面先以电子单缝衍射实验为例来说明.

如图 2-51 所示,一电子束垂直射向缝宽为 a 的单缝,在屏上出现单缝衍射图样．虽然不知道打在屏上的每个电子是从缝的何处通过,即不能准确地确定该电子通过单缝时的坐标 x．但可以说,电子通过单缝时在 x 方向上位置的不确定范围即不确定度为 $\Delta x = a$．另一方面,因为衍射效应,电子经过狭缝后,x 方向的动量 p_x 也不确定,用 Δp_x 代表 x 方向上的动量不确定度．由于电子绝大部分都落在中央主极大范围内,因此粗略地说,p_x 的不确定度为

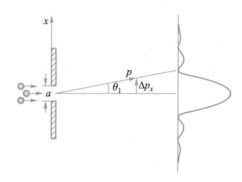

图 2-51　用电子衍射说明不确定关系

$$\Delta p_x = p\sin\theta_1 \qquad (2-66)$$

式中,θ_1 为中央主极大的半角宽度,它满足 $a\sin\theta_1 = \lambda$．由此可得

$$\Delta x \cdot \Delta p_x = ap\sin\theta_1 = p\lambda \qquad (2-67)$$

再利用德布罗意关系 $p = h/\lambda$,可得

$$\Delta x \cdot \Delta p_x = h \qquad (2-68)$$

考虑到有些电子可能落到次极大中,故实际的动量不确定度会更大些,由此可得到

$$\Delta x \cdot \Delta p_x \geq h \qquad (2-69)$$

这就是坐标 x 和相应的动量分量 p_x 的不确定度之间必须满足的基本关系,称为不确定关系．它不仅适用于电子,也适用于其他微观粒子．这个关系表明,对微观粒子的位置和动量不可能同时进行准确的测量．微观粒子在 x 方向的坐标测量越精确,即坐标的不确定度 Δx 越小,在该方向的动量的测量越不精确,即动量的不确定度 Δp_x 越大,进行电子单缝实验时,衍射现象越显著;反之亦然．因而试图对微观粒子同时确定其位置和动量是办不到的,也是没有

意义的. 也正因为如此,对于微观粒子,轨道的概念失去意义.

1927 年,德国物理学家维尔纳·海森伯(图 2-52)由量子力学给出更严格的结论,在 x 方向上,位置和动量的不确定关系更精确的结果应当是

$$\Delta x \cdot \Delta p_x \geqslant \frac{\hbar}{2} \qquad (2-70)$$

在 y 和 z 方向上,同样存在不确定关系

$$\Delta y \cdot \Delta p_y \geqslant \frac{\hbar}{2} \qquad (2-71)$$

$$\Delta z \cdot \Delta p_z \geqslant \frac{\hbar}{2} \qquad (2-72)$$

图 2-52 1932 年度诺贝尔物理学奖获得者海森伯

式(2-70)、式(2-71)和式(2-72)称为海森伯不确定关系.

在量子力学中,能量和时间之间也存在相似的不确定关系.根据相对论中的能量 E 与动量 p 的关系

$$E = (c^2 p^2 + m_0^2 c^4)^{1/2}$$

两边同时取微分,则得能量不确定量为

$$\Delta E = \frac{1}{2} (c^2 p^2 + m_0^2 c^4)^{-1/2} \cdot 2c^2 p \Delta p = \frac{c^2 p \Delta p}{E} = \frac{p \Delta p}{m} = v \Delta p$$

文档:海森伯

设粒子沿 x 方向运动,则

$$\Delta E = v \Delta p_x \qquad (2-73)$$

由粒子的位置不确定量

$$\Delta x = v \Delta t$$

得时间不确定量为

$$\Delta t = \frac{\Delta x}{v} \qquad (2-74)$$

将式(2-73)与式(2-74)相乘,

$$\Delta E \cdot \Delta t = \Delta x \cdot \Delta p_x$$

利用坐标与动量的不确定关系式(2-70),则有

$$\Delta E \cdot \Delta t \geqslant \frac{\hbar}{2} \qquad (2-75)$$

式中,ΔE 代表微观粒子处于某一状态的能量的不确定范围即不确定度,Δt 代表粒子在该能量状态停留的时间间隔.

若两个物理量的乘积与普朗克常量 h 有相同量纲,则称为共轭量,如位置和动量、能量和时间等.可以证明,凡是两个共轭量,都是满足不确定关系的.

不确定关系是物质粒子波动性所导致的.在微观问题中,常用来进行数量级的估计.设原子激发态能级的寿命 $\tau = \Delta t$,其相应的能级自然宽度 $\Gamma = \Delta E$,根据式(2-75),有

$$\tau \Gamma \geq \frac{\hbar}{2} \qquad (2-76)$$

在理论上,人们通过计算状态的平均寿命,可用此关系式来估算能级的宽度 Γ. 在实验上,根据能级宽度按此关系式又可估算状态的平均寿命 τ.

不确定关系是波粒二象性的必然反映,是微观粒子固有属性的一种表现. 必须强调的是,两个共轭量不能同时准确地测量并不是测量方法或测量仪器导致的,也不同于测量误差,因为误差是可以通过改善实验手段减小的,而不确定关系是微观粒子运动的客观规律,不论测量仪器的精度有多高,两个共轭物理量的不确定度 Δx、Δp_x 或 Δt、ΔE 不能同时无限制地减少.

有趣的是,奥地利物理学家沃尔夫冈·泡利(W. Pauli, 1900—1958)在 1926 年 10 月致海森伯的信中曾通俗地解释道, "一个人可以用 p 眼(指动量)来看世界[图 2-53(a)],也可以用 q 眼(指位置)来看世界[图 2-53(b)],但是当他睁开双眼时,他就会头昏眼花了[图 2-53(c)]. (One may view the world with the p-eye, and one may view it with the q-eye, but if one opens both eyes simultaneously then one gets crazy.)"

不确定关系还指明了宏观物理学与微观物理学的分界线. 在某个具体问题中,若约化普朗克常量 $\hbar$ 是个微不足道的量时,可视为 $\hbar = 0$,意味着坐标、动量可同时准确测量,这时经典力学适用. 如 $\hbar$ 不可忽略时,必须用不确定关系,微观粒子必须考虑波粒二象性,必须采用量子力学方法. 由于对量子理论的贡献,海森伯于 1932 年获得诺贝尔物理学奖. 据说海森伯给自己弄了个墓志铭:"He lies somewhere here". 直译就是:他在这里,且在别处.

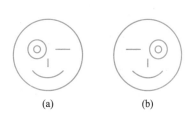
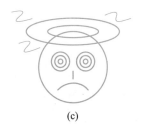

(a)　　　　(b)

(c)

图 2-53　泡利对不确定关系的通俗解释

授课录像:例 2-9 与例 2-10

例 2-9

设子弹的质量为 0.01 kg,枪口的直径为 0.5 cm,求子弹速度的不确定度.

解:设子弹沿着枪身从枪口射出的方向为 y 轴,x 轴则垂直于该方向,即横向. 枪口的直径可以看作子弹射出枪口时的横向位置不确定度 $\Delta x = 0.5$ cm,由不确定关系式 (2-70) 可得横向速度的不确定度为

$$\Delta v_x \geq \frac{\hbar}{2m\Delta x} = \frac{1.05 \times 10^{-34}}{2 \times 10^{-2} \times 0.5 \times 10^{-2}} \text{ m} \cdot \text{s}^{-1}$$
$$= 1.05 \times 10^{-30} \text{ m} \cdot \text{s}^{-1}$$

这也是子弹横向速度的最大值,它远远小于子弹射出枪口时的几百米每秒的速度. 这里,约化普朗克常量 $\hbar$ 是一个极小的量,其数量级大约是 10^{-34}. 因此不确定关系对于用像子弹这样的宏观物体进行射击瞄准没有任何实际的影响. 子弹的运动几乎不显现波粒二象性. 对于宏观物体,轨道的概念是有意义的.

例 2-10

原子的线度按 10^{-10} m、其中电子的动能 E_k 按 10 eV 估算,求原子中电子运动速度的不确定度.

解:原子的线度就是原子中电子的位置不确定度,即 $\Delta x = 10^{-10}$ m. 由不确定关系

$$\Delta x \cdot \Delta p_x \geqslant \frac{\hbar}{2}$$

电子速度的不确定度为

$$\Delta v \geqslant \frac{\hbar}{2m_e \Delta x} = \frac{1.05 \times 10^{-34}}{2 \times 9.11 \times 10^{-31} \times 10^{-10}} \text{ m} \cdot \text{s}^{-1}$$
$$= 0.6 \times 10^6 \text{ m} \cdot \text{s}^{-1}$$

按照经典力学计算,电子的速度为

$$v = \sqrt{\frac{2E_k}{m_e}} = \sqrt{\frac{2 \times 10 \times 1.6 \times 10^{-19}}{9.11 \times 10^{-31}}} \text{ m} \cdot \text{s}^{-1}$$
$$= 2 \times 10^6 \text{ m} \cdot \text{s}^{-1}$$

可以看出,由于速度的不确定度 Δv 和速度 v 本身有相同的数量级,所以可以认为电子的速度完全不确定,因此谈其速度是没有意义的,并且下一时刻粒子的位置也就完全不能确定. 因而对于原子内的电子运动,轨道的概念已失去意义.

在有些问题中,位置和动量中有一个的不确定度较大,另一个就可以认为能够精确地确定. 例如,用云雾室观察粒子就利用了这一点. 电子进入云雾室后,所经过的地方形成一串小液滴显示电子的轨道,轨道宽度约为 10^{-5} m,可认为位置不确定度就为 $\Delta x = 10^{-5}$ m,则

授课录像:例 2-11 与例 2-12

$$\Delta v_x \geqslant \frac{\hbar}{2m_e \Delta x} = \frac{1.05 \times 10^{-34}}{2 \times 9.11 \times 10^{-31} \times 10^{-5}} \text{m} \cdot \text{s}^{-1} = 5.8 \text{ m} \cdot \text{s}^{-1}$$

而电子速度可接近光速,Δv_x 可忽略不计,因此可认为其速度能精确确定.

例 2-11

一光子沿 x 方向传播,波长为 500 nm. 已知此波长的不确定度为 $\Delta \lambda = 5 \times 10^{-8}$ nm,求该光子 x 方向坐标的不确定度.

解:光子也应满足不确定关系,对 $p_x = h/\lambda$ 两边求微分,则有

$$\Delta p_x = \frac{h}{\lambda^2} \cdot \Delta \lambda \qquad (2\text{-}77)$$

由 $\Delta \lambda$ 可以求出 Δp_x. 做估算时,如果没有明确要求,可以利用不确定关系式(2-69)或式(2-70)来估算,也可以利用 $\Delta x \Delta p_x \geqslant h/2$

来估算,还可以利用 $\Delta x \Delta p_x \geqslant \hbar$ 来估算. 这里,利用最后一个关系来估算,则

$$\Delta x \geqslant \frac{\hbar}{\Delta p_x} = \frac{\hbar}{\frac{h}{\lambda^2}\Delta \lambda} = \frac{\lambda^2}{2\pi \Delta \lambda} = \frac{(500 \times 10^{-9})^2}{2 \times 3.14 \times 5 \times 10^{-8} \times 10^{-9}} \text{ m}$$
$$= 800 \text{ m}$$

x 方向是波列的传播方向, Δx 可代表沿传播方向波列的延伸范围, 可看作这一波列的长度. 根据原子在一次能级跃迁过程中发射一个光子的粒子性观点或者说发出一个波列的波动性观点来看, 就可理解光子的位置不确定度 Δx 也就是波列的长度这一结论.

由这个例子可知, 光的波长准确性越高, 也就是单色性越好, 光子位置的准确性就越差, 当波长极为准确时, 光子坐标就非常不确定了. 这时, 光的波动性突出, 粒子性则不显著.

图 2-54 给出了不同波列长度的三个波列在某一时刻的波形图, 可以看到这三个波列在 x 方向的坐标的不确定度 Δx 是十分不同的. 波列 (a) 处于一个非常不确定的坐标范围 x_1 至 x_1' 内; 波列 (b) 坐标的不确定范围 x_2 至 x_2' 较小, 而波列 (c) 有相当确定的坐标值, 即处在 x_3 附近的一个小区间里. 但是, 这三个波列波长的不确定性却完全相反, 波列 (a) 是一个较长的波列, 它包含了较多的完整波形, 在相当大的范围内, 每一个波规则地占据一定的空间间隔, 即有比较确定的波长. 也就是说, 波列越长, 包含的完整波形就越多, 波长则越为确定. 波列 (b) 只含有几个完整波形, 波长与波列 (a) 相比就不大确定了, 但它的坐标比波列 (a) 更为确定. 波列 (c) 具有非常确定的位置和非常不确定的波长, 这也说明了坐标不确定度、波长不确定度的制约关系. 本例题中波列的长度约为 800 m, 波长为 5×10^{-7} m, 此波列包含了约 10^9 个完整波形, 因此其波长的确定程度是非常高的, $\Delta\lambda/\lambda$ 达 10^{-10} 量级. 可以认为, 波长完全确定的波是一个无穷长的正弦波列, 这时候, 波长的不确定度 $\Delta\lambda = 0$, 动量的不确定度也为零, 但波列长度即坐标则扩展至无限远处, $\Delta x \to \infty$, 完全不确定了.

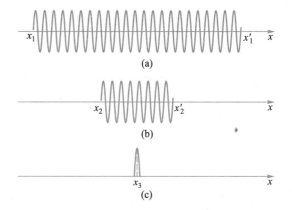

图 2-54   不同波列长度的三个波列

以上的讨论说明, 通过德布罗意关系, 可将动量的不确定度

Δp_x 转化为波长的不确定度 $\Delta\lambda$,并可将坐标与动量之间的不确定关系转化为坐标与波长的制约关系. 对于一个经典波列则根本不存在坐标与动量的不确定关系,因为动量只是与粒子运动相联系的量,由此可知,坐标与动量的不确定关系是微观粒子波粒二象性的反映.

例 2-12

求固有频率为 ν 或固有角频率为 ω 的线性谐振子的最小可能能量,即零点能.

解:线性谐振子沿直线在平衡位置附近振动,坐标 x 和动量 p 都有一定的限制,因此可以用坐标与动量的不确定关系来计算其最小能量.

质量为 m、沿 x 方向运动的线性谐振子的能量可以表示为

$$E = \frac{p_x^2}{2m} + \frac{1}{2}m\omega^2 x^2$$

由于振子在平衡位置附近振动,所以可以取 $\Delta x \approx x, \Delta p \approx p_x$,并代入上式,则

$$E = \frac{(\Delta p_x)^2}{2m} + \frac{1}{2}m\omega^2 (\Delta x)^2$$

根据坐标与动量的不确定关系式(2-70)

$$E \geq \frac{\hbar^2}{8m(\Delta x)^2} + \frac{1}{2}m\omega^2 (\Delta x)^2$$

计算线性谐振子的最小可能能量时,上式取等号,可得

$$E = \frac{\hbar^2}{8m(\Delta x)^2} + \frac{1}{2}m\omega^2 (\Delta x)^2 \quad ①$$

令

$$\frac{dE}{d(\Delta x)} = -\frac{\hbar^2}{4m(\Delta x)^3} + m\omega^2 (\Delta x) = 0$$

即

$$(\Delta x)^2 = \frac{\hbar}{2m\omega} \quad ②$$

将式②代入式①,可得线性谐振子的最小可能能量为

$$E_{min} = \frac{1}{2}\hbar\omega = \frac{1}{2}h\nu \quad (2-78)$$

本章提要

1. 黑体辐射

普朗克黑体辐射公式:

$$M_\lambda(T) = \frac{2\pi hc^2}{\lambda^5} \frac{1}{e^{\frac{hc}{\lambda kT}} - 1}$$

普朗克能量子假设:简谐振子的能量是量子化的,在发射辐射或吸收辐射时,能量只能是以 $h\nu$ 成整数倍跳跃式地变化. 式中,

$h\nu$ 称为能量子；$h = 6.626\,070\,15 \times 10^{-34}$ J·s $\approx 6.626 \times 10^{-34}$ J·s，称为普朗克常量.

2. 光电效应

光电效应：光照射到金属表面，使电子从金属表面中逸出的现象.

爱因斯坦光量子假说：在真空中，频率为 ν（波长为 λ）的一束光是一束以速度 c 传播的粒子流，这种粒子称为光量子（后改称光子），光量子具有整体性；光子具有能量 $\varepsilon = h\nu$ 和动量 $p = mc = h/\lambda$.

爱因斯坦光电效应方程：

$$\frac{1}{2}m_e v_m^2 = h\nu - A$$

光电效应的截止电压 U_a：

$$\frac{1}{2}m_e v_m^2 = eU_a$$

光电效应的截止频率 ν_0：

$$\nu_0 = \frac{A}{h}$$

光电效应中电子一次性吸收光子，作用过程遵守能量守恒定律.

3. 康普顿效应

康普顿效应：X 射线等被物质散射发生波长变长的现象. 这是由于光子与散射物中的自由电子或束缚较弱的外层电子发生弹性碰撞，作用过程遵守能量守恒定律和动量守恒定律.

波长改变量 $\Delta\lambda$ 与散射角 φ 的关系：

$$\Delta\lambda = \lambda - \lambda_0 = \lambda_C(1 - \cos\varphi)$$

式中，$\lambda_C = \dfrac{h}{m_e c} = 2.426\,310\,236\,7(11) \times 10^{-3}$ nm $\approx 2.43 \times 10^{-3}$ nm，称为电子的康普顿波长.

4. 氢原子光谱

广义巴耳末公式（或称为里德伯公式）：

$$\sigma = R_\infty\left(\frac{1}{m^2} - \frac{1}{n^2}\right) \quad (m = 1, 2, 3, \cdots; n = m+1, m+2, m+3, \cdots)$$

其中，σ 称为波数；$R_\infty = 1.097\,373\,156\,816\,0(21) \times 10^7$ m^{-1} $\approx 1.097 \times 10^7$ m^{-1}，称为里德伯常量.

氢原子从高能级分别跃迁到 $m = 1, 2, 3, 4, 5$ 的低能级时，发出的光谱线所在的谱线系分别称为莱曼系（紫外线）、巴耳末系（可见光）、帕邢系（红外线）、布拉开系（远红外线）和普丰德系（远红外线）.

玻尔频率条件:

$$h\nu = \left| E_f - E_i \right|$$

式中,E_i 和 E_f 分别是初末两个定态的能量值.

氢原子的能量:

$$E_n = -\frac{m_e e^4}{2(4\pi\varepsilon_0)^2 \hbar^2} \cdot \frac{1}{n^2} \approx \frac{-13.6}{n^2} \text{ eV} \quad (n = 1, 2, 3, \cdots)$$

激发能:从基态跃迁到激发态时,所需的能量.

5. 粒子的波动性

德布罗意假设:实物粒子也具有波动性. 与实物粒子相联系的波称为德布罗意波或物质波. 与质量为 m,速度为 v 的实物粒子相联系的德布罗意波的频率 ν 和波长 λ 分别为

$$\nu = \frac{E}{h} = \frac{mc^2}{h}$$

$$\lambda = \frac{h}{p} = \frac{h}{mv}$$

6. 玻恩的统计诠释

德布罗意波是概率波.

波函数 $\Psi(r, t)$:描述微观粒子运动状态的数学表达式.

波函数统计诠释:微观粒子的波函数 $\Psi(r, t)$ 本身没有直接的物理意义,而其模的平方 $\left| \Psi(r, t) \right|^2 = \Psi^*(r, t) \Psi(r, t)$ 代表 t 时刻在空间坐标 r 附近粒子出现的(相对)概率密度.

波函数的归一化条件:

$$\int_{-\infty}^{\infty} \left| \Psi(r, t) \right|^2 \mathrm{d}V = 1$$

波函数的标准条件:单值、有限和连续.

态叠加原理:若 $\Psi_1(r, t), \Psi_2(r, t), \Psi_3(r, t), \cdots$ 代表体系中一系列不同的可能状态,则它们的线性组合 $\Psi(r, t) = C_1\Psi_1(r, t) + C_2\Psi_2(r, t) + C_3\Psi_3(r, t) + \cdots$ 也是该体系的一个可能状态,其中 $C_1, C_2, C_3, \cdots$ 为任意复常数.

7. 不确定关系

若两个物理量的乘积与普朗克常量 h 有相同量纲,则称为共轭量. 凡是共轭量都满足不确定关系.

位置和动量的不确定关系:

$$\Delta x \cdot \Delta p_x \geqslant \frac{\hbar}{2}, \quad \Delta y \cdot \Delta p_y \geqslant \frac{\hbar}{2}, \quad \Delta z \cdot \Delta p_z \geqslant \frac{\hbar}{2}$$

能量和时间的不确定关系:

$$\Delta E \cdot \Delta t \geqslant \frac{\hbar}{2}$$

思考题

2-1 一个白炽灯泡与一个调光开关相连接．当灯泡满功率工作时，呈现白色，但是把它调暗时，它看起来越来越红，为什么？

2-2 制作黑白胶片的暗室用红色灯泡的灰暗灯光不会损坏胶片．为什么要用红色灯泡而不是白色或者蓝色或者其他什么颜色？

2-3 人眼在低光照水平时视网膜的光响应依赖于入射光激发视杆细胞中的光敏分子．这些分子在激发时会改变形状，从而导致细胞能够向大脑触发神经脉冲的其他变化．为什么即使在低光照水平下这些变化也会发生？爱因斯坦光量子模型此时比波动模型具有怎样的优势？

2-4 有人说："光的强度越大，光子的能量就越大．"对吗？

2-5 在光电效应实验中，如果入射光的频率不变而强度增大一倍，或强度不变而频率增大一倍，各对实验结果有什么影响？

2-6 在日常生活中，为什么察觉不到粒子的波动性？

2-7 什么是康普顿效应？可见光能否用于观察康普顿效应？为什么？

2-8 在康普顿散射和光电效应中，电子都是从入射光子获得能量，这两个过程有什么本质区别？

2-9 怎样理解微观粒子的波粒二象性？

2-10 为什么波函数要归一化？波函数所满足的标准条件是什么？为什么波函数要满足这些标准条件？

习题

2-1 钨的逸出功是 4.54 eV，钡的逸出功是 2.50 eV，分别计算钨和钡的截止频率．哪一种金属可以用作可见光范围内的光电管阴极材料？

2-2 钠的逸出功是 2.29 eV，其截止频率和相应的波长是多少？今用波长为 500 nm 的光照射钠表面，求截止电压和光电子的最大初速度．若入射光的强度是 $2.0 \text{ W} \cdot \text{m}^{-2}$，则平均每秒有多少光子撞击单位面积的金属表面？

2-3 在某次光电实验中，测得入射光的波长 λ 和某金属的截止电压 U_a 的数据如下：

λ/nm	253.6	283.0	303.9	330.2	366.3	435.8
U_a/V	2.60	2.11	1.81	1.47	1.10	0.57

（1）在坐标纸上作出 U_a-ν 图线；（2）利用图线求出该金属的光电效应红限频率和红限波长；（3）利用图线求出普朗克常量．

2-4 如图所示，真空中一系统，M 为金属板，其红限波长为 $\lambda_m = 260 \text{ nm}$，场强大小为 $E = 5 \times 10^3 \text{ V} \cdot \text{m}^{-1}$ 的均匀电场与磁感应强度大小为 $B = 0.005 \text{ T}$ 的均匀磁场相互垂直．若用单色紫外线照射该金属板 M，发现有光电子放出，其中最大速度的光电子可以匀速直线地穿过相互垂直的均匀电场和均匀磁场区域．求：（1）光电子的最大速度 v_m；（2）单色紫外线的波长 λ．

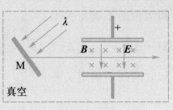

习题 2-4 图

2-5 试求波长为下列数值的光子的能量、动量及质量.(1)波长为 1 500 nm 的红外线;(2)波长为 500 nm 的可见光;(3)波长为 20 nm 的紫外线;(4)波长为 0.15 nm 的 X 射线.

2-6 一束 X 射线光子的波长为 6×10^{-3} nm,与一个电子发生正碰,其散射角为 180°.问:(1)X 射线光子波长的变化?(2)被碰电子的反冲动能是多少?

2-7 在康普顿散射实验中,设入射在石蜡上的 X 射线的波长为 0.070 8 nm,则在 π/2 和 π 方向上所散射的 X 射线波长和反冲电子的动能各是多少?

2-8 波长为 $\lambda_0 = 0.01$ nm 的 X 射线射在碳上,从而产生康普顿效应.在与入射方向成 90°角的方向观察时,求:(1)散射波长;(2)反冲电子的动能与动量.

* 2-9 1959 年,庞德(R. V. Pound)和瑞布卡(Q. A. Rebka)在哈佛塔做了著名的"引力紫移"实验.他们把发射 14.4 keV 的 γ 光子的 ^{57}Co 放射源放在塔顶,在塔底测量它射来的 γ 光子的频率 ν',发现比在塔顶的频率 ν 高了.已知塔高 22.6 m,利用光子在重力场中的能量守恒关系计算 $\Delta\nu/\nu$.

2-10 氢原子光谱的巴耳末线系中,有一光谱线的波长为 434 nm.(1)与这一谱线相应的光子能量为多少 eV?(2)该谱线是由能级 E_n 跃迁到能级 E_k 产生的,n 和 k 各为多少?(3)最高能级为 E_5 的大量氢原子,最多可以发射几个线系?共几条谱线?在氢原子能级图中表示出来,并说明波长最短的是哪一条谱线?

2-11 氢原子的基态电离能为 13.6 eV,当氢原子处于第一激发态时电离能是多少?具有该能量的光子的波长属于光谱带的哪一部分?

2-12 当氢原子从某初始状态跃迁到激发能(从基态到激发态所需的能量)为 $\Delta E = 10.19$ eV 的状态时,发射出光子的波长为 λ = 486 nm,试求该初始状态的能量和主量子数.

2-13 假定氢原子原是静止的,则氢原子从 n = 3 的激发状态直接通过辐射跃迁到基态时的反冲速度约是多大?

2-14 当电子的德布罗意波长等于其康普顿波长时,求:(1)电子动量;(2)电子速率与光速的比值.

2-15 设一质子和一电子具有相同的德布罗意波长 1.00 nm.(1)它们的动量分别是多少?(2)它们的相对论性总能量分别是多少?

2-16 若电子和光子的波长均为 0.20 nm,则它们的动量和动能各为多少?

2-17 当电子的动能等于其静止能量时,其德布罗意波长是多少?

2-18 在磁感应强度大小为 B = 0.025 T 的均匀磁场中,α 粒子沿半径为 R = 0.83 cm 的圆形轨道上运动.(1)求其德布罗意波长(α 粒子的质量 $m_\alpha = 6.64 \times 10^{-27}$ kg);(2)若使质量 m = 0.1 g 的小球以与 α 粒子相同的速率运动,则其波长为多少?

2-19 已知一自由电子的波函数为 $\psi(x) = A\cos(5.0 \times 10^{10} x)$,式中 x 的单位为 m.求:(1)自由电子的德布罗意波长;(2)自由电子的动量;(3)自由电子的动能.

2-20 铀核的线度为 7.2×10^{-15} m,求其中一个核子(质子或中子)的速度的不确定度.

2-21 波长为 300 nm 的光子,其波长的测量精度为 10^{-5} m,测量其位置的绝对误差不能小于多少?

2-22 处于激发态的原子很不稳定,它会很快返回低能态而放出光子,一般的平均寿命为 $\tau = 10^{-8}$ s.试根据不确定关系估算光谱线频率的宽度.

2-23 中性 π 介子(π^0)是很不稳定的,它的平均寿命只有 8.4×10^{-17} s.求 π^0 介子的质量的不确定度.

2-24　作为"不确定关系"实验的一部分,小明正在用球杆击打一个高尔夫球并测量它的速度. 同时,他的同学小白把时空结构搞乱了. 令小白惊奇的是,他打开了一个通往另一个世界的孔洞. 小明和高尔夫球都被吸进这个孔洞,进入了另一个世界. 在这个新世界中,普朗克常量为 $h = 0.6$ J·s,小明测得这个高尔夫球的质量为 0.30 kg,速度为 (20.0 ± 1.0) m·s^{-1}. (1)在这个新世界中,这个运动的高尔夫球的位置的不确定度是多少? (2)这个高尔夫球的德布罗意波长是多少? (3)小明会观察到什么现象?

第3章 薛定谔方程及其应用

玻恩的统计观点解释了微观粒子波动性和粒子性之间的关系,但是并没有说明波函数 $\Psi(r,t)$ 是如何随时间变化的,我们还需要知道微观粒子的运动遵循什么样的规律.

1925 年冬,在瑞士联邦工业大学的一次物理讨论会上,年轻的薛定谔(图 3-1)介绍了德布罗意的物质波理论. 在薛定谔讲完后,荷兰物理化学家彼得·德拜(P. Debey,1884—1966,1936 年度诺贝尔化学奖获得者)评论说:"认真地讨论波动,必须有波动方程."几个星期后,薛定谔又作了一次报告. 开头他就兴奋地说:"你们要的波动方程,我找到了!"这个方程,就是著名的薛定谔方程(Schrödinger equation). 1926 年 1—6 月,他在德国《物理学年鉴》上一连发表了四篇论文,总题目是《作为本征值问题的量子化(Quantization as an eigenvalue problem)》,提出了用波动方程描述微观粒子运动规律的理论,奠定量子力学的基础.

量子力学是研究微观体系(如电子、原子、分子等)运动规律以及相关现象的基本理论,它以普朗克常量 h 为表征,以波粒二象性为基本图像,而其状态的描述竟是借助于看不见摸不着的概率幅. 量子力学从诞生至今,不断取得辉煌成就,并且处在不断地丰富和发展中.

本章介绍薛定谔方程的建立思路、基本解法与处理微观物理问题的方法. 特别是量子力学中一些特殊现象和问题的处理方法,包括:一维无穷深方势阱、一维势垒、简谐振子和氢原子等问题. 学习这些问题的解的物理意义,熟悉其实际的应用.

薛定谔方程

授课录像:导学

图 3-1　1933 年度诺贝尔物理学奖获得者薛定谔

 文档:薛定谔

3.1 薛定谔方程

在经典力学中,牛顿定律给出了物体运动状态随时间的变化规律.由于经典力学根本没有涉及波粒二象性,所以微观粒子运动所遵循的规律,也就是波函数 $\Psi(r,t)$ 随时间和空间变化的规律,肯定不能由牛顿定律来描述.波函数 $\Psi(r,t)$ 所满足的方程必须根据实验现象重新建立.

3.1.1 自由粒子的薛定谔方程

薛定谔首先找到的是自由粒子的波函数所满足的方程,下面介绍其建立的思路.

由式(2-63)可知,以动量 p_x 和能量 E 沿 x 轴方向运动的自由粒子的波函数具有如下形式:

$$\Psi(x,t) = A\mathrm{e}^{\frac{\mathrm{i}}{\hbar}(p_x x - Et)}$$

将上式两边对时间求偏导,并乘以 $\mathrm{i}\hbar$,得

$$\mathrm{i}\hbar \frac{\partial}{\partial t}\Psi(x,t) = \mathrm{i}\hbar \frac{\partial}{\partial t}\left[A\mathrm{e}^{\frac{\mathrm{i}}{\hbar}(p_x x - Et)}\right] = E\Psi(x,t) \qquad (3-1)$$

将 $\Psi(x,t)$ 对坐标 x 求两次偏导,并乘以 $(-\hbar^2)$,得

$$-\hbar^2 \frac{\partial^2 \Psi(x,t)}{\partial x^2} = -\hbar^2 \frac{\partial^2}{\partial x^2}\left[A\mathrm{e}^{\frac{\mathrm{i}}{\hbar}(p_x x - Et)}\right] = p_x^2 \Psi(x,t) \qquad (3-2)$$

自由粒子的动能就是它的总能量 E.在非相对论的情况下,有能量与动量的关系

$$E = \frac{p_x^2}{2m} \qquad (3-3)$$

式中,m 为自由粒子的质量.由式(3-1)、式(3-2)和式(3-3)容易看出,波函数 $\Psi(x,t)$ 满足如下方程:

$$\mathrm{i}\hbar \frac{\partial}{\partial t}\Psi(x,t) = -\frac{\hbar^2}{2m}\frac{\partial^2}{\partial x^2}\Psi(x,t) \qquad (3-4)$$

这就是一维运动的自由粒子的薛定谔方程.

实际上,若在自由粒子的能量与动量的关系式(3-3)中,在形式上进行如下替换:

$$E \rightarrow \mathrm{i}\hbar \frac{\partial}{\partial t} \qquad (3-5)$$

$$p_x \rightarrow -\mathrm{i}\hbar \frac{\partial}{\partial x} \qquad (3-6)$$

即

$$p_x^2 \rightarrow -\hbar^2 \frac{\partial^2}{\partial x^2} \tag{3-7}$$

则得到算符对应关系

$$i\hbar \frac{\partial}{\partial t} \leftrightarrow -\frac{\hbar^2}{2m} \frac{\partial^2}{\partial x^2} \tag{3-8}$$

再将上式两边的算符分别作用于波函数 $\Psi(x,t)$ 上,并令左右两边相等,就可得到一维运动的自由粒子的薛定谔方程,即式(3-4).

在量子力学中,把对波函数进行某种运算或作用的符号称为算符(operator),在代表力学量的文字上加上"⌃"号就表示这个力学量的算符. 如与动量 p_x、p_y、p_z 相应的动量算符 $\hat{p}_x$、$\hat{p}_y$、$\hat{p}_z$ 可定义为

算符

$$\hat{p}_x = -i\hbar \frac{\partial}{\partial x} \tag{3-9}$$

$$\hat{p}_y = -i\hbar \frac{\partial}{\partial y} \tag{3-10}$$

$$\hat{p}_z = -i\hbar \frac{\partial}{\partial z} \tag{3-11}$$

此外,与坐标 x 相应的坐标算符 $\hat{x}$ 定义为

$$\hat{x} = x \tag{3-12}$$

3.1.2 一般情况下的薛定谔方程

若粒子在一维势场 $U(x,t)$ 中运动,系统的总能量就是动能与势能之和,它可表示为

$$E = \frac{p_x^2}{2m} + U(x,t) \tag{3-13}$$

利用替换式(3-5)、式(3-6)或式(3-7)及式(3-12)得算符对应关系为

$$i\hbar \frac{\partial}{\partial t} \leftrightarrow -\frac{\hbar^2}{2m} \frac{\partial^2}{\partial x^2} + U(x,t) \tag{3-14}$$

将上式两边的算符分别作用于波函数 $\Psi(x,t)$ 上,并令左右两边相等,得薛定谔方程为

$$i\hbar \frac{\partial}{\partial t} \Psi(x,t) = \left[-\frac{\hbar^2}{2m} \frac{\partial^2}{\partial x^2} + U(x,t) \right] \Psi(x,t) \tag{3-15}$$

同理可知,若粒子在三维势场 $U(x,y,z;t)$ 中运动时,波函数 $\Psi(x,y,z;t)$ 所满足的薛定谔方程为

授课录像:一般情况下的薛定谔方程

$$i\hbar \frac{\partial}{\partial t} \Psi(x,y,z;t) = \left[-\frac{\hbar^2}{2m}\left(\frac{\partial^2}{\partial x^2}+\frac{\partial^2}{\partial y^2}+\frac{\partial^2}{\partial z^2}\right) + U(x,y,z;t)\right]\Psi(x,y,z;t)$$

$$(3-16)$$

式中，$\dfrac{\partial^2}{\partial x^2}+\dfrac{\partial^2}{\partial y^2}+\dfrac{\partial^2}{\partial z^2}=\nabla^2$，称为拉普拉斯（Laplace）算符，则三维势场中运动粒子的薛定谔方程为

$$i\hbar \frac{\partial}{\partial t}\Psi(x,y,z;t) = \left[-\frac{\hbar^2}{2m}\nabla^2 + U(x,y,z;t)\right]\Psi(x,y,z;t)$$

$$(3-17)$$

引入哈密顿算符，亦即能量算符

$$\widehat{H} = -\frac{\hbar^2}{2m}\nabla^2 + U(x,y,z;t) \qquad (3-18)$$

可将一般情况下的薛定谔方程式（3-16）改写为

$$i\hbar \frac{\partial}{\partial t}\Psi(x,y,z;t) = \widehat{H}\Psi(x,y,z;t) \qquad (3-19)$$

这就是在奥地利维也纳大学名人长廊中的薛定谔半身像上的公式，如图 3-2 所示．

图 3-2　奥地利维也纳大学名人长廊中的薛定谔半身像

由式（3-19）可见，薛定谔方程是线性齐次微分方程，这就保证了"态叠加原理"的成立．具体而言，若 $\Psi_1(x,y,z;t)$ 和 $\Psi_2(x,y,z;t)$ 是薛定谔方程的解，它们分别描述粒子的两个可能的运动状态，则它们的线性叠加 $C_1\Psi_1(x,y,z;t)+C_2\Psi_2(x,y,z;t)$ 也是薛定谔方程的解，也描述粒子的一个可能的运动状态．

经典粒子的运动状态用坐标和动量来描述，而其他力学量均是坐标和动量的函数．因此，经典波动方程是关于时间的二阶偏微分方程，即

$$\frac{1}{u^2}\frac{\partial^2 \xi(x,y,z;t)}{\partial t^2} = \nabla^2 \xi(x,y,z;t)$$

要想得到该方程的解 $\xi(x,y,z;t)$，则需要已知两个初始条件：$\xi(x,y,z;0)$ 和 $\left.\dfrac{\partial \xi(x,y,z;t)}{\partial t}\right|_{t=0}$．与此不同，薛定谔方程是关于时间的一阶偏微分方程，因而只需要一个初始条件 $\Psi(x,y,z;0)$ 便足以确定其解 $\Psi(x,y,z;t)$，且用它描述任意时刻微观粒子的运动状态．同时，对时间为一阶的偏微分方程，如果要有波动形式的解，就必须在方程中有虚数因子 i，从而方程的解 $\Psi(x,y,z;t)$ 必须为复数形式．

薛定谔方程是薛定谔首先根据已知的自由粒子的波函数建立起来的，不是推导出来的；但将这个方程应用于分子、原子等微观体系所得的大量结果都与实验相符合，说明它是量子力学的基

本方程．由于薛定谔方程揭示了微观粒子运动的基本规律,它在量子力学中的地位就相当于经典力学中牛顿运动方程的地位．它是量子力学中处理一切非相对论问题的有力工具,在原子、分子、固体物理、核物理、化学等领域中已被广泛应用．例如,在当今材料科学领域中,电子体系的薛定谔方程决定着材料的电导率、金属的热导率、超导电性、能带结构、磁学性能等.

另外,薛定谔方程仅适用于速度不太大的非相对论粒子,1928年,英国物理学家保罗·狄拉克建立了相对论性量子力学方程,称为狄拉克方程．薛定谔和狄拉克分享了 1933 年诺贝尔物理学奖.

3.1.3 定态薛定谔方程

下面讨论薛定谔方程的求解问题．为简单起见,以一维为例．若粒子在势场中的势能 $U(x)$ 只是坐标的函数,与时间无关,即不含时间 t,则薛定谔方程即式(3-15)可以用分离变量法求解,而且它的一个特解可以表示成一个空间坐标 x 的函数 $\psi(x)$ 和一个关于 t 的时间函数 $f(t)$ 的乘积,即

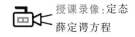

授课录像:定态薛定谔方程

$$\Psi(x,t) = \psi(x)f(t) \tag{3-20}$$

将此特解代入式(3-15),可得

$$i\hbar\psi(x)\frac{\mathrm{d}f(t)}{\mathrm{d}t} = \left[-\frac{\hbar^2}{2m}\frac{\mathrm{d}^2}{\mathrm{d}x^2} + U(x)\right]\psi(x)f(t) \tag{3-21}$$

然后将上式两边同时除以 $\psi(x)f(t)$,得

$$i\hbar\frac{1}{f(t)}\frac{\mathrm{d}f(t)}{\mathrm{d}t} = \frac{1}{\psi(x)}\left[-\frac{\hbar^2}{2m}\frac{\mathrm{d}^2}{\mathrm{d}x^2} + U(x)\right]\psi(x) \tag{3-22}$$

式中,左边只与时间 t 有关,而右边只与空间坐标 x 有关．由于时间 t 与空间坐标 x 是相互独立的变量,所以只有当两边都等于同一个常量时,式(3-22)才成立．否则当单独改变 t 或 x 时,式(3-22)一边变化而另一边不变,等号就不可能成立．若以 E 表示该常量,则将偏微分方程式(3-22)变成了如下两个常微分方程

$$i\hbar\frac{\mathrm{d}f(t)}{f(t)} = E\mathrm{d}t \tag{3-23}$$

$$\left[-\frac{\hbar^2}{2m}\frac{\mathrm{d}^2}{\mathrm{d}x^2} + U(x)\right]\psi(x) = E\psi(x) \tag{3-24}$$

第一个常微分方程即式(3-23)的解为

$$f(t) = A\mathrm{e}^{-\frac{\mathrm{i}}{\hbar}Et} \tag{3-25}$$

式中,A 为待定的复常数．由于指数部分只能是量纲为 1 的量,所以 E 必定具有能量的量纲,即以能量的单位 J 为单位．与自由

粒子的波函数表达式(2-63)类比,可知 E 就代表粒子的能量.

将式(3-25)代入式(3-20)得到薛定谔方程的特解

$$\Psi(x,t)=\psi(x)\mathrm{e}^{-\frac{\mathrm{i}}{\hbar}Et} \qquad (3-26)$$

式中,把复常数 A 归到了空间坐标 x 的函数 $\psi(x)$ 中;$\psi(x)$ 即是式(3-24)的特解,称为定态波函数;它所满足的方程即式(3-24)称为一维定态薛定谔方程(steady-state Schrödinger equation),此方程也可以表示成为

一维定态薛定谔方程

$$\frac{\mathrm{d}^2\psi(x)}{\mathrm{d}x^2}+\frac{2m}{\hbar^2}[E-U(x)]\psi(x)=0 \qquad (3-27)$$

因为在式(3-24)或式(3-27)中含有势能函数 $U(x)$,所以其求解与具体系统有关,并且要顾及波函数的标准条件.

式(3-26)所表示的波函数的特征是:它对时间的依赖关系具有完全确定的形式 $\mathrm{e}^{-\frac{\mathrm{i}}{\hbar}Et}$. 因此,对势能函数 U 与时间 t 无关的一维定态问题,只需解一维定态薛定谔方程即式(3-24)或式(3-27),求出定态波函数 $\psi(x)$;再利用式(3-26)即可得到波函数 $\Psi(x,t)$. 又由于因子 $\mathrm{e}^{-\frac{\mathrm{i}}{\hbar}Et}$ 的模的平方,即 $|\mathrm{e}^{-\frac{\mathrm{i}}{\hbar}Et}|^2$,等于 1,因此有 $|\Psi(x,t)|^2=|\psi(x)|^2$,即在定态下微观粒子的概率分布不随时间改变,这正是定态这一名称的由来.

将上述一维定态情况推广到三维定态问题,可得薛定谔方程的特解为

$$\Psi(x,y,z;t)=\psi(x,y,z)\mathrm{e}^{-\frac{\mathrm{i}}{\hbar}Et} \qquad (3-28)$$

三维直角坐标系的定态薛定谔方程为

$$\left[-\frac{\hbar^2}{2m}\left(\frac{\partial^2}{\partial x^2}+\frac{\partial^2}{\partial y^2}+\frac{\partial^2}{\partial z^2}\right)+U(x,y,z)\right]\psi(x,y,z)=E\psi(x,y,z)$$

$$(3-29)$$

式(3-28)和式(3-29)中的分离变量常量 E 就是粒子的总能量.

如果一个算符作用到波函数上等于一个量值乘以这个波函数,则这个波函数称为该算符的本征函数,这个量值称为该算符的本征值,这个方程称为该算符的本征方程. 解这个方程,就可得到与这个算符相应的本征函数和本征值. 因此,定态薛定谔方程即式(3-24)和式(3-29)也称为哈密顿算符的本征方程,或称为能量算符的本征方程.

若粒子处在束缚状态,系统的能量只能取一些特定值. 为了讨论方便,假设它取分立值 $E_n(n=1,2,3,\cdots)$,相应的定态波函数 $\Psi_n(x,y,z;t)$ 才是物理上可接受的,即满足波函数的标准条件,并可表示为

$$\Psi_n(x,y,z;t)=\psi_n(x,y,z)\mathrm{e}^{-\frac{\mathrm{i}}{\hbar}E_nt} \quad (n=1,2,3,\cdots) \qquad (3-30)$$

E_n 就是这个系统在各定态时所能具有的能量,定态也是指能量不随时间变化而具有确定值的状态. 而薛定谔方程的通解可写成由一系列定态解叠加的形式

$$\Psi(x,y,z;t) = \sum_n C_n \Psi_n(x,y,z;t) = \sum_n C_n \psi_n(x,y,z) e^{-\frac{i}{\hbar}E_n t}$$

$$(3-31)$$

式中, C_n 称为展开系数.

　　在量子力学中,很多实际问题最终归结为求解薛定谔方程. 只要知道粒子的质量 m 和它在势场中势能函数 U 的形式便可列薛定谔方程. 然后根据初始条件、边界条件进行求解,即可得到波函数 Ψ. 波函数 Ψ 本身没有实际的物理意义,而 $|\Psi|^2$ 给出粒子在任意时刻在任一位置出现的概率密度.

　　下面介绍一些实际例子. 主要是应用薛定谔方程较完整地求解一维无限深方势阱的能量本征值问题,然后再简单介绍一维方势垒、简谐振子和氢原子的主要结果. 这些例子不仅可以使我们了解定态薛定谔方程求解的一般步骤,也有助于加深对能量量子化和薛定谔方程意义的理解.

3.2 一维方势阱中的粒子

3.2.1 一维无限深方势阱中的粒子

　　无限深方势阱是一种简单的理论模型. 金属中的自由电子的运动,就可以粗略地利用这一模型来描述,以解释金属的物理性质. 由于金属材料表面的自由电子,需要克服逸出功才能逸出金属表面. 因此对于电子来说,在金属外的势能要比在金属内高. 作为一个理想模型,可以认为电子是处于以金属表面为边界的无限深方势阱中.

授课录像:一维无限深方势阱中的粒子

　　如图 3-3 所示,一维无限深方势阱的势能表达式为

$$U(x) = \begin{cases} 0 & (0 < x < a) \\ \infty & (x \leqslant 0, x \geqslant a) \end{cases} \qquad (3-32)$$

在 $x \leqslant 0$ 和 $x \geqslant a$ 区域,势能 $U(x) \to \infty$. 物理上势能为无穷大的含义是,具有有限能量的粒子不能出现在该区域. 因此

$$\psi(x) = 0 \quad (x \leqslant 0, x \geqslant a) \qquad (3-33)$$

在 $0 < x < a$ 区域,即势阱内,势能 $U(x) = 0$,说明粒子不受力而自由

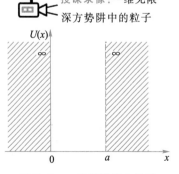

图 3-3　一维无限深方势阱

运动. 此时一维定态薛定谔方程即式(3-27)可写成

$$\frac{\mathrm{d}^2\psi(x)}{\mathrm{d}x^2}+\frac{2mE}{\hbar^2}\psi(x)=0 \tag{3-34}$$

式中, m 为粒子的质量, E 是粒子的总能量. 令

$$k=\frac{\sqrt{2mE}}{\hbar} \tag{3-35}$$

则将式(3-34)写为

$$\frac{\mathrm{d}^2\psi(x)}{\mathrm{d}x^2}+k^2\psi(x)=0 \tag{3-36}$$

上式是一个二阶常系数微分方程,其通解可以写成

$$\psi(x)=A\sin kx+B\cos kx \tag{3-37}$$

式中, A 和 B 为待定常数,它们可由波函数必须满足的单值、连续、有限的标准条件和归一化条件来确定.

根据波函数的连续性条件,在阱壁 $x=0$ 处,要求 $\psi(0)=0$. 式(3-37)中只有 $B=0$ 才能使 $\psi(0)=0$,因此在式(3-37)中只含有第一项,即

$$\psi(x)=A\sin kx \tag{3-38}$$

在阱壁 $x=a$ 处,也根据波函数的连续性条件,应有 $\psi(a)=0$,即要求 $\sin ka=0$. 由此得

$$k=\frac{n\pi}{a} \quad (n=1,2,3,\cdots) \tag{3-39}$$

将式(3-39)代入式(3-38)得相应的波函数为

$$\psi_n(x)=A\sin\frac{n\pi}{a}x \quad (0<x<a) \tag{3-40}$$

由归一化条件

$$\int_{-\infty}^{\infty}\left|\psi(x)\right|^2\mathrm{d}x=\int_0^a\left|\psi_n(x)\right|^2\mathrm{d}x=1$$

将式(3-40)代入上式,容易求得归一化常数 A 为

$$A=\sqrt{\frac{2}{a}} \tag{3-41}$$

将式(3-41)代入式(3-40),得出粒子被束缚在一维无限深方势阱中运动时的归一化的定态波函数为

$$\psi_n(x)=\begin{cases}\sqrt{\dfrac{2}{a}}\sin\dfrac{n\pi}{a}x & (n=1,2,3,\cdots) \quad (0<x<a) \\ 0 & (x\leqslant 0,x\geqslant a)\end{cases}$$

$$\tag{3-42}$$

再将式(3-39)代入式(3-35),得一维无限深方势阱中粒子的能量为

$$E_n = \frac{k^2 \hbar^2}{2m} = \frac{n^2 \pi^2 \hbar^2}{2ma^2} \quad (n = 1, 2, 3, \cdots) \tag{3-43}$$

式中, n 只能取整数, 称为量子数.

通常把在无限远处为零的波函数所描述的状态称为束缚态. 式(3-43)表明, 当粒子被束缚在无限深方势阱中, 粒子的能量不能连续取值, 只能取一系列分立值, 称为能级. 每一个 n 值, 对应于一个能级. 这一结果与经典粒子完全不同. 在经典力学中, 粒子的能量可连续取值; 而量子力学的结果是, 粒子的能量是量子化的. 且在求解薛定谔方程得到定态波函数 $\psi(x)$ 的同时, 自然而然地确定了能量的允许取值, 而不需要像量子论初期那样, 以人为假设的方式引入. 这样的问题在数学中称为本征值问题, E_n 称为能量本征值, $\psi_n(x)$ 称为与能量本征值 E_n 对应的定态本征波函数. 由本例的求解过程还可以看到, 波函数的标准条件在确定波函数和能级的过程中所起的作用.

当 $n = 1$ 时, 粒子处于最低能量状态, 称为基态. 基态能量为

$$E_1 = \frac{\pi^2 \hbar^2}{2ma^2} \tag{3-44}$$

即它不等于零, 称为零点能, 表明在阱中的粒子永远不能静止. 对经典物理来说这是不可理解的, 而按量子理论, 这正是不确定关系的要求, 是粒子波动性的反映. 事实上, 若将势阱宽度 a 看作粒子位置的不确定范围 Δx, 由不确定关系可知, 动量不可能取为确定值. 因此粒子不可能完全静止下来.

当 n 取不等于 1 的其他值时的能量状态称为激发态, 其能量 E_n 是基态能量 E_1 的 n^2 倍, 即

$$E_n = n^2 E_1 \tag{3-45}$$

由上式可看出, 相邻两个能级之差即能级间隔为

$$\Delta E = E_{n+1} - E_n = (2n+1) E_1 = (2n+1) \frac{\pi^2 \hbar^2}{2ma^2} \tag{3-46}$$

以及有

$$\frac{\Delta E}{E_n} = \frac{2n+1}{n^2} \tag{3-47}$$

虽然 ΔE 随 n 的增加而越来越大, 但是 $\Delta E / E_n$ 随 n 的增加而越来越小; 当 $n \to \infty$ 时, 能量变为连续的. 另外, 由式(3-46)可以看出, 当粒子质量 m 和阱宽 a 越大, ΔE 越小; 对于宏观尺度的物体质量 m 和阱宽 a 来说, 能量可看作连续变化的, 这和经典物理相对应. 因此, 能量子化只是微观世界的特征.

图 3-4 给出在一维无限深方势阱中, 对应于粒子前四个能级 E_1、E_2、E_3 和 E_4 的定态波函数 ψ_1、ψ_2、ψ_3 和 ψ_4 以及相应的概

率密度 $|\psi_1|^2$、$|\psi_2|^2$、$|\psi_3|^2$ 和 $|\psi_4|^2$. 由图 3-4 或由式(3-42)可见,每一个能量本征态 ψ_n 都对应德布罗意波的一个特定波长的驻波. 在有限的空间内,微观粒子的波在势阱边缘来回反射并叠加,以驻波的形式稳定地存在着. 例如,当粒子处于 $n=1$ 的能级时,波函数为

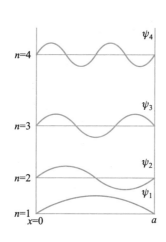 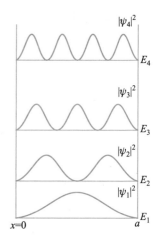

图 3-4 一维无限深方势阱中粒子的能级和波函数

$$\psi_1(x) = \sqrt{\frac{2}{a}} \sin \frac{\pi}{a} x$$

其形状就是节点在阱边缘$(x=0,a)$处的包含半个德布罗意波长的驻波. 容易求得处于基态的粒子动量大小为

$$p_1 = \sqrt{2mE_1} = \frac{\pi \hbar}{a} = \frac{h}{2a} \tag{3-48}$$

由德布罗意关系 $p=h/\lambda$,可得基态时 $a=\lambda/2$. 因此一维无限深方势阱中的粒子的定态物质波相当于两端固定的弦中的驻波. 一般状态下,波长 λ_n 满足

$$a = n\frac{\lambda_n}{2} \quad (n=1,2,3,\cdots) \tag{3-49}$$

即势阱宽度 a 必须等于德布罗意波的半波长的整数倍.

根据波函数的物理意义,$|\psi|^2$ 为粒子在各处出现的概率密度,它的数学表示为

$$|\psi_n(x)|^2 = \begin{cases} \dfrac{2}{a}\sin^2 \dfrac{n\pi}{a}x & (n=1,2,3,\cdots) \quad (0<x<a) \\ 0 & (x\leqslant 0, x\geqslant a) \end{cases} \tag{3-50}$$

由图 3-4 可见,粒子在势阱中的概率分布 $|\psi|^2$ 是不均匀的,随 x 改变,与 n 有关,而且有若干概率为零的节点. 这一点与经典力学很不相同. 按照经典力学,粒子在势阱内的运动是不受限制

授课录像:例 3-1

授课录像:例 3-2

的,粒子在阱内各处出现的概率就应当是相等的.

例 3-1

做一维运动的粒子被束缚在 $0<x<a$ 的范围内,已知其波函数为 $\psi(x)=A\sin\dfrac{\pi x}{a}$. 求:
(1)常数A;(2)粒子在 0 到 $a/2$ 区域内出现的概率;(3)粒子出现的概率最大的位置.

解:(1) 由归一化条件

$$\int_{-\infty}^{\infty}|\psi|^2\mathrm{d}x = A^2\int_0^a\sin^2\frac{\pi x}{a}\mathrm{d}x = 1$$

解得常数

$$A = \sqrt{\frac{2}{a}}$$

(2) 粒子的概率密度为

$$|\psi|^2 = \frac{2}{a}\sin^2\frac{\pi x}{a}$$

粒子在 0 到 $a/2$ 区域内出现的概率为

$$P = \int_0^{a/2}|\psi|^2\mathrm{d}x = \frac{2}{a}\int_0^{a/2}\sin^2\frac{\pi x}{a}\mathrm{d}x = \frac{1}{2}$$

(3) 概率最大的位置应满足

$$\frac{\mathrm{d}}{\mathrm{d}x}|\psi|^2 = \frac{4\pi}{a^2}\sin\frac{\pi x}{a}\cos\frac{\pi x}{a} = 0$$

即当 $\cos\dfrac{\pi x}{a} = 0$ 时,粒子出现的概率最大.

因为 $0<x<a$,故得 $x=a/2$,此处粒子出现的概率最大.

例 3-2

束缚在一维无限深方势阱中的粒子的定态物质波相当于两端固定的弦中的驻波,因而势阱宽度 a 必须等于德布罗意波的半波长的整数倍.(1)试由此求出质量为 m 的粒子能量的本征值为 $E_n=\dfrac{\pi^2\hbar^2}{2ma^2}n^2$,式中,$n=1,2,3,\cdots$一系列正整数值.(2)微观粒子在势阱中运动的现象是较为常见的,例如,在核(线度 1.0×10^{-14} m)内的质子和中子可以看成处于无限深的势阱中而不能逸出,它们在核中的运动是自由的.按一维无限深方势阱估算,质子从第一激发态到基态转变时,放出的能量是多少 MeV?

解:(1) 对于束缚在一维无限深方势阱中的粒子,势阱宽度 a 与德布罗意波长 λ 的关系应为

$$a = n\lambda_n/2 \quad (n=1,2,3,\cdots)$$

因此,在势阱中粒子的德布罗意波长的可能取值为

$$\lambda_n = 2a/n$$

粒子的动量大小与粒子的德布罗意波长有关,为

$$p_n = h/\lambda_n = hn/(2a) = \pi\hbar n/a$$

自由粒子的能量就是动能,为

$$E_n = \frac{p_n^2}{2m} = \frac{\pi^2\hbar^2}{2ma^2}n^2 \quad (n=1,2,3,\cdots)$$

(2) 质子的基态($n=1$)的能量为

$$E_1 = \frac{\pi^2\hbar^2}{2m_p a^2} = \frac{3.14^2\times(1.05\times10^{-34})^2}{2\times1.67\times10^{-27}\times(1.0\times10^{-14})^2}\mathrm{J}$$

$$= 3.3\times10^{-13}\ \mathrm{J}$$

说明对于原子核中的质子,也存在非零最小能量. 也就是说,一个受到束缚的粒子动能不会为零,束缚在越小的势阱中的粒子具有越大的基态能量.

质子第一激发态($n=2$)的能量为

$$E_2 = 4E_1 = 4 \times 3.3 \times 10^{-13} \text{ J} = 13.2 \times 10^{-13} \text{ J}$$

从第一激发态转变到基态所放出的能量为

$$E_2 - E_1 = (13.2 \times 10^{-13} - 3.3 \times 10^{-13}) \text{ J}$$
$$= 9.9 \times 10^{-13} \text{ J} = 6.2 \text{ MeV}$$

实验中观察到的核的两定态之间的能量差一般就是 MeV 数量级,上述估算和此事实大致相符.

3.2.2 一维有限深方势阱中的粒子

授课录像:一维有限深方势阱

实际上,金属中的自由电子是可能逸出金属表面的. 因为它实际上遇到的是一个高度有限的势,如图 3-5 所示. 势能函数为

$$U(x) = \begin{cases} 0 & (x<0) \\ U_0 & (x>0) \end{cases} \tag{3-51}$$

经典力学认为,能量小于 U_0 的粒子,只能在 $x<0$ 的势阱内运动,不可进入其能量小于 U_0 的 $x>0$ 的区域,否则其动能将为负值.

按照量子力学的理论,因为势能 $U(x)$ 与时间无关,所以这是定态问题,可以用一维定态薛定谔方程式(3-27)求解.

在 $x<0$ 势阱内,定态薛定谔方程为

$$\frac{\mathrm{d}^2 \psi_1(x)}{\mathrm{d}x^2} + \frac{2m}{\hbar^2} E \psi_1(x) = 0 \tag{3-52}$$

令 $k_1^2 = \dfrac{2m}{\hbar^2} E$,则式(3-52)的特解为

$$\psi_1(x) = A\mathrm{e}^{ik_1 x} + B\mathrm{e}^{-ik_1 x} \tag{3-53}$$

式中,A 和 B 为待定常数. 由式(3-26)可得,在 $x<0$ 势阱内一维自由运动微观粒子的波函数为

$$\Psi_1(x) = \psi_1(x)\mathrm{e}^{-i\frac{E}{\hbar}t} = A\mathrm{e}^{-i\left(\frac{E}{\hbar}t - k_1 x\right)} + B\mathrm{e}^{-i\left(\frac{E}{\hbar}t + k_1 x\right)} \tag{3-54}$$

上式中的第一项表示沿 x 轴正方向传播的平面单色波,它对 $x=0$ 处的分界面而言,可视为入射波;第二项表示沿 x 轴负方向传播的平面单色波,它对 $x=0$ 处的分界面而言,可视为反射波. 入射波与反射波叠加,形成驻波.

在 $x>0$ 的势阱外,定态薛定谔方程为

$$\frac{\mathrm{d}^2 \psi_2(x)}{\mathrm{d}x^2} + \frac{2m}{\hbar^2}(E - U_0)\psi_2(x) = 0 \tag{3-55}$$

令 $k_2^2 = \dfrac{2m}{\hbar^2}(U_0 - E)$,则式(3-55)的特解为

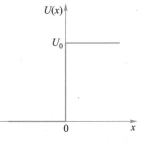

图 3-5 一维有限深方势阱

$$\psi_2(x) = Ce^{-k_2x} + De^{k_2x} \qquad (3-56)$$

式中，C 和 D 为待定常数. 波函数"有限"的条件要求 $D=0$，否则当 $x \to \infty$ 时，波函数 ψ_2 为无穷大而失去意义. 因此，$\psi_2(x)$ 具有如下衰减解

$$\psi_2(x) = Ce^{-k_2x} \qquad (3-57)$$

但仍有一定的值. 这说明，粒子仍有可能在 $x>0$，即势阱外出现. 因此金属中的自由电子总会有一定的概率逸出金属表面.

3.2.3 一维方势垒　势垒贯穿

所谓一维方势垒，是指如图 3-6 所示的势能函数

$$U(x) = \begin{cases} 0 & (x<0, x>a) \\ U_0 & (0 \leqslant x \leqslant a) \end{cases} \qquad (3-58)$$

式中，U_0 大于零，代表势垒的高度，a 为势垒的宽度.

设有一个质量为 m 的入射粒子以能量 E 从左侧沿 x 轴射向势垒，并假设粒子与势垒相互作用过程中粒子的能量没有损失. 下面仅讨论 $E<U_0$ 的情况.

按照经典力学，由于粒子的总能量 E 小于势垒高度 U_0，因此经典粒子在 $E<U_0$ 的情况下，会完全被反射回去，因而无法进入势垒内部，更不能穿过势垒到达它的另一侧.

按照量子力学，微观粒子的运动规律满足薛定谔方程，对式 (3-58) 所示的势能函数 $U(x)$ 与时间无关的定态问题，有如下定态薛定谔方程

$$\begin{cases} \dfrac{\mathrm{d}^2\psi_1(x)}{\mathrm{d}x^2} + \dfrac{2m}{\hbar^2}E\psi_1(x) = 0 & (x<0) \\[3mm] \dfrac{\mathrm{d}^2\psi_2(x)}{\mathrm{d}x^2} + \dfrac{2m}{\hbar^2}(E-U_0)\psi_2(x) = 0 & (0 \leqslant x \leqslant a) \\[3mm] \dfrac{\mathrm{d}^2\psi_3(x)}{\mathrm{d}x^2} + \dfrac{2m}{\hbar^2}E\psi_3(x) = 0 & (x>a) \end{cases} \qquad (3-59)$$

令 $k = \dfrac{2m}{\hbar^2}E$ 和 $k' = \dfrac{2m}{\hbar^2}(U_0-E)$，则将式 (3-59) 写为

$$\begin{cases} \dfrac{\mathrm{d}^2\psi_1(x)}{\mathrm{d}x^2} + k^2\psi_1(x) = 0 & (x<0) \\[3mm] \dfrac{\mathrm{d}^2\psi_2(x)}{\mathrm{d}x^2} - k'^2\psi_2(x) = 0 & (0 \leqslant x \leqslant a) \\[3mm] \dfrac{\mathrm{d}^2\psi_3(x)}{\mathrm{d}x^2} + k^2\psi_3(x) = 0 & (x>a) \end{cases} \qquad (3-60)$$

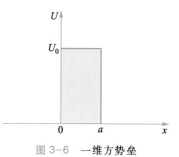

图 3-6　一维方势垒

虽然 $x<0$ 区域的薛定谔方程形式与 $x>a$ 区域相同,但在 $x<0$ 区域有入射波和反射波;而在 $x>a$ 区域只有透射波,即沿 x 正方向传播的平面单色波,且粒子在 $x=0$ 处附近出现的概率要大于在 $x=a$ 处附近出现的概率. 则式(3-60)的通解为

$$\begin{cases} \psi_1(x) = A_1 \mathrm{e}^{\mathrm{i}kx} + B_1 \mathrm{e}^{-\mathrm{i}kx} & (x<0) \\ \psi_2(x) = A_2 \mathrm{e}^{-k'x} & (0 \leqslant x \leqslant a) \\ \psi_3(x) = A_3 \mathrm{e}^{\mathrm{i}kx} & (x>a) \end{cases} \quad (3-61)$$

式中,A_1、B_1、A_2 和 A_3 为待定常数. 它们可用波函数在 $x=0$ 和 $x=a$ 处应平滑连接,亦即 $\psi(x)$ 以及其一阶导数 $\dfrac{\mathrm{d}\psi}{\mathrm{d}x}$ 在 $x=0$ 和 $x=a$ 处连续的如下边界条件确定:

$$\begin{cases} \psi_1(0) = \psi_2(0) \\ \psi_2(a) = \psi_3(a) \\ \dfrac{\mathrm{d}\psi_1(x)}{\mathrm{d}x}\bigg|_{x=0} = \dfrac{\mathrm{d}\psi_2(x)}{\mathrm{d}x}\bigg|_{x=0} \\ \dfrac{\mathrm{d}\psi_2(x)}{\mathrm{d}x}\bigg|_{x=a} = \dfrac{\mathrm{d}\psi_3(x)}{\mathrm{d}x}\bigg|_{x=a} \end{cases} \quad (3-62)$$

求解出的波函数如图 3-7 所示.

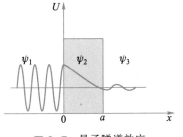

量子力学的结果表明,由于微观粒子具有波动性,当微观粒子入射过程中遇到 $U_0>E$ 的有限高的势垒时,一部分波被反射回去,另一部分波进入势垒内部,粒子有一定的概率穿过势垒进入 $x>a$ 区域. 这种处在势垒前($x<0$ 区域)的微观粒子有一定的概率穿透势垒的现象称为势垒贯穿或隧道效应. 隧道效应来源于微观粒子的波粒二象性,它的存在已被大量实验证实. 例如,α 粒子从放射性核中放出就是一种隧道效应,黑洞的量子蒸发也是隧道效应的结果.

图 3-7 量子隧道效应

 文档:扫描隧穿显微镜

把透射波的概率密度与入射波的概率密度之比定义为粒子穿透势垒的概率 T,即

$$T = \frac{|\psi_3(a)|^2}{|\psi_1(0)|^2} \quad (3-63)$$

利用式(3-62)所示边界条件,则

$$T = \frac{|\psi_2(a)|^2}{|\psi_2(0)|^2} = \frac{A_2^2 \mathrm{e}^{-2k'a}}{A_2^2 \mathrm{e}^{-2k'0}} = \mathrm{e}^{-2k'a} = \mathrm{e}^{-\frac{2a}{\hbar}\sqrt{2m(U_0-E)}} \quad (3-64)$$

T 也称为穿透系数.

由式(3-64)可以看出,只要势垒不是无限高或无限宽,穿透系数就不会等于零,就会发生隧道效应. 从式(3-64)还可以看出,当势垒宽度 a 增加时,穿透系数 T 将按指数规律迅速减

小,因此在宏观领域几乎观察不到隧道效应. 例如,当势垒宽度 a 在 50 nm 以上,$U_0 - E = 5$ eV 时,穿透系数会小于 10^{-6},此时,隧道效应实际上已经没有意义了.

定态薛定谔方程的求解包括两类问题. 一类如无限深方势阱,属求解本征值问题,或称为束缚态问题. 此时在无限远处 $\psi = 0$,粒子被束缚于有限的空间范围内,能量是量子化的. 另一类问题如隧道效应,计算粒子穿透势垒的概率,属散射问题. 此时粒子可从无限远处射来,一直可运动到无限远处. 与此对应的是,总能量可事先给定,且可连续取值.

3.3　简谐振子

简谐振子是物理学中很重要的模型之一,很多实际问题都可以按简谐振子来近似处理. 例如,固体中处于晶格上原子的微振动,就可以用简谐运动近似;原子核内振动的质子和中子等,也可以用简谐振子模型来描述它.

授课录像:简谐振子

设有一个质量为 m 的粒子在做一维简谐运动,取坐标原点为平衡位置,则其势能函数为

$$U(x) = \frac{1}{2}kx^2 = \frac{1}{2}m\omega^2 x^2 \qquad (3-65)$$

式中,k 为弹性系数,$\omega = \sqrt{k/m}$ 为固有角频率. 将式(3-65)代入一维定态薛定谔方程式(3-27)中,有

$$\frac{\mathrm{d}^2\psi(x)}{\mathrm{d}x^2} + \frac{2m}{\hbar^2}\left(E - \frac{1}{2}m\omega^2 x^2\right)\psi(x) = 0 \qquad (3-66)$$

式(3-66)是一维变系数常微分方程,它的求解要用到较多的数学工具,这里不做详细介绍,直接给出其主要结论. 在 $x \to \pm\infty$ 时,有 $U(x) = kx^2/2 \to \infty$,则要求波函数满足束缚态条件,即要求 $\psi(x \to \pm\infty) \to 0$. 为了使波函数满足单值、连续、有限的标准条件,简谐振子的能量只能取一系列特定值,即它的能量是量子化的,能级公式为

$$E_n = \left(n + \frac{1}{2}\right)\hbar\omega \quad (n = 0,1,2,\cdots) \qquad (3-67)$$

式中,n 为零和一系列的正整数值,称为量子数. 由于

$$E_{n+1} - E_n = \hbar\omega \qquad (3-68)$$

所以简谐振子的能级是等间隔的,这与普朗克黑体辐射理论结果相同. 然而简谐振子的能量量子化的概念是普朗克为了解释黑

体辐射规律作为假设提出来的,而在这里,它是量子力学求解薛定谔方程后的必然结果.

由能级公式(3-67)可见,当 $n=0$ 时,简谐振子处于最低能量 $E_0=\hbar\omega/2$ 的状态,称为基态. $E_0=\hbar\omega/2$ 称为零点能. 零点能的存在与经典简谐振子截然不同,这意味着微观的简谐振子永远不能静止不动,这是其波粒二象性的表现,也可以用不确定关系加以说明.

授课录像:例 3-3

授课录像:例 3-4

简谐振子问题也可以看作粒子在一维抛物线形势阱中的运动. 图 3-8 给出简谐振子的势能曲线、能级以及概率密度分布曲线. 经典力学认为,因粒子在 $x=0$ 的平衡位置附近速度最大,因而出现的概率最小;且粒子不可能出现在 $E<U$ 的区域. 但是与此不同,量子力学结果是,简谐振子的概率密度呈波动状. 例如,当简谐振子处于 $n=0$ 的基态时,在 $x=0$ 处附近粒子出现的概率最大,且在 $E<U$ 的区域也有出现的概率.

图 3-8 简谐振子的势能曲线、能级以及概率密度分布曲线

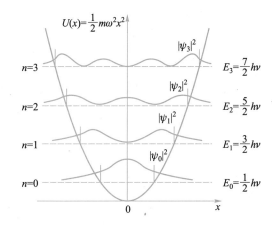

 文档:玻尔的对应原理

例 3-3

对简谐振子,其基态的定态波函数为 $\psi_0=A\mathrm{e}^{-ax^2}$,其中 A、a 为常数. 将此式代入一维定态薛定谔方程,试根据所得出的式子在 x 为任何值时均成立的条件得出简谐振子的零点能为 $E_0=h\nu/2$;其中,ν 为简谐振子的固有频率.

解:已知粒子的定态波函数 ψ 满足的一维定态薛定谔方程为

$$-\frac{\hbar^2}{2m}\frac{\mathrm{d}^2\psi}{\mathrm{d}x^2}+U(x)\psi=E\psi$$

式中,m、E 分别是粒子的质量和能量,$U(x)$ 是势能函数,对于一维谐振子

$$U(x)=\frac{1}{2}m\omega^2x^2$$

式中,ω 为固有角频率. 对本题有

$$\frac{\mathrm{d}^2\psi}{\mathrm{d}x^2}+\frac{2m}{\hbar^2}\left(E-\frac{1}{2}m\omega^2x^2\right)\psi=0$$

将 $\psi_0 = Ae^{-ax^2}$ 代入,整理后可得

$$\left(4a^2 - \frac{m^2}{\hbar^2}\omega^2\right)x^2 = 2\left(a - \frac{m}{\hbar^2}E_0\right)$$

由于此式在 x 为任何值时均成立,应有等式左边 x^2 项的系数为零,而等式右边也应为零.由此得

$$4a^2 - \frac{m^2}{\hbar^2}\omega^2 = 0, \quad a - \frac{m}{\hbar^2}E_0 = 0$$

由前式求出 a,代入后式即可得

$$E_0 = \frac{\hbar\omega}{2} = \frac{h\nu}{2}$$

例 3-4

弹簧振子质量为 $m = 1$ g,弹性系数为 $k = 0.1$ N·m^{-1},振幅为 $A = 1$ mm,求能级间隔,并估算该能量所对应的量子数 n.

解:弹簧振子的固有角频率为

$$\omega = \sqrt{\frac{k}{m}} = \sqrt{\frac{0.1}{10^{-3}}} \text{ rad·s}^{-1} = 10 \text{ rad·s}^{-1}$$

能级间隔为

$$\Delta E = \hbar\omega = 1.05 \times 10^{-34} \times 10 \text{ J} = 1.05 \times 10^{-33} \text{ J}$$

而弹簧振子的总能量为

$$E = \frac{1}{2}kA^2 = \frac{1}{2} \times 0.1 \times (10^{-3})^2 \text{ J} = 5 \times 10^{-8} \text{ J}$$

由式(3-67)得量子数

$$n = \frac{E}{\hbar\omega} - \frac{1}{2} = \frac{5 \times 10^{-8}}{1.05 \times 10^{-34} \times 10} - \frac{1}{2} = 4.7 \times 10^{25}$$

可见,宏观简谐振子处于非常高的能级,相邻能级间隔小得完全可以忽略,因此它的能量是连续变化的.这时,经典图样和量子图样趋于一致.因此,经典物理可以看作量子物理中量子数 n 趋于无穷大时的极限情况.

3.4 原子中的电子

3.4.1 氢原子

薛定谔方程提出后,首先被用于求解氢原子,合理地解决了实验观测到的有关氢原子的线状光谱等问题,这是在量子力学创立初期最令人信服的成就.

在氢原子中,电子在原子核的库仑场中运动,原子体系的势能函数为

$$U(r) = -\frac{e^2}{4\pi\varepsilon_0 r} \tag{3-69}$$

授课录像:氢原子的薛定谔方程　量子数

授课录像:氢原子
电子的概率分布

式中, r 为电子到质子的距离. 由于势能函数 $U(r)$ 具有球对称性, 所以利用三维定态薛定谔方程在如图 3-9 所示的球坐标系下的形式比较方便, 具体为

$$-\frac{\hbar^2}{2m_e}\left[\frac{\partial^2\psi}{\partial r^2}+\frac{2}{r}\frac{\partial\psi}{\partial r}+\frac{1}{r^2\sin\theta}\frac{\partial}{\partial\theta}\left(\sin\theta\frac{\partial\psi}{\partial\theta}\right)\right]-$$

$$\frac{\hbar^2}{2m_e}\left(\frac{1}{r^2\sin^2\theta}\frac{\partial^2\psi}{\partial\varphi^2}\right)-\frac{e^2}{4\pi\varepsilon_0 r}\psi=E\psi \qquad (3-70)$$

式中, m_e 为电子的静质量. 上式可以采用分离变量法求解, 把待求的定态波函数 $\psi(r,\theta,\varphi)$ 写成 $R(r)$ 与 $Y(\theta,\varphi)$ 的乘积, 即

$$\psi(r,\theta,\varphi)=R(r)Y(\theta,\varphi) \qquad (3-71)$$

式中, $R(r)$ 是定态波函数 $\psi(r,\theta,\varphi)$ 中只含有径向坐标 r 的部分, 称为径向波函数; $Y(\theta,\varphi)$ 是角度部分的函数, 称为角向波函数.

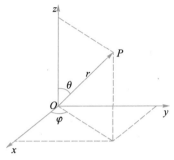

图 3-9 球坐标系变量与直角坐标系之间的坐标变换

由于求解过程非常复杂, 下面直接给出求解所得的一些重要结论, 并进行物理意义的讨论.

(1) 能量量子化

由于质子的质量比电子的质量大很多, 氢原子中可近似地认为质子是静止不动的, 因此电子的能量就代表整个氢原子的能量. 在满足波函数单值、有限、连续的标准条件下, 在求解薛定谔方程的过程中, 会自然而然地得出电子(或说是整个原子)的能量只能是

$$E_n=-\frac{1}{2}\frac{e^2}{(4\pi\varepsilon_0)a_0}\frac{1}{n^2}=-\frac{m_e e^4}{2(4\pi\varepsilon_0)^2\hbar^2}\frac{1}{n^2} \quad (n=1,2,3,\cdots)$$

$$(3-72)$$

其中, $a_0=\dfrac{4\pi\varepsilon_0\hbar^2}{m_e e^2}=5.291\,772\,109\,03(80)\times10^{-11}$ m $\approx0.052\,9$ nm, 称为玻尔半径; n 只能取一系列正整数, 称为主量子数. 式 (3-72) 与 1913 年的玻尔理论中的氢原子能级公式 (2-43) 完全一致, 但玻尔的结论依赖人为的假设.

玻尔半径 **主量子数**

(2) 角动量量子化

对氢原子求解薛定谔方程还可得到电子绕核运动的角动量是量子化的结论. 以 L 表示电子运动的角动量, 其大小用下式表示

$$L=\sqrt{l(l+1)}\,\hbar \quad (l=0,1,2,\cdots,n-1) \qquad (3-73)$$

轨道量子数 **角量子数**

式中, n 为主量子数, l 称为轨道量子数或角量子数. 对于一定的主量子数 n, 角量子数 l 共有 n 个可能的取值. l 取不同的值, 则电子的角动量 L 就有不同的值, 表明电子绕核运动的状态不同,

也表现出波函数不同,即在空间各处电子的概率分布不同. 注意,角量子数 l 可以从 0 开始取值,即电子的角动量 L 可以等于零,这在经典力学中是无法理解的,也与玻尔的半经典的旧量子论的结果不同.

通常用 s、p、d、f 等字母分别表示 $l=0$、1、2、3 等量子态. 例如,对 $n=4$, $l=0$、1、2、3 的电子就分别用 4s、4p、4d、4f 表示.

(3)角动量的空间取向量子化

量子力学还指出,电子的角动量 L 在空间的取向不能连续地改变,而只能取一些特定的方向. 若取外磁场方向为 z 轴正方向,则角动量 L 在外磁场方向的投影只能取以下离散的值

$$L_z = m_l \hbar \quad (m_l = 0, \pm 1, \pm 2, \cdots, \pm l) \tag{3-74}$$

式中, m_l 称为**轨道磁量子数**. 对于一定的角量子数 l,轨道磁量子数 m_l 可取 $(2l+1)$ 个值,这表明角动量 L 在空间的取向只能有 $(2l+1)$ 种可能,这个结论称为角动量的空间取向量子化. 它是薛定谔方程的自然结果,而不是像德国物理学家阿诺德·索末菲(Arnold Johannes Wilhelm Sommerfeld, 1868—1951)在 1915 年所作的人为规定.

轨道磁量子数

轨道磁量子数 m_l 的可能值要受到角量子数 l 的限制,并且 l 越大, m_l 的可能值越多. 例如,当 $l=1$ 时, m_l 的值可以为 0、± 1,共有三个值,这表示角动量 L 在空间有三种可能取向. 当 $l=2$ 时, $m_l=0$、± 1、± 2,共有五个值,即角动量 L 在空间有五种可能取向,如图 3-10 所示. 这时角动量 L 的大小为 $\sqrt{6}\hbar$,而角动量 L 在外磁场方向的投影值 L_z 可能为 $-2\hbar$,$-\hbar$,0,$\hbar$,$2\hbar$. 注意,角动量 L 的大小为 $L = \sqrt{l(l+1)}\,\hbar$,而其在 z 轴上的最大分量是 $l\hbar$,它不等于 L.

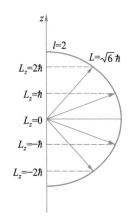

图 3-10 角动量的空间取向量子化的矢量模型

角动量的空间取向量子化能令人满意地解释许多物理现象,如正常塞曼效应. 1896 年,荷兰实验物理学家彼得·塞曼(P. Zeeman, 1865—1943,1902 年诺贝尔物理学奖获得者)发现了在外磁场中谱线分裂的现象. 在外磁场中,对于 $l=1$ 的能级,共有三个量子态,于是从能级 $l=1$ 的三个量子态分别跃迁到 $l=0$ 的能级时,就产生三条谱线,这种现象属于正常塞曼效应. 此实验也证实了,对一定的 l 值, L 有 $(2l+1)$ 种取向以及 z 轴上的最大分量是 $l\hbar$.

角动量的空间取向量子化也可以看作轨道角动量在磁场方向的分量的量子化,只是有磁场的存在,才有这种量子化. 理论中包括一个特殊的方向,即磁场方向,这不能是任意的方向.

（4）电子的概率分布

对氢原子求解薛定谔方程得到能量本征波函数为

$$\psi_{nlm_l}(r,\theta,\varphi) = R_{nl}(r)Y_{lm_l}(\theta,\varphi) \qquad (3-75)$$

式中，主量子数 $n=1,2,3,\cdots$；角量子数 l 的可能取值为 $0,1,2,\cdots$，$n-1$；而轨道磁量子数 m_l 的可能取值为 $0,\pm1,\pm2,\cdots,\pm l$. 对应每一组量子数 n、l、m_l，有一确定的波函数描述一个确定的状态. 这里 $R_{nl}(r)$ 代表定态波函数的径向部分，表 3-1 给出当 $n=1,2,3$ 时的 $R_{nl}(r)$ 的表达式；$Y_{lm_l}(\theta,\varphi)$ 代表定态波函数的角向部分，它是球谐函数，其在 $l=0,1,2$ 时的表达式由表 3-2 中给出.

表 3-1　部分径向波函数	
$n=1$	$R_{1,0}(r) = \dfrac{2}{a_0^{3/2}}\exp\left(-\dfrac{r}{a_0}\right)$
$n=2$	$\begin{cases} R_{2,0}(r) = \dfrac{1}{\sqrt{2}\,a_0^{3/2}}\left(1-\dfrac{r}{2a_0}\right)\exp\left(-\dfrac{r}{2a_0}\right) \\[3mm] R_{2,1}(r) = \dfrac{1}{2\sqrt{6}\,a_0^{3/2}}\dfrac{r}{a_0}\exp\left(-\dfrac{r}{2a_0}\right) \end{cases}$
$n=3$	$\begin{cases} R_{3,0}(r) = \dfrac{2}{3\sqrt{3}\,a_0^{3/2}}\left[1-\dfrac{2r}{3a_0}+\dfrac{2}{27}\left(\dfrac{r}{a_0}\right)^2\right]\exp\left(-\dfrac{r}{3a_0}\right) \\[3mm] R_{3,1}(r) = \dfrac{8}{27\sqrt{6}\,a_0^{3/2}}\left(1-\dfrac{r}{6a_0}\right)\exp\left(-\dfrac{r}{3a_0}\right) \\[3mm] R_{3,2}(r) = \dfrac{4}{81\sqrt{30}\,a_0^{3/2}}\left(\dfrac{r}{a_0}\right)^2\exp\left(-\dfrac{r}{3a_0}\right) \end{cases}$

表 3-2　部分球谐函数	
$l=0$	$Y_{0,0} = \dfrac{1}{\sqrt{4\pi}}$
$l=1$	$\begin{cases} Y_{1,\pm1} = \sqrt{\dfrac{3}{8\pi}}\sin\theta\exp(\pm i\varphi) \\[3mm] Y_{1,0} = \sqrt{\dfrac{3}{4\pi}}\cos\theta \end{cases}$
$l=2$	$\begin{cases} Y_{2,\pm2} = \sqrt{\dfrac{15}{32\pi}}\sin^2\theta\exp(\pm2i\varphi) \\[3mm] Y_{2,\pm1} = \sqrt{\dfrac{15}{8\pi}}\sin\theta\cos\theta\exp(\pm i\varphi) \\[3mm] Y_{2,0} = \sqrt{\dfrac{5}{16\pi}}(3\cos^2\theta-1) \end{cases}$

由波函数的统计诠释，电子出现在空间体积元 $dV = r^2 dr\sin\theta d\theta d\varphi$ 中的概率为

$$|\psi_{nlm_l}(r,\theta,\varphi)|^2 \mathrm{d}V = |R_{nl}(r)|^2 |Y_{lm_l}(\theta,\varphi)|^2 r^2 \mathrm{d}r\sin\theta\mathrm{d}\theta\mathrm{d}\varphi$$

$$\text{(3-76)}$$

在上式中，$|R_{nl}(r)|^2 r^2 \mathrm{d}r$ 代表在半径 r 到 $r+\mathrm{d}r$ 之间的薄球壳内电子出现的概率.

$$P_{nl}(r)\mathrm{d}r = \left(\int_0^{4\pi} |Y_{lm_l}(\theta,\varphi)|^2 \mathrm{d}\Omega\right) |R_{nl}(r)|^2 r^2 \mathrm{d}r = |R_{nl}(r)|^2 r^2 \mathrm{d}r$$

$$\text{(3-77)}$$

式中，$P_{nl}(r)$ 表示当主量子数为 n、角量子数为 l 时电子概率密度的径向分布，利用表 3-1 中的定态径向波函数可以计算出 $n=1$，2，3 情况下 $P_{nl}(r)$ 与 r 的关系曲线，如图 3-11 所示. 在基态氢原子中，$n=1$，$l=0$，电子径向概率密度 P_{10} 最大处正好对应玻尔原子理论中第一圆轨道的半径 a_0. $n=2$，有两种状态，其中 $l=1$ 状态，电子径向概率密度 P_{21} 的极大值位置正好对应玻尔第二圆轨道的半径 $4a_0$. $n=3$，有三种状态，其中 $l=2$ 状态，电子径向概率密度 P_{32} 的极大值位置正好对应玻尔第三圆轨道的半径 $9a_0$. 但玻尔理论中的电子只能位于圆形轨道上，而量子力学的结果是，电子在圆形轨道上出现的概率只是最大，但是也有可能出现在别处.

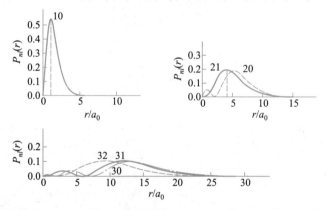

图 3-11 电子的径向概率分布

在式（3-76）中 $|Y_{lm_l}(\theta,\varphi)|^2 \sin\theta\mathrm{d}\theta\mathrm{d}\varphi$ 代表电子出现在立体角 $\mathrm{d}\Omega = \sin\theta\mathrm{d}\theta\mathrm{d}\varphi$ 中的概率

$$P_{lm_l}(\theta,\varphi)\mathrm{d}\Omega = \left(\int_0^\infty |R_{nl}(r)|^2 r^2 \mathrm{d}r\right) |Y_{lm_l}(\theta,\varphi)|^2 \mathrm{d}\Omega$$

$$= |Y_{lm_l}(\theta,\varphi)|^2 \mathrm{d}\Omega \qquad \text{(3-78)}$$

利用表 3-2 中的球谐函数可以计算出 $l=0,1,2$ 状态下的电子角向概率分布，如图 3-12 所示. 结果表明，在基态氢原子中，$l=0$，$m_l=0$，电子角向概率分布是球对称的. 当 $l=1$ 时，$m_l=0,\pm1$，这三种状态的电子角向概率分布像哑铃状，都具有对 z 轴的轴对称性.

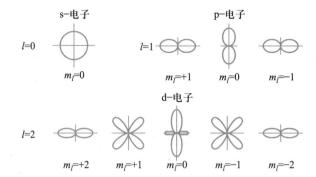

图 3-12　电子概率密度的角分布

　　由于任意时刻,电子出现在原子核周围空间哪个地方并不唯一确定,只能按概率分布的不同说明电子在某处出现的机会大些,在另外某处出现的机会小些,所以引入电子云的概念. 所谓电子云,并不表示电子真的像一团云雾罩在原子核周围,而是电子概率分布的一种形象化描述而已,如图 3-13 所示. 如果电子在某处出现的机会多些,那里的电子云就浓密些,而电子出现机会少些的地方,电子云就稀疏些.

图 3-13　氢原子的 $n=1$（基态）和 $n=2$ 的各状态电子云

授课录像:例 3-5

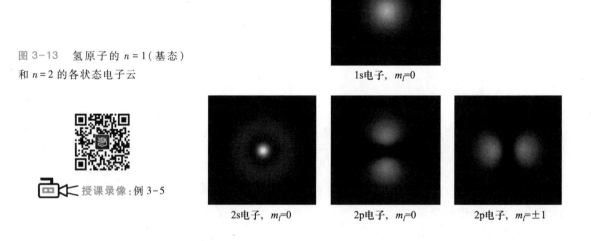

1s电子, $m_l=0$

2s电子, $m_l=0$　　　2p电子, $m_l=0$　　　2p电子, $m_l=\pm 1$

例 3-5

　　氢原子由原子核和核外电子组成.（1）利用不确定关系 $\Delta x \Delta p \geqslant \hbar$,估算氢原子中电子的最小能量.（2）由薛定谔方程解得氢原子基态波函数为 $\psi_{1,0,0} = \dfrac{1}{a_0^{3/2}\sqrt{\pi}}\mathrm{e}^{-r/a_0}$,其中,$a_0 = 5.29 \times 10^{-11}$ m 为玻尔半径. 求氢原子处于基态时,电子处于半径为 a_0 的球面内的概率.

解:(1) 当不计核的运动时,氢原子的总能量为

$$E = \frac{p^2}{2m_e} - \frac{e^2}{4\pi\varepsilon_0 r} \qquad ①$$

其中,m_e 为电子的静质量,p 为电子的动量.

在例 2-10 中,我们曾算过,原子中电子的速度大小 v 和其不确定度 Δv 在同一个数量级,则动量的不确定度 $\Delta p \approx p$. 电子束缚在半径为 r 的原子中运动,坐标的不确定度 $\Delta x \approx r$. 按不确定关系 $\Delta x \Delta p \geq \hbar$,动量的不确定度 $\Delta p \approx \hbar/r$. 将 $p \approx \Delta p \approx \hbar/r$ 代入式①得

$$E = \frac{\hbar^2}{2m_e r^2} - \frac{e^2}{4\pi\varepsilon_0 r}$$

为求电子的最小能量,令

$$\frac{\mathrm{d}E}{\mathrm{d}r} = -\frac{\hbar^2}{m_e r^3} + \frac{e^2}{4\pi\varepsilon_0 r^2} = 0$$

由上式解得电子能量最小时氢原子的半径为

$$r = \frac{4\pi\varepsilon_0 \hbar^2}{m_e e^2} = \frac{4\pi \times 8.85 \times 10^{-12} \times (1.05 \times 10^{-34})^2}{9.1 \times 10^{-31} \times (1.6 \times 10^{-19})^2} \mathrm{m}$$
$$= 5.29 \times 10^{-11} \mathrm{m}$$

此时,基态氢原子的能量为

$$E_{\min} = -\frac{m_e e^4}{2(4\pi\varepsilon_0)^2 \hbar^2}$$
$$= -\frac{9.1 \times 10^{-31} \times (1.6 \times 10^{-19})^4}{2 \times (4\pi \times 8.85 \times 10^{-12})^2 \times (1.05 \times 10^{-34})^2} \mathrm{J}$$
$$\approx -13.6 \text{ eV}$$

此例还说明,量子体系有所谓的零点能. 因为若束缚态动能为零,即速度的不确定范围为零,则粒子在空间的范围趋于无穷大,即不被束缚. 这与事实相违背.

(2) 电子处于半径为玻尔半径的球面内的概率为

$$P = \int_0^{a_0} |\psi|^2 4\pi r^2 \mathrm{d}r = \int_0^{a_0} \frac{1}{\pi a_0^3} e^{-2r/a_0} 4\pi r^2 \mathrm{d}r$$
$$= -\frac{2}{a_0^2} \int_0^{a_0} r^2 \mathrm{d}e^{-2r/a_0} = 0.32$$

3.4.2 施特恩-格拉赫实验和电子自旋

1. 施特恩-格拉赫实验(Stern-Gerlach experiment)

1921 年,德国物理学家奥托·施特恩(O. Stern,1888—1969,1943 年度诺贝尔物理学奖获得者,图 3-14)和沃尔瑟·格拉赫(W. Gerlach,1889—1979)对电子的角动量空间量子化进行了实验观察,所用装置如图 3-14 所示. 从高温炉中射出的原子经狭缝准直后形成一条原子射线束,而后通过一个非均匀磁场,最后落在屏上.

由于电子带电,当一个电子绕原子核以速度 v 做半径为 r 的圆轨道运动(这里仍借用"轨道"概念)时,就相当于一个电流为 $I = \frac{v}{2\pi r} e$ 的闭合载流线圈. 则静质量为 m_e 的电子的轨道磁矩大小为

$$\mu = \frac{ve}{2\pi r} \pi r^2 = \frac{e}{2m_e} m v r = \frac{e}{2m_e} L \qquad (3-79)$$

授课录像:施特恩-格拉赫实验

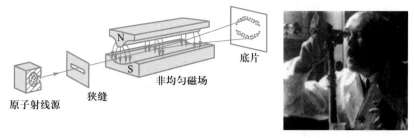

图 3-14 施特恩-格拉赫实验装置示意图与 1943 年度诺贝尔物理学奖获得者施特恩正在观测

文档:施特恩

式中,e 为元电荷. 式(3-79)表明,氢原子中电子的轨道磁矩与其角动量成正比. 事实上,任何一个原子内,电子的轨道磁矩都是与它的轨道角动量成正比的. 由于电子带负电,磁矩与角动量的矢量关系为

$$\boldsymbol{\mu} = -\frac{e}{2m_e}\boldsymbol{L} \tag{3-80}$$

由于电子的角动量是空间量子化的,那么轨道磁矩也是空间量子化的,其在空间 z 方向的投影也是量子化的. 由式(3-74),应有

$$\mu_z = -\frac{e}{2m_e}L_z = -m_l\frac{e\hbar}{2m_e} \quad (m_l = 0, \pm 1, \pm 2, \cdots, \pm l) \tag{3-81}$$

施特恩-格拉赫实验设计的思路是,由于电子具有磁矩,原子经过非均匀磁场时,因受磁力而发生偏折. 如果电子磁矩的方向是可以任意取向的,则屏上形成一片黑斑. 而实验发现屏上形成了几条清晰的黑斑,表明磁矩只能取几个特定的方向,从而证实电子角动量的投影是量子化的.

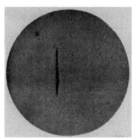

图 3-15 银原子束通过非均匀的磁场时分裂为两束

由于高温炉中的温度不足以令大多数原子从基态激发到激发态,施特恩-格拉赫实验主要显示的是基态原子中电子的角动量和磁矩. 对于银、铜、金、锂、钠、钾等基态原子射线分别做实验发现,原子射线束通过非均匀磁场后分成上下对称的两束,在照片底片上留下彼此分离的两条沉积线,如图 3-15 所示. 当时令人费解的是,按照电子角动量的空间量子化的规律,电子的轨道角动量量子数为 l 时,它在空间的取向应有$(2l+1)$种可能,原子射线在磁场中发生偏转就应该产生$(2l+1)$即奇数条沉积线. 处于基态的银、铜、金、锂、钠、钾等原子,$l=0$,电子的轨道角动量以及轨道磁矩均为零,在底片上原子沉积线应是 $2l+1=1$ 条沉积线. 然而,施特恩-格拉赫实验观察到的是两条基态原子沉积线,因此可以看出,原子中不只有轨道角动量,还应当有其他形式的角动量.

2. 电子自旋

1925 年,荷兰莱登(Leyden)大学的两位博士生乔治·乌伦贝克（G. E. Uhlenbeck，1900—1974）和塞缪尔·古兹密特（S. A. Goudsmit，1902—1979）在分析施特恩-格拉赫实验的基础上提出了大胆的看法．电子除了绕核做轨道运动外，还有自旋运动，因此，电子除了有轨道角动量外，还有自旋角动量．由于电子是带电的，故电子既有轨道磁矩，又有自旋磁矩．对处于基态的银、铜、金、锂、钠、钾等原子来说，虽然电子的轨道磁矩为零，但还有自旋磁矩，由此很好地解释了施特恩-格拉赫实验．

授课录像：电子自旋

授课录像：电子自旋
小故事
自旋量子数

与电子轨道角动量 L 的大小 $L = \sqrt{l(l+1)}\,\hbar$ 相似，可设电子自旋角动量 S 的大小为

$$S = \sqrt{s(s+1)}\,\hbar \qquad (3-82)$$

式中，s 称为 自旋量子数．

施特恩-格拉赫实验表明，自旋磁矩在外磁场中也是空间量子化的，在磁场方向自旋磁矩的分量只有两个量值．该实验同时表明，自旋角动量也是空间量子化的，在磁场方向自旋角动量的分量只有两个可能的量值．

仿照电子轨道角动量在外磁场方向上的分量只可能取 $2l+1$ 个值，电子自旋角动量在外磁场方向上的分量也只可能取 $2s+1$ 个值，但施特恩-格拉赫实验指出，电子自旋角动量只有两个量值．这样，令

$$2s+1 = 2$$

即得电子的自旋量子数

$$s = \frac{1}{2} \qquad (3-83)$$

因而电子的自旋角动量的大小为

$$S = \sqrt{\frac{1}{2}\left(\frac{1}{2}+1\right)}\,\hbar = \sqrt{\frac{3}{4}}\,\hbar \qquad (3-84)$$

文档：乌伦贝克

由于所有原子中电子的自旋角动量都相同，故 s 不再作为一个量子数提出．

与电子轨道角动量 L 在外磁场方向上的投影 $L_z = m_l\hbar$ 相似，可设电子自旋角动量 S 在外磁场方向上的投影为

$$S_z = m_s\hbar \qquad (3-85)$$

仿照电子轨道磁量子数 $m_l = 0, \pm1, \pm2, \cdots, \pm l$；

$$m_s = \pm s = \pm\frac{1}{2} \qquad (3-86)$$

式中，m_s 称为电子自旋磁量子数，它只能取两个值．

于是电子的自旋角动量在外磁场方向上只有两个分量，数值为

$$S_z = \pm\frac{1}{2}\hbar \qquad (3-87)$$

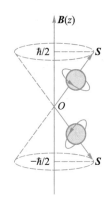

图 3-16 电子自旋的陀螺运动图像

因此电子的自旋磁矩也是空间量子化的,也有两个取向.电子在外磁场中的两种自旋运动状态,常用图 3-16 形象化地描述.

引入自旋以后,施特恩-格拉赫实验的"偶数沉积"自然而然得到了解释.但是,经典物理学无法理解电子有内部结构,图 3-16 的陀螺运动图像正像轨道运动图像一样是借用了宏观图像,是很不确切的.

1928 年,狄拉克用描述微观粒子高速运动规律的相对论狄拉克方程自然地得出了电子具有自旋的结论.上面用类比得到的诸式(3-82)—式(3-87)都可由量子力学给出.需要强调的是,电子的自旋运动没有经典对应,它是一种相对论性的量子效应,是微观粒子的一种内禀性质.

量子力学还给出,电子的自旋磁矩 $\boldsymbol{\mu}_s$ 与自旋角动量 $\boldsymbol{S}$ 有如下关系:

$$\boldsymbol{\mu}_s = -\frac{e}{m_e}\boldsymbol{S} \tag{3-88}$$

它在 z 方向投影为

$$\mu_{s,z} = \frac{e}{m_e}S_z = \frac{e}{m_e}m_s\hbar$$

其中,自旋磁量子数 m_s 只能取 $\pm 1/2$ 两个值,则有

$$\mu_{s,z} = \pm\frac{e\hbar}{2m_e} = \pm\mu_B \tag{3-89}$$

其中,μ_B 称为玻尔磁子(Bohr magneton),其值为 $\mu_B = 9.274\,010\,078\,3$ $(28)\times 10^{-24}\ \mathrm{J\cdot T^{-1}}$.

根据基态银原子束等经过非均匀磁场在屏上的两条沉积线之间的距离,可以得出自旋磁矩在 z 方向投影值,与上面理论计算结果即玻尔磁子值相符.施特恩-格拉赫实验最早证实了电子具有自旋.

应该指出,把电子自旋看成小球绕自身轴线的转动是不正确的.电子具有自旋及自旋磁矩是电子的基本性质.它们的存在,标志电子还有一个新的自由度.

玻尔磁子

 文档:电子自旋

3.5 四个量子数和原子的壳层结构

3.5.1 四个量子数

总结起来,对氢原子结构的描述中,引入了 4 个量子数 n、l、

m_l、m_s 来描述电子的运动状态. 实际上, 按照量子理论, 对更加复杂的原子中各个电子的运动状态仍可以用这 4 个量子数来描述.

（1）主量子数 n: $n = 1, 2, 3, \cdots$, 它基本上决定了原子中电子的能量 E_n. n 越大, E_n 值越大.

（2）角量子数 l: $l = 0, 1, 2, \cdots, (n-1)$, 它决定电子绕核运动的角动量 L 的大小. 一般情况下, 处于同一主量子数 n, 而不同角量子数 l 的状态中的各个电子, 其能量也稍有不同. 当 n 给定时, l 的可能取值有 n 个.

（3）磁量子数 m_l: $m_l = 0, \pm 1, \pm 2, \cdots \pm l$, 它决定电子绕核运动的角动量 L 在空间的取向, 并影响原子在外磁场中的能量. 当 l 给定时, m_l 的可能取值有 $(2l+1)$.

（4）自旋磁量子数 m_s: $m_s = \pm 1/2$, 它决定电子自旋角动量 S 在外磁场中的取向, 并也影响原子在外磁场中的能量.

授课录像: 四个量子数与泡利不相容原理

3.5.2 泡利不相容原理与能量最低原理

1. 泡利不相容原理（Pauli exclusion principle）

考虑自旋角动量, 在原子中要完全确定电子的运动状态需要四个量子数 n, l, m_l, m_s. 1925 年 1 月奥地利物理学家沃尔夫冈·泡利（图 3-17）在仔细地分析了原子光谱和其他实验事实后, 在德国《物理学杂志》上发表了题为《原子内的电子群与光谱的复杂结构》（On the connexion between the completion of electron groups in an atom with the complex structure of spectra）的论文, 提出了泡利不相容原理, 即在一个原子中不可能有两个或两个以上的电子处在同一量子状态, 或在一个原子中不可能有两个电子具有完全相同的 4 个量子数 n、l、m_l、m_s. 这一原理使当时许多有关原子结构的问题得以圆满解决, 泡利因此于 1945 年荣获诺贝尔物理学奖.

根据泡利不相容原理, 原子中具有相同的主量子数 n 的电子的数目最多为

$$Z_n = \sum_{l=0}^{n-1} 2(2l + 1) = 2n^2 \qquad (3-90)$$

2. 能量最低原理

原子处于正常状态时, 其中的每个电子都趋向占据最低能级. 这就是能量最低原理. 当原子中电子能量最低时, 整个原子的能量最低, 这时原子处于最稳定的状态, 即基态. 根据能

图 3-17　1945 年度诺贝尔物理学奖获得者泡利在讲课

文档: 泡利

量最低原理,原子中的所有电子按各态能量的大小由低到高依次填充.

现在知道,一切微观粒子都有内禀自旋.根据粒子的自旋状态,可以将它们分成两大类.

自旋量子数为半整数如 $1/2, 3/2, \cdots$ 的粒子称为费米子.例如,质子和中子的自旋量子数与电子一样,都是 $1/2$,它们都是费米子;中微子不带电,质量极小,自旋量子数为 $1/2$;中国著名核物理学家、中国核科学的奠基人和开拓者之一王淦昌先生(1907—1998)发现的反西格玛负超子($\overline{\Sigma^{-}}$)自旋量子数也为 $1/2$.费米子服从**泡利不相容原理**.

泡利不相容原理

自旋量子数为整数如 $0, 1, 2, \cdots$ 的粒子称为玻色子.例如,π介子的自旋量子数为 0;光子的自旋量子数为 1,它们都是玻色子.玻色子不受泡利不相容原理的限制,一个单粒子态可容纳多个玻色子,称为**玻色凝聚**.

玻色凝聚

费米子得名于意大利物理学家费米(Enrico Fermi, 1901—1954, 1938 年诺贝尔物理学奖获得者),玻色子得名于印度物理学家玻色(Satyendra Nath Bose, 1894—1974).这两类粒子特性的区别,在极低温时表现得最为明显:当物质冷却时,玻色子可全部聚集在同一量子态上,其行为像一个大超级原子.费米子则与之相反,更像是"个人主义者",各自占据着不同的量子态,这种状态称作"费米子凝聚态".无数实验表明,自旋是标志各种粒子如电子、质子、中子等的很重要的物理性质.

3.5.3 原子的壳层结构

授课录像:原子的壳层结构与例 3-6

授课录像:第五届索尔维会议合影

1916 年德国物理学家沃尔瑟·柯塞耳(W. Kossel, 1888—1956)提出了多电子原子的壳层结构模型.他认为,绕核运动的电子组成许多壳层,即在多电子的原子中,电子的分布是分层次的,这种电子的分布层次称为电子壳层.原子中主量子数 n 相同的电子处于同一主壳层中,对应于 $n = 1, 2, 3, 4, 5, 6, \cdots$ 状态的主壳层分别用大写字母 K, L, M, N, O, P, $\cdots$ 表示.n 壳层最多容纳的电子数为 $2n^2$.在同一主壳层中,轨道角量子数 l 相同的电子又处于同一支壳层或分壳层,对应于 $l = 0, 1, 2, 3, 4, 5, \cdots$ 状态的支壳层分别用小写字母 s, p, d, f, g, h, $\cdots$ 表示.l 支壳层最多容纳的电子数为 $2(2l + 1)$.

由于能级的高低主要取决于主量子数 n,所以一般来说,n 越小,能级越低.因此,根据能量最低原理,电子一般按照 n 由小到大的次序填入各能级．离核最近的壳层，一般首先被电子填满，但是，由于能级还和角量子数 l 有些关系，所以在个别情况下，n 较小的壳层尚未填满时，n 较大的壳层上就开始有电子填入了．这一情况在周期表的第四个周期就开始表现出来．

关于 n 和 l 都不同的状态的能级高低问题，中国科学家徐光宪（1920—2015，2008 年中国最高科学技术奖获得者，图 3-18）先生总结出规律：对于原子的外层电子而言，能级高低以 $n+0.7l$ 确定，其值越小，能级越低．例如，电子通常情况下先填入 $n=4$，$l=0$ 的能级，后填入 $n=3$，$l=2$ 的能级．

支壳层上的电子通常是用在 n 的数值后跟随代表 l 的小写字母来表示．例如，$n=1$，$l=0$ 的电子，称为 1s 状态的电子；$n=2$，$l=1$ 的电子，称为 2p 状态的电子；$n=3$，$l=2$ 的电子，称为 3d 状态的电子．原子中具有特定 n 和 l 值的电子的组合称为电子组态．例如，基态氩原子的电子组态为 $1s^2 2s^2 2p^6 3s^2 3p^6$，其中，支壳层符号的上标表示有多少电子在该支壳层上．在基态氩原子中，有 2 个电子在 1s 支壳层，2 个电子在 2s 支壳层，6 个电子在 2p 支壳层，2 个电子在 3s 支壳层，还有 6 个电子在 3p 支壳层．这种简缩记法用来表示原子中的电子排布．表 3-3 给出部分原子处于正常状态时的核外电子组态．在元素周期表中，各元素是按原子序数 Z 由小到大依次排列的．可以看出，正是因为原子壳层结构中电子排布的内在规律性，导致周期表中元素的物理和化学性质的周期性变化规律．

图 3-18　中国科学家徐光宪

原子	Z	电子组态	原子	Z	电子组态
氢	1	1s	钠	11	$1s^2 2s^2 2p^6 3s$
氦	2	$1s^2$	镁	12	$1s^2 2s^2 2p^6 3s^2$
锂	3	$1s^2 2s$	铝	13	$1s^2 2s^2 2p^6 3s^2 3p$
铍	4	$1s^2 2s^2$	硅	14	$1s^2 2s^2 2p^6 3s^2 3p^2$
硼	5	$1s^2 2s^2 2p$	磷	15	$1s^2 2s^2 2p^6 3s^2 3p^3$
碳	6	$1s^2 2s^2 2p^2$	硫	16	$1s^2 2s^2 2p^6 3s^2 3p^4$
氮	7	$1s^2 2s^2 2p^3$	氯	17	$1s^2 2s^2 2p^6 3s^2 3p^5$
氧	8	$1s^2 2s^2 2p^4$	氩	18	$1s^2 2s^2 2p^6 3s^2 3p^6$
氟	9	$1s^2 2s^2 2p^5$	钾	19	$1s^2 2s^2 2p^6 3s^2 3p^6 4s$
氖	10	$1s^2 2s^2 2p^6$	钙	20	$1s^2 2s^2 2p^6 3s^2 3p^6 4s^2$

表 3-3　**原子在基态时的电子组态**

例 3-6

求基态磷原子核外每个电子的轨道角动量的大小.

解：磷的原子序数 $Z = 15$,核外电子排布为 $1s^2 2s^2 2p^6 3s^2 3p^3$. 其中,1s,2s,3s 电子轨道角动量的大小为

$$L_{1s,2s,3s} = \sqrt{l(l+1)}\,\hbar = \sqrt{0(0+1)}\,\hbar = 0$$

2p,3p 电子轨道角动量的大小为

$$L_{2p,3p} = \sqrt{l(l+1)}\,\hbar = \sqrt{1(1+1)}\,\hbar = \sqrt{2}\,\hbar$$

文档:第五届索尔维会议合影简介

量子力学是在 20 世纪初由普朗克、爱因斯坦、德布罗意、玻恩、海森伯、薛定谔、玻尔、泡利、狄拉克等一大批物理学家共同创立的(见图 3-19,图 3-20). 通过量子力学许多现象才得以真正地被解释,新的、无法直觉想象出来的现象被预言. 通过量子力学许多现象被精确地计算出来,而且后来也获得了非常精确的实验证明. 通过量子力学的发展人们对自然的认识实现了从宏观世界向微观世界的重大飞跃.

图 3-19   第一届索尔维物理学会议,前排就座者自左至右为:能斯特(Walther Nernst)、布里渊(Louis Marcel Brillouin),索尔维,洛伦兹,沃伯格(Emil Gabriel Warburg),佩兰,维恩,居里夫人(Madam Curie),庞加莱(Jules Henri Poincaré);后排站立者自左至右为:戈尔德施密特(Robert Goldschmidt),普朗克,鲁本斯,索末菲,林德曼(Frederick Lindemann),德布罗意,克努森(Martin Hans Christian Knudsen),哈泽内尔(Friedrich Hasenöhrl),豪斯特莱(Georges Hostelet),赫尔岑(Edouard Herzen),金斯,卢瑟福,昂内斯(Heike Kamerlingh Onnes),爱因斯坦,朗之万.

图 3-20   第五届索尔维物理学会议. 前排左起:朗缪尔(I. Langmuir),普朗克,居里夫人,洛伦兹,爱因斯坦,朗之万,古伊(ch. E. Guye),威耳孙(C. T. R. Wilson),理查森(O. W. Richardson);中排左起:德拜(P. Debye),克努森,布拉格(W. L. Bragg),克莱默(H. A. Kramers),狄拉克,康普顿,德布罗意,玻恩,玻尔;后排左起:皮卡尔德(A. Piccard),亨利厄特(E. Henriot),埃伦费斯特,赫尔岑,德唐德(Th. de Donder),薛定谔,费尔夏费尔特(E. Verschaffelt),泡利,海森伯,富勒(R. H. Fowler),布里渊.

＊3.6 激光

激光是 20 世纪 60 年代初期发展起来的一门新兴技术,英文 laser 是"light amplification by stimulated emission of radiation"的缩写,意思是"辐射的受激发射光放大". 自 1960 年美国人梅曼 (T. H. Maiman, 1927—2007)制造出世界上第一台激光器以后,激光已得到了极广泛的应用. 例如,激光开刀、自动止血、全息激光照相、光缆信息传输以及引发热核反应等. 那么,激光是怎样产生的? 它又有哪些特点? 本节将通过氦氖激光器简要介绍激光的产生原理和主要特性.

激光

3.6.1 激光的产生

光和原子的相互作用主要有三个基本过程:光的吸收、自发辐射和受激辐射.

1. 受激吸收

设原子的两个能级为 E_1 和 E_2,并且 $E_2 > E_1$. 若有能量为 $h\nu = E_2 - E_1$ 的光子照射时,处于 E_1 的原子就有可能吸收此光子的能量,从低能级 E_1 跃迁到高能级 E_2,这个过程称为光的吸收,又称为受激吸收.

受激吸收的特点是:这个过程不是自发产生的,必须有外来光子的"刺激"才会产生,并且外来光子必须符合 $h\nu = E_2 - E_1$ 的条件.

授课录像:激光的产生及激光器的结构

受激吸收

2. 自发辐射

原子受激后处于高能级 E_2 的状态是不稳定的,一般只能停留 10^{-8} s 左右. 它会在没有外界影响的情况下自动返回到低能级 E_1 的状态,同时向外辐射一个能量为 $h\nu = E_2 - E_1$ 的光子,如图 3-21 所示. 原子这种自发地从高能级返回到低能级并放出光子的过程,称为自发辐射.

自发辐射的特点是:各原子的跃迁都是自发地、独立地进行,与外界作用无关,它们所发出的光的振动方向、相位都不一定相同,所以这些光源发出的光不是相干光,如日光灯等.

3. 受激辐射

1916 年,爱因斯坦在研究光辐射与原子间的相互作用时预言,原子除受激吸收和自发辐射外,还会有受激辐射. 40 年后,当

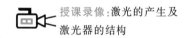

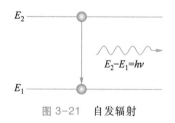

$E_2 - E_1 = h\nu$

图 3-21 自发辐射

自发辐射

第一台激光器开始运转时,这一预言得到了有力的证明.若处于高能级 E_2 状态的原子在自发辐射之前,受到能量 $h\nu$ 恰好等于原子相应能级差 E_2-E_1 的入射光子电磁场的"刺激"作用,就有可能从高能级的 E_2 状态向低能级 E_1 状态跃迁,并且向外辐射一个与入射光子频率、相位、偏振方向都相同的光子.这种因外来光子的刺激而从高能级状态向低能级状态跃迁并辐射光子的过程,称为受激辐射.

受激辐射

受激辐射的特征:它不是自发产生的,必须有外来光子的刺激,且外来光子的频率必须满足 $h\nu=E_2-E_1$ 的条件;尤为重要的是受激辐射出的光子与外来刺激的光子在频率、发射方向、相位及偏振状态等方面完全相同.

这样一来,材料中若有一个光子引发了一次受激辐射,就会产生两个相同的光子;若这两个光子再引起其他原子产生受激辐射,就会产生四个完全相同的光子.以此类推,就能在一个入射光子的作用下,获得大量的特征完全相同的光子,这个现象称为光放大,如图 3-22 所示.可见,在受激辐射中,各原子所发出的光是放大了的相干光,称之为激光.激光光束的一些新颖特性主要就是来源于大量光子都具有完全相同的状态.

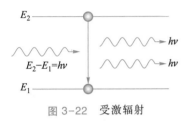

图 3-22　受激辐射

是否有一个适当的光子入射到给定的材料内就可以很容易地得到光放大呢?其实不然.在正常情况下,大部分原子都处于基态,而激发态上的原子数量很少.爱因斯坦指出原子受激辐射和受激吸收的概率是相同的.因此,一般情况下,光子入射到材料中,主要还是被吸收,难以产生连续的受激辐射现象.

4. 粒子数布居反转

因为在正常情况下,处于低能级的电子数比处于高能级的电子数多,所以从整体来看,光吸收过程比光受激辐射过程要占压倒优势.要使光通过物质后实现光放大,就必须使处在高能级上的电子数大于处在低能级上的电子数,即必须使材料处于"反常"状态,称为粒子数布居反转,简称粒子数反转.使粒子数反转是实现受激辐射,得到光放大的必要条件.

粒子数布居反转

在通常的物质中粒子数反转是难以实现的,因为这些物质的原子激发态的平均寿命都极其短暂,当原子被激发到高能态后,会立即自发跃迁返回基态,不可能在高能态等待并积攒足够多的原子从而出现粒子数反转的情形.然而,有些物质的原子能级中存在一种平均寿命较长的高能级,这种能级称为亚稳能级,亚稳能级的存在使粒子数反转的实现成为可能.

氦氖激光器通过一种特殊方式使激发到高能级上的电子有较长的寿命.氦氖激光器中 He 是辅助物质,Ne 是激活物质,He

与 Ne 之比为 5：1～10：1. 图 3-23 给出氦原子和氖原子的有关能级图. 经由电子碰撞，氦原子被激发到 2s 态，这个态的寿命相对较长，是亚稳态能级. 氖原子的 5s 态与氦原子的 2s 态能级非常接近. 当两种原子相碰时非常容易产生能量的"共振转移"，即经过氦氖原子的碰撞，氦原子把能量传递给氖原子而回到基态，氖原子则被激发到 5s 能级. 要产生激光，除了增加上能级的粒子数外，还要设法减少下能级粒子数. 因为氖原子的 5s 的寿命相对较长，是亚稳态，而下能级 3p 的寿命比上能级 5s 要短得多，由于自发辐射会使处于 3p 态的氖原子很快地减少，这就可以实现氖原子在 5s 态和 3p 态之间的粒子数布居反转. 因此氦氖激光器中的工作物质（氦和氖混合气体）就为光放大提供了必要条件. 氦氖激光器是首先获得成功的气体激光器.

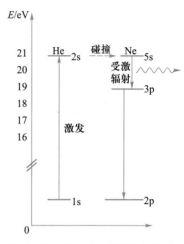

图 3-23 氦和氖原子的有关能级图

5. 光学谐振腔

为了获得有一定寿命和强度的激光，还必须有一个光学谐振腔. 图 3-24 是光学谐振腔典型结构的示意图，它是由两个放置在工作介质两边与激光管的轴严格垂直的反射镜组成的，其中一个是全反射镜，另一个是部分透光的反射镜，以供激光输出. 只有那些与激光管的轴严格平行的光才能来回反射得到加强，其他方向的光线几经反射就会逸出腔外. 当光到达反射镜时，又反射回来穿过工作物质，进一步得到光放大. 这样往返地传播，使谐振腔内的光子数不断增加，从而获得很强的激光. 谐振控的作用主要是维持光子振荡放大，使激光有良好的方向性和相干性. 作为电磁波，激光将在两个反射镜之间形成驻波，两反射镜之间的距离控制其间驻波的波长，波长不满足驻波条件的光会很快减弱而被淘汰，因此，谐振腔又起到选频的作用，使输出的激光频率宽度很窄，因而激光还有极高的单色性.

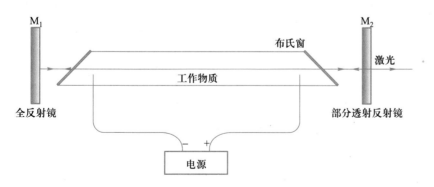

图 3-24 光学谐振腔

授课录像:激光的
特性及应用

3.6.2　激光的特性

1. 方向性好

激光的方向性很好. 激光束的发散角很小,大约在 0.5×10^{-5} rad 以下,若把激光束射到距地球 3.8×10^{5} km 的月球上,光斑的直径还不到 2 km. 激光的方向性好主要是由受激辐射的光放大机理和光学谐振腔的方向限制作用所决定的. 激光的这种高度的方向性,可用于定位、导向、精密距离测量等.

2. 单色性好

激光的单色性很好,激光的单色性($\Delta\nu/\nu$)比普通光高约 10^{10} 倍,利用激光单色性好的特性,可把激光的波长作为长度标准进行精密测量,还可用于激光通信、等离子测试等.

3. 能量集中

激光的能量在空间和时间上都是高度集中的. 普通光源(如白炽灯)发出的光,射向四面八方,能量分散,即使通过透镜也只能会聚它的一部分光,而激光器发出的激光,由于方向性好,几乎是一束平行光,所以激光的能量在空间是高度集中的. 激光的能量在时间上也是高度集中的. 例如,使用脉冲激光器,激光的能量可集中在很短的时间内,以脉冲的形式发射出去. 一个功率约为 1 kW 的 CO_2 激光器发出的激光,经聚光以后,在几秒钟内可烧穿 5 cm 厚的钢板. 激光能量集中的特性可用于对材料进行打孔、切割、焊接等精密机械加工. 在医学上,激光可作为外科的手术刀. 在军事上,激光可作为武器. 激光还可以用于引发核聚变等.

4. 相干性好

普通光源的发光是自发辐射的过程,发出的不是相干光,而激光的发光机理是受激辐射,发出的光是相干光,因此激光具有很好的相干性. 激光可直接用作相干光源. 它广泛应用于激光干涉、激光全息照相等.

3.6.3　激光的应用:激光冷却

获得低温是长期以来科学家追求的一种技术. 低温不但给人类带来实惠,例如超导的发现与研究,而且为研究物质的结构与性质创造了独特的条件. 例如在低温下,分子、原子热运动的影响可以大大减弱,原子更容易暴露出它们的"本性". 以往低温多在固体或液体系统中实现,这些系统都包含着有较强的相互作用的大量粒子.

1975 年,汉什(T. W. Hänsch,1941—   ,2005 年诺贝尔物理学奖获得者)和肖洛(A. L. Schawlow,1921—1999,1981 年诺贝尔物理学奖获得者)提出了激光冷却中性原子的方法.20 世纪 80 年代,人们利用激光技术获得了中性气体分子的极低温(如 10^{-10} K)状态.这种获得低温的方法就叫激光冷却.

这种激光冷却的基本思想是:运动着的原子在共振吸收迎面射来的光子后,从基态跃迁到激发态,原子动量会减小.处于激发态的原子会自发辐射出光子而回到初态,由于反冲而得到动量.因为原子吸收的光子来自同一方向的激光束,都会使原子的动量减小,但是自发辐射出的光子的方向是随机的,多次自发辐射的平均效果并不增加原子的动量.这样,原子因多次吸收和自发辐射光子,其速度会明显减小,温度也就降低了.实际上一般原子一秒钟可以吸收发射上千万个光子,因而可以被有效地减速.对冷却钠原子的波长为 589 nm 的共振光而言,这种减速效果相当于 10 万倍的重力加速度.

实际上,原子的运动是三维的.如图 3-25 所示,1985 年贝尔实验室的朱棣文(Steven Chu,1948—   )小组的实验用三对方向相反的激光束照射钠原子,在 6 束激光交汇处的钠原子团冷却达到了温度 240 μK.

由于原子不断吸收和随机发射光子,原子和光子互相交换动量,低速的原子在各方向都受到约束而无法逃脱,原子之间处于互相胶着状态,称为"光学黏团",这是一种捕获原子使之聚焦的方法.1997 年,朱棣文、达诺基(C. C. Tannoudji,1933—   )和菲利浦斯(W. D. Phillips,1948—   )三人因在激光冷却和捕获原子研究中的贡献被授予诺贝尔物理学奖,朱棣文也是第五位获得诺贝尔奖的华人科学家.

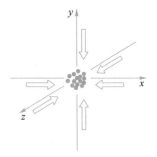

图 3-25 激光冷却示意图

本章提要

1. 薛定谔方程

薛定谔方程:

$$i\hbar \frac{\partial}{\partial t} \Psi(x,y,z;t) = \hat{H} \Psi(x,y,z;t)$$

其中, 哈密顿算符 $\widehat{H} = -\dfrac{\hbar^2}{2m}\nabla^2 + U(x,y,z;t)$.

一维定态薛定谔方程:

$$\left[-\frac{\hbar^2}{2m}\frac{d^2}{dx^2} + U(x)\right]\psi(x) = E\psi(x)$$

此微分方程是线性的, $\psi(x)$ 满足叠加原理.

2. 定态薛定谔方程的应用

定态条件: $U(x,y,z;t)$ 不随时间变化.

(1) 一维无限深方势阱中粒子

势函数: $U(x) = \begin{cases} 0 & (0 < x < a) \\ \infty & (x \leqslant 0, x \geqslant a) \end{cases}$

结论: 能量是量子化的, 能量本征值

$$E_n = \frac{k^2\hbar^2}{2m} = \frac{n^2\pi^2\hbar^2}{2ma^2} \quad (n = 1,2,3,\cdots)$$

能量本征波函数

$$\psi_n(x) = \begin{cases} \sqrt{\dfrac{2}{a}}\sin\dfrac{n\pi}{a}x & (n = 1,2,3,\cdots) \quad (0 < x < a) \\ 0 & (x \leqslant 0, x \geqslant a) \end{cases}$$

一维无限深方势阱中的粒子的定态物质波相当于两端固定的弦中的驻波. 波长 λ_n 满足

$$a = n\frac{\lambda_n}{2} \quad (n = 1,2,3,\cdots)$$

(2) 势垒贯穿

势函数: $U(x) = \begin{cases} 0 & (x < 0, x > a) \\ U_0 & (0 \leqslant x \leqslant a) \end{cases}$

结论: 微观粒子有一定的概率穿透势垒, 这种现象称为势垒贯穿或隧道效应.

(3) 一维简谐振子

势函数:　　　　$U(x) = kx^2/2 = m\omega^2 x^2/2$

结论: 能量是量子化的, 能量本征值

$$E_n = \left(n + \frac{1}{2}\right)\hbar\omega \quad (n = 0,1,2,\cdots)$$

零点能:　　　　　　$E_0 = \dfrac{1}{2}\hbar\omega$

(4) 氢原子

势函数:　　　　　$U(r) = -\dfrac{e^2}{4\pi\varepsilon_0 r}$

结论: 能量本征波函数 $\psi_{nlm_l}(r,\theta,\varphi) = R_{nl}(r)Y_{lm_l}(\theta,\varphi)$

其中,主量子数 $n=1,2,3,\cdots$,它大体上决定了原子中电子的能量

$$E_n = -\frac{m_e e^4}{2(4\pi\varepsilon_0)^2 \hbar^2}\frac{1}{n^2} \approx -13.6\frac{1}{n^2}\text{ eV} \quad (n=1,2,3,\cdots)$$

当 n 一定,原子中电子有 $2n^2$ 个可能状态.

角量子数 $l=0,1,2,\cdots,n-1$,它决定了电子绕核运动的角动量的大小

$$L = \sqrt{l(l+1)}\,\hbar$$

当主量子数 n 相同, L 可有 n 个不同角动量值. 当 n、l 一定,原子中电子有 $2(2l+1)$ 个可能状态.

轨道磁量子数 $m_l = 0,\pm 1,\pm 2,\cdots,\pm l$,它决定了电子绕核运动的角动量在外磁场中的 $(2l+1)$ 种空间指向,

$$L_z = m_l \hbar$$

当 n、l、m_l 一定,原子中电子有 2 个可能状态.

3. 电子自旋和泡利不相容原理

(1)电子自旋

电子自旋角动量的大小为 $S = \sqrt{\dfrac{3}{4}}\,\hbar$.

电子自旋磁量子数 $m_s = \pm\dfrac{1}{2}$,它决定了电子自旋角动量在外磁场中的两种指向,自旋角动量在外磁场中的投影值为 $S_z = \pm\dfrac{1}{2}\hbar$.

电子的状态由 n,l,m_l,m_s 四个量子数决定.

(2)泡利不相容原理

在一个原子中不可能有两个或两个以上的电子具有完全相同的 4 个量子数 n、l、m_l、m_s.

4. 多电子原子中电子的排布

基态原子中电子的排布由能量最低原理和泡利不相容原理决定.

原子壳层:把 $n=1,2,3,4,5,6,\cdots$ 的电子壳层,分别称为 K,L,M,N,O,P,$\cdots$(主)壳层;把 $l=0,1,2,3,4,\cdots$ 的支壳层,分别以 s,p,d,f,g,$\cdots$ 表示.

5. 激光

激光是由受激辐射产生,需要在发光材料中造成粒子数布居反转以及光学谐振腔产生光放大.

激光的特点是相干光,具有能量集中、单色性好和方向性强的特点.

思考题

3-1　什么是定态？薛定谔方程的解如何表示成按定态展开的形式？

3-2　什么是隧道效应？在什么情况下隧道效应就不明显了？

3-3　伽莫夫的《物理世界奇遇记》一书中，描述了隔壁车库内的汽车突然闯入了客厅，这说明什么物理现象？

3-4　1995 年用加速器"制成"了反氢原子，它是由一个反质子和围绕它运动的正电子组成．你认为它

的光谱和氢原子的光谱会完全相同吗？为什么？

3-5　简述泡利不相容原理和能量最低原理．

3-6　在描述氢原子状态的 4 个量子数中，若已知 $n=3$，那么 l、m_l 和 m_s 各能取哪些值？

3-7　产生激光应满足哪些基本条件？举例说明激光在现代科学技术和生产中的应用．

习题

3-1　设有一电子在宽为 0.20 nm 的一维无限深方势阱中，（1）求电子在最低能级的能量；（2）当电子处于第一激发态（$n=2$）时，在势阱何处出现的概率最小？其值为多少？

3-2　在线度为 1.0×10^{-5} m 的细胞中有许多质量为 $m=1.0\times10^{-17}$ kg 的生物粒子，若将生物粒子看作在一维无限深方势阱中运动的微观粒子，试估算该粒子的 $n_1=100$ 和 $n_2=101$ 的能级和它们之间的能级差各是多大？

3-3　质量为 m 的电子处于宽为 a 的一维无限深方势阱中，其能量取值和波函数表示如下

$$E_n=\frac{n^2\pi^2\hbar^2}{2m_e a^2},\quad \psi_n(x)=\begin{cases}\sqrt{\dfrac{2}{a}}\sin\dfrac{n\pi}{a}x & (0<x<a)\\[2mm] 0 & (x\leqslant0,x\geqslant a)\end{cases}$$

（$n=1,2,3,\cdots$）

该电子吸收 $\Delta E=\dfrac{3\pi^2\hbar^2}{2m_e a^2}$ 能量后由低能级向高能级跃迁．分别求跃迁前、后在 $0<x<a/4$ 区间内发现电子的概率．

3-4　在宽度为 $a=0.1$ nm 的一维无限深方势阱中的电子的定态波函数为 $\psi_n(x)=\sqrt{\dfrac{2}{a}}\sin\dfrac{n\pi x}{a}$．求：（1）欲使电子从基态跃迁到第一激发态需给它的能量；（2）在基态时，电子在 $x=0$ 到 $x=a/3$ 之间被找到的概率．

3-5　一维无限深方势阱中粒子的波函数在边界处为零，其定态为驻波．试根据德布罗意关系式和驻波条件证明：该粒子定态动能是量子化的，求出量子化能级和最小动能公式（不考虑相对论效应）．

3-6　如图所示，一粒子被限制在相距为 L 的两个不可穿透的壁之间，描写粒子状态的波函数为 $\psi=cx(L-x)$，式中，c 为待定常量，求在 $0\sim L/3$ 区间发现粒子的概率．

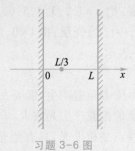

习题 3-6 图

3-7 已知一维运动的粒子的波函数为

$$\psi(x) = \begin{cases} Ax e^{-\lambda x} & (x \geq 0) \\ 0 & (x < 0) \end{cases}$$

式中,常量 $\lambda > 0$. 试求:(1) 归一化常数 A;(2) 粒子出现的概率密度;(3) 粒子出现的概率最大的位置(提示:积分公式 $\int_0^\infty x^2 e^{-ax} dx = 2/a^3$).

3-8 设处于基态的原子,其外层电子刚好充满 M 壳层. 试问这是何种元素的原子? 写出其电子组态.

3-9 (1) 当主量子数 $n = 6$ 时,角量子数 l 有多少种可能取值? (2) 当 $l = 4$ 时,轨道磁量子数 m_l 的可能取值是什么? (3) 使角动量的 z 分量为 $3\hbar$ 的 l 最小值是多少?

3-10 写出锂($Z = 3$)、硼($Z = 5$)和氩($Z = 18$)原子在基态时的电子组态.

第4章 固体中的电子

授课录像:导引

在上一章我们看到,对于单个原子这样的微观问题,量子力学能够给出很好的解释.量子力学给我们的初步印象,似乎只是用来揭示微观世界规律的;在解释宏观物理现象时,好像就不需要量子力学了.其实情况并非如此.虽然经典物理在解决宏观问题时获得了许多成功,但它还是有局限性的,它对某些宏观物理现象的预言与实验结果还存在着分歧.事实上,当引入量子力学理论后,这些分歧都得到了很好的解释,并且隐藏在宏观现象背后的微观机制被揭示得更充分、更深刻了.例如,把经典物理的理想气体动理论应用于金属自由电子,可以得到欧姆定律,但却不能解释不同金属热容基本相同的实验事实,而量子力学则从根本上解释了欧姆定律和金属热容的实验结果.

固体是物质的一种存在状态,一般指原子周期性排列的晶体.固体有很多性质,例如强度、硬度、延展性、导电性、导热性、磁性、颜色、光泽、透明度等,这些性质在现代科学技术中有重要应用.研究这些性质以及作为其基础的固体微观结构、组成粒子(原子、离子、电子等)的相互作用和运动规律的物理学分支,称为固体物理学.在上述众多性质中,本章将主要关注固体的导电性质.因为固体中的电子对固体导电性起重要作用,所以就从这方面着手作一个简单介绍.按导电能力来分,固体分为金属、绝缘体和半导体.本章首先引入金属的自由电子气模型,然后简要介绍金属、绝缘体和半导体的能带理论,最后介绍半导体导电的性质和应用.

4.1 金属中的自由电子

金属的导电能力很强,这是因为金属内部存在很多能够自由运动的电荷,这些电荷在有外加电压时容易发生定向移动,形成电流.金属中的正离子被限制在晶格上,难以流动,因此正离子不可能是形成电流的电荷.当原子结合在一起形成金属时,金属原子的最外层电子受到的原子核的束缚作用很弱而容易挣脱束缚,在金属内自由流动,因此它们才是电流的载体,即载流子.我们把金属中能够自由运动的电子称为自由电子.自由电子之间相互作用很弱,它们分布在金属内部,就像气体分子弥散在容器中一样.这种由自由电子组成的系统称为自由电子气.

4.1.1 自由电子气模型

自由电子并不是完全自由的,它们不能随便逸出金属,否则金属就不存在逸出功的问题了.自由电子受到金属内部正离子的库仑吸引作用,这些正离子束缚在周期排列的晶格上,为自由电子提供了一个空间周期性的势场.金属中自由电子的相互作用,以及它们与正离子晶格的相互作用是很复杂的.为了获得其中的本质规律,我们引入一个简单的模型——自由电子气模型.

授课录像:自由电子气模型

为清晰起见,我们考虑由金属原子等间隔连接成的金属链,即一维金属晶体情形.如果电子处于一个正离子周围,它会受到如图 4-1(a)所示的库仑势的作用,势能 U 是电子到离子的距离 r 的函数.如果一个电子处于一维晶体内,它要受到如图 4-1(b)实线所示的周期势场的作用,相应的势能函数大致是虚线表示的每个离子的库仑势的叠加.势能函数如此复杂的薛定谔方程是不可能准确解出的,为了能够抓住问题的主要特征,我们要对势能函数作出合理的简化.

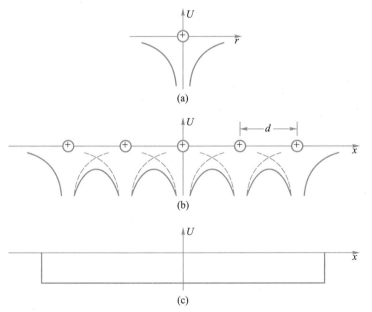

图 4-1 一维金属中电子的势能函数

从波粒二象性的观点来看,电子具有波动性. 对于波,当障碍物尺寸比波长大得多时,波会在障碍物后留下阴影,例如,阳光会在人的身后留下影子;当障碍物尺寸比波长小得多时,障碍物对波没有什么影响,例如,一根芦苇秆不会对水波产生什么影响;当障碍物尺寸与波长相当时,波会发生明显的衍射现象,衍射现象是证明某些物理对象具有波动性的实验依据. 在金属中,电子表现出波动性的一面,它遇到的障碍物就是周期排列的离子. 一般情况下,金属中电子的德布罗意波长比离子间距大得多,电子的波动性或者电子的行为基本不会受到金属内复杂周期性势场的影响,自由电子受到的势场只是周期势场的平均效果. 图 4-1(c) 表示出了相应的势能函数,即一维方势阱. 为简单起见,我们还更进一步假设此方势阱为一维无限深方势阱. 这意味着,在一维晶体内部电子不受势场的作用,只在晶体边界受到无限强的束缚作用. 因此在无限深方势阱模型下,电子无法逸出金属,也就无法解释逸出功的问题.

对于金属钠,密度为 0.97×10^{3} kg/m³,摩尔质量为 23×10^{-3} kg/mol,则离子间距可估计为

$$d=\left[1\bigg/\left(\frac{0.97\times10^{3}\ \text{kg/m}^{3}}{23\times10^{-3}\ \text{kg/mol}}\times6.02\times10^{23}\ \text{mol}^{-1}\right)\right]^{1/3}$$
$$=3.4\times10^{-10}\ \text{m}$$

常温下($T=300$ K),电子的方均根速率为 $v=\sqrt{3kT/m}$,则德布罗意波长为

$$\lambda=\frac{h}{mv}=\frac{h}{\sqrt{3mkT}}=\frac{6.63\times10^{-34}\ \text{J}\cdot\text{s}}{\sqrt{3\times9.1\times10^{-31}\ \text{kg}\times1.38\times10^{-23}\ \text{J/K}\times300\ \text{K}}}$$
$$=6.2\times10^{-9}\ \text{m}$$

可见德布罗意波长比离子间距大得多(后者比前者约大 20 倍),因此上述方势阱简化模型是合理的.

对于三维金属晶体,自由电子可以在 x,y,z 三个方向自由运动,因此可以认为电子处于三维无限深方势阱中. 这种把金属中的电子近似看作处于三维无限深方势阱中的自由电子气的简化模型称为自由电子气模型. 金属很多性质的研究就是以自由电子气模型为基础的.

授课录像:自由电子气中电子的能量与状态

4.1.2　自由电子气的费米能量

1. 自由电子气中电子的能量

在自由电子气模型中,电子处于三维无限深方势阱中. 在金

属内部,电子的势能 $U=0$,定态薛定谔方程为

$$-\frac{\hbar^2}{2m}\left(\frac{\partial^2\psi}{\partial x^2}+\frac{\partial^2\psi}{\partial y^2}+\frac{\partial^2\psi}{\partial z^2}\right)=E\psi \qquad (4-1)$$

从偏微分方程性质可知,此处的波函数 ψ 可以分离变量,表示成 $\psi(x,y,z)=X(x)Y(y)Z(z)$ 的形式,其中 $X(x),Y(y),Z(z)$ 分别为 x,y,z 三个方向的一维无限深方势阱定态薛定谔方程的解,它们表示三个方向的驻波. 因此,可以像 3.2.1 节那样,用驻波的特点来讨论三维金属中电子的能量分布,这可以看作一维无限深方势阱问题向三维无限深方势阱问题的扩展.

如图 4-2 所示,设金属为一块边长为 a 的立方体,三条互相垂直且交于一点的棱所在的直线分别取作 x,y 和 z 轴. 沿三个方向的驻波的波长 $\lambda_x,\lambda_y,\lambda_z$ 要满足条件

$$n_x\frac{\lambda_x}{2}=a,\quad n_y\frac{\lambda_y}{2}=a,\quad n_z\frac{\lambda_z}{2}=a \qquad (4-2)$$

式中 n_x,n_y,n_z 是独立的量子数,分别任意取正整数 $1,2,3,\cdots$. 在三个方向分别利用德布罗意公式 $p=\dfrac{h}{\lambda}$,并利用式(4-2),可得电子动量在各方向的分量

$$p_x=\frac{h}{2a}n_x,\quad p_y=\frac{h}{2a}n_y,\quad p_z=\frac{h}{2a}n_z \qquad (4-3)$$

因此电子能量为

$$E=\frac{p^2}{2m}=\frac{p_x^2+p_y^2+p_z^2}{2m}=\frac{h^2}{8ma^2}(n_x^2+n_y^2+n_z^2)=\frac{\pi^2\hbar^2}{2ma^2}(n_x^2+n_y^2+n_z^2)$$
$$(4-4)$$

易见上式为三个方向一维无限深方势阱定态薛定谔方程能量本征值的和.

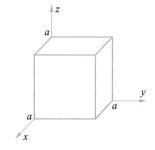

图 4-2　边长为 a 的立方体金属

2. 自由电子气中电子的状态

在第 3 章中,利用四个量子数 (n,l,m_l,m_s) 来描述原子中电子所处的状态(量子态),其中 (n,l,m_l) 表示电子的空间状态(又叫轨道状态),m_s 表示电子的自旋状态. 与此类似,这里我们用不同的三个量子数 (n_x,n_y,n_z) 的组合来表示金属内自由电子的空间状态,仍然用 m_s 表示电子的自旋状态,因此 (n_x,n_y,n_z,m_s) 就可以表示金属自由电子所处的量子态,其中空间量子数 n_x,n_y,n_z 分别任意取正整数 $1,2,3,\cdots$,自旋磁量子数 m_s 取 $\pm 1/2$. 例如,$(3,3,4,1/2)$,$(3,3,4,-1/2)$ 以及 $(3,6,5,-1/2)$ 表示不同的量子态. 需要说明,原子中的电子和金属中的电子之所以具有不同形式的空间量子数 (n,l,m_l) 和 (n_x,n_y,n_z),原因在于二者处于不同的势场中,前者处于球对称库仑势场中,后者处于方形势场中,因

此二者的行为和状态也是不同的. 但是它们有一个共同点, 即均为三维势场, 因此都有 3 个空间量子数.

式(4-4)表明, 金属内电子的能量与 n_x, n_y, n_z 的平方和成正比, 与 m_s 无关. $(n_x^2 + n_y^2 + n_z^2)$ 值相同的不同量子数组合所表示的量子态具有相同的能量(能级), 但是它们仍然表示不同的量子态. 把这种与多个量子态对应的能级称为简并能级, 例如量子态(13, 3, 4, 1/2) 和 (12, 5, 5, 1/2) 对应的能级是简并的(因为 $13^2 + 3^2 + 4^2 = 12^2 + 5^2 + 5^2$). 与一个简并能级对应的量子态的数目, 称为能级的简并度, 例如一个能级对应的所有量子态为 (2, 1, 1, 1/2), (2, 1, 1, -1/2), (1, 2, 1, 1/2), (1, 2, 1, -1/2), (1, 1, 2, 1/2) 和 (1, 1, 2, -1/2), 则这个能级的简并度为 6.

简并能级

简并度

泡利不相容原理不仅适用于原子中的电子, 也适用于固体中的电子, 是包括电子在内的费米子系统的普适原理. 根据泡利不相容原理, 量子态 (n_x, n_y, n_z, m_s) 最多能容纳 1 个电子, 即要么空着, 要么填充一个电子. 金属中有限数目的自由电子以这种方式, 按照能量最低原理先填充能量较低的状态, 再填充能量较高的状态, 直到把电子填完为止.

授课录像: 费米能量

3. 费米能量

考察电子填充量子态的情况. 取直角坐标系, 三个坐标轴分别为量子数 n_x, n_y 和 n_z, 如图 4-3 所示, 这个空间称为量子数空间. 由式(4-3)可见, 电子动量的三个分量分别与三个量子数 n_x, n_y, n_z 成正比, 因此量子数空间又称为动量空间.

量子数空间

动量空间

在量子数空间中, 以原点为球心, 以 R 为半径的球面上的点具有相同的 $(n_x^2 + n_y^2 + n_z^2)$ 值, 因而根据式(4-4), 这些点对应的状态具有相同的能量. 由式(4-4)可得, 与能量 E 对应的球面半径为

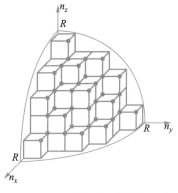

图 4-3 量子数空间中的量子态
(用小圆点表示)

$$R = \sqrt{n_x^2 + n_y^2 + n_z^2} = \sqrt{\frac{2ma^2}{\pi^2 \hbar^2} E}$$

在这个三维直角坐标系的第一卦限内, 任一具有正整数坐标值的点都对应两个量子态 $(n_x, n_y, n_z, 1/2)$ 和 $(n_x, n_y, n_z, -1/2)$, 或者说, 一个体积为 1 的正方体对应 2 个量子态. 因此, 当 R 足够大时(即空间量子态数足够大时), 能量小于 E 的量子态数等于第一卦限内 1/8 球体积的两倍

$$N_s = 2 \times \frac{1}{8} \times \frac{4}{3} \pi R^3 = \frac{1}{3\pi^2} \left(\frac{2m}{\hbar^2} \right)^{3/2} a^3 E^{3/2} \tag{4-5}$$

因为金属体积 $V = a^3$, 所以单位体积金属内能量小于 E 的量子态数为

$$n_{\mathrm{s}} = \frac{N_{\mathrm{s}}}{V} = \frac{1}{3\pi^2}\left(\frac{2m}{\hbar^2}\right)^{3/2} E^{3/2} \qquad (4-6)$$

根据能量最低原理和泡利不相容原理,电子从能量最低的状态开始逐渐填充能量较高的状态. 量子态原则上有穷多个,而电子数是有限的,电子填充会截止到某个量子态. 把有电子占据的最高能级叫费米能级,相应的能量叫费米能量. 设单位体积金属内含有 n 个自由电子(即自由电子数密度为 n),把这些电子填进上述量子态中,当满足 $n_{\mathrm{s}} = n$ 时,由式(4-6)可求得费米能量,用 E_{F} 表示:

费米能级　费米能量

$$E_{\mathrm{F}} = (3\pi^2)^{2/3}\frac{\hbar^2}{2m}n^{2/3} \qquad (4-7)$$

此式表明,在自由电子气模型中,费米能量与金属内自由电子数密度有关. 表 4-1 列出了几种有代表性的金属的自由电子数密度和费米能量,费米能量的数量级都是几 eV. 在 $0 \sim E_{\mathrm{F}}$ 的狭小能量区间内,密集排布着大量能级,可见金属自由电子的能量分布是准连续的.

表 4-1　$T=0$ K 时一些金属的费米参量

金属	电子数密度 n/m^{-3}	费米能量 $E_{\mathrm{F}}/\mathrm{eV}$	费米速度 $v_{\mathrm{F}}/(\mathrm{m}\cdot\mathrm{s}^{-1})$	费米温度 $T_{\mathrm{F}}/\mathrm{K}$
Li	4.70×10^{28}	4.76	1.29×10^6	5.52×10^4
Na	2.65×10^{28}	3.24	1.07×10^6	3.76×10^4
K	1.40×10^{28}	2.12	0.86×10^6	2.46×10^4
Mg	8.56×10^{28}	7.08	1.58×10^6	8.24×10^4
Al	18.1×10^{28}	11.7	2.02×10^6	13.6×10^4
Fe	17.1×10^{28}	11.2	1.98×10^6	13.0×10^4
Cu	8.49×10^{28}	7.05	1.57×10^6	8.18×10^4
Ag	5.85×10^{28}	5.50	1.39×10^6	6.38×10^4
Au	5.90×10^{28}	5.53	1.39×10^6	6.41×10^4

费米能量在固体物理中是很重要的概念,它使我们看到了与经典物理完全不同的物理图像. 经典理论认为,在 $T=0$ K 时,任何粒子都停止运动,其动能和速度都应为零. 而按照量子理论,即使在 $T=0$ K 时,金属内自由电子能量的取值也不为零,而有一个范围 $0 \sim E_{\mathrm{F}}$.

4. 费米速度和费米温度

相应于费米能量,金属内自由电子的运动速度在 0 K 时也有一个最大值,称为费米速度,它的值为

费米速度

$$v_F = \sqrt{2E_F/m} \qquad (4-8)$$

代入几 eV 数量级的费米能量,可得费米速度高达 10^6 m/s 数量级,这与氢原子玻尔模型给出的电子速度具有同样的数量级. 这意味着即使在绝对零度下,电子仍然剧烈地运动着. 此外,还可引入与费米能量对应的费米温度

费米温度

$$T_F = E_F/k \qquad (4-9)$$

其中 k 是玻耳兹曼常量. 对于几 eV 大小的 E_F,T_F 高达 10^4 K. 这意味着,$T=0$ K 时金属内电子运动的激烈程度相当于 10^4 K 温度下粒子热运动的水平. 部分典型金属的费米速度和费米温度也列在表 4-1 中.

在宇宙中有一类叫中子星的天体,是大质量恒星演化的最终归宿,其原子中的电子都被压到原子核内,与质子结合成为中子,因此中子星内的物质都以中子形式存在. 由于原子内空荡荡的空间被压实,所以中子星密度极高,达 $10^{16} \sim 10^{18}$ kg/m^3. 中子同电子一样,也是具有 $\hbar/2$ 自旋角动量的费米子,所以中子星可以看作费米中子气系统. 把式(4-7)和式(4-8)中的 m 换成中子质量,就可以用来讨论中子星的费米能量和费米速度,进而用式(4-9)讨论中子星的费米温度.

4.1.3 态密度　费米-狄拉克分布

态密度

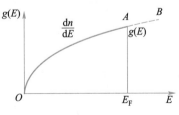
授课录像:态密度、费米-狄拉克分布

量子态随能量的分布并不是均匀的. 为了衡量量子态随能量的分布情况,固体物理中引入了态密度的概念,把它定义为单位体积固体在能量 E 附近单位能量区间中的量子态数. 利用式(4-6),态密度可以表示为

$$g(E) = \frac{\mathrm{d}n_s}{\mathrm{d}E} = \frac{(2m)^{3/2}}{2\pi^2 \hbar^3} E^{1/2} \qquad (4-10)$$

易见 $g(E)$ 曲线是一条抛物线,如图 4-4 中的 OAB 线所示. 这表明随着 E 的增加,量子态对应的能级排列得越来越密. $T=0$ K 时,低于费米能级 E_F 的那些密集能级都被电子占满,而高于 E_F 的能级全空. 因此实曲线 OA 就是 $T=0$ K 时电子的能量分布曲线,即 dn/dE - E 曲线,它表示能量在 E 附近单位能量区间的电子数密度.

实际金属的态密度曲线可以由实验测出,也可以利用深入的量子力学理论计算出来. 图 4-5 是几种金属的态密度计算结果,其中横坐标能量 E 取费米能量 E_F 为零点. 由图可见,多数主族元素金属的态密度曲线具有大致的抛物线形状(尤其是在费米能

图 4-4　金属中自由电子态密度曲线和 $T=0$ K 时电子能量分布曲线

级以下的能量范围),而过渡金属的态密度则比较复杂. 这说明,自由电子气模型虽然似乎过分理想化,但是却能够在一定程度上反映金属内自由电子随能量的分布情况.

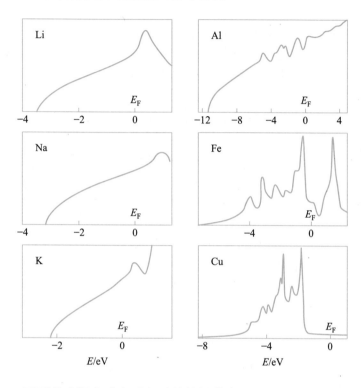

图 4-5 利用量子力学理论计算的几种金属的态密度曲线

下面考虑温度升高时电子的能量分布. 量子统计理论指出,平衡态下的电子系统中,能量为 E 的量子态被电子占据的概率服从费米-狄拉克分布

$$f(E) = \frac{1}{1 + e^{(E-E_F)/kT}} \qquad (4-11)$$

费米-狄拉克分布

式中 T 为热力学温度,E_F 为费米能量(E_F 随温度有复杂的微小变化,一般不考虑这种变化). 图 4-6 给出了费米-狄拉克分布函数曲线.

如果 $T = 0$ K,那么,当 $E > E_F$ 时,$e^{(E-E_F)/kT} = +\infty$,$f(E) = 0$;当 $E < E_F$ 时,$e^{(E-E_F)/kT} = 0$,$f(E) = 1$. 这就是说,能量高于 E_F 的量子态上没有电子分布,而低于 E_F 的每个量子态都被电子占据. 这种分布情况已在图 4-4 中看到了.

如果 $T > 0$ K,那么,当 $E - E_F \gg kT$ 时,$f(E) = 0$;当 $E - E_F \ll kT$ 时,$f(E) = 1$;当 $E = E_F$ 时,$f(E) = 1/2$. 常温下 $f(E)$ 与 0 K 时比较没有太大差别,温度越高差别越大.

这样,在 $T > 0$ K 时,能量在 E 附近单位能量区间内的电子数

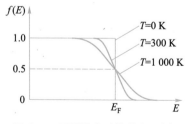

图 4-6 不同温度下的费米-狄拉克分布曲线

密度就用态密度与费米-狄拉克分布函数的乘积表示,即

$$\frac{\mathrm{d}n}{\mathrm{d}E} = g(E)f(E) = \frac{g(E)}{1 + \mathrm{e}^{(E-E_F)/kT}} \tag{4-12}$$

常温下此函数曲线在图 4-7 中表示出来,可见它与 0 K 时的曲线(图 4-4)没有很大差别,只是在 $E = E_F$ 附近有所不同,表现为稍低于 E_F 的曲线偏离抛物线,稍高于 E_F 的函数值不再为零. 我们可以定性地讨论为什么会发生这种现象.

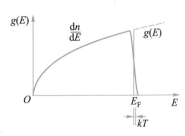

图 4-7　常温下电子能量分布曲线

随着温度的升高,金属晶格离子的振动越来越剧烈,$T = 300$ K 时每个离子的振动能量平均为 $kT = 0.027$ eV 数量级,常温下电子与离子碰撞时最多可以从离子获得大致这么多的能量. 但是,并不是每一次碰撞都可获得该能量,因为低于费米能级的大多数量子态已被电子占满,根据泡利不相容原理,大多数较低能级的电子不能跃迁进入比自己能级高 kT 的已占据能级,所以也就不能吸收该能量. 只有在费米能级附近量子态的电子才能吸收该能量跃迁进入较高的空能级. 这就是说,常温下较低能级上的电子不能通过与晶格碰撞获得能量而跃迁到较高能级上,较低能级上的电子分布也就不能发生变化;只有在费米能量以下约 0.027 eV 的紧邻能量范围的电子才能吸收能量发生跃迁,从而减少该能量区间的电子分布,而增加了稍高于费米能量的量子态的电子分布. 因为常温下 $kT \ll E_F$,所以电子分布的改变仅发生在费米能量附近较小的能量范围内,而在低于费米能级的大部分能量范围内电子分布与 0 K 时没有区别. 作个比喻,这就好像由电子组成的海洋,尽管海面起伏震荡、波涛汹涌,海洋深处却风平浪静.

在 3.2.3 节中介绍的扫描隧穿显微镜利用隧道效应工作. 在扫描隧穿显微镜中,通过扫描探针针尖与样品间的隧道电流对样品表面成像,针尖和样品表面的电子态密度分布对隧道电流的大小起重要作用. 成像时针尖的尖端与样品表面非常靠近(达到 nm 量级),两者表面的电子云有少量交叠,形成类似于化学键的结构. 隧道电流是电子通过隧道效应由"成键"双方的一方向另一方跃迁而形成的,这种跃迁一般发生于双方能量相同的能级之间,这样配对的能级就像电子隧穿的通道一样. 这样的能级越密集,通道就越多,电流就越强. 这个现象用态密度来描述就是,针尖尖端与样品表面的态密度曲线重叠越多,电流就越强. 若使电流保持恒定,则探针沿样品表面扫描时会上下起伏,这样就描绘了样品表面的形状(起伏精度可达 0.1 nm). 因此扫描隧穿显微镜所测量的样品表面,实际上是态密度为恒定值的曲面. 当样品表面原子成分单一时,等态密度曲面就是样品表面的原子尺度起伏面,而当样品表面成分复杂(例如表面氧化、吸附杂质原子等)

时,两者就有差别了. 另外,如果针尖尖端只有一个或几个原子,其表面只形成几个分立的能级,不需要用态密度描述能级分布. 当针尖与样品间外加一定的电压 V,针尖分立的能级就会平移 eV 能量. 选择一个分立能级,并让电压 V 缓慢增长,这个能级就会扫过样品表面的态密度曲线,这样就可以通过隧道电流测量样品表面的态密度曲线了.

例 4-1

求 $T = 0\ \text{K}$ 时自由电子气模型中电子的平均能量和平均速率.

解:在热学中引入了气体分子按分子速率的分布函数,即麦克斯韦速率分布律. 与此类似,在金属自由电子气模型中,量子态随能量的分布用态密度 $g(E)$ 来描述,如式(4-10)所示. $T = 0\ \text{K}$ 时在费米能量 E_F 以下每个量子态都填充一个电子,E_F 以上所有量子态全空,则自由电子按能量的分布函数为

$$g_E(E) = \frac{\text{d}N_E}{\text{d}E} = \begin{cases} CE^{1/2} & (E \leqslant E_F) \\ 0 & (E > E_F) \end{cases}$$

它的物理意义是分布在 E 附近单位能量区间的电子数,曲线形状与图 4-4 相同,其中常量 $C = \dfrac{(2m)^{3/2} V}{2\pi^2 \hbar^3}$,$V$ 是金属体积. 因为电子总数为 $\int \text{d}N_E$,所有电子能量之和为 $\int E \text{d}N_E$,所以自由电子的平均能量为

$$\overline{E} = \frac{\int E \text{d}N_E}{\int \text{d}N_E} = \frac{\int_0^{E_F} E g_E(E)\,\text{d}E}{\int_0^{E_F} g_E(E)\,\text{d}E}$$

$$= \frac{\int_0^{E_F} CE^{3/2}\,\text{d}E}{\int_0^{E_F} CE^{1/2}\,\text{d}E} = \frac{3}{5} E_F$$

利用 $E = mv^2/2$ 和费米能量与费米速度的关系式 $E_F = mv_F^2/2$,可求得自由电子的平均速率

$$\overline{v} = \frac{\int v \text{d}N_E}{\int \text{d}N_E} = \frac{\int_0^{E_F} v g_E(E)\,\text{d}E}{\int_0^{E_F} g_E(E)\,\text{d}E}$$

$$= \frac{\int_0^{E_F} vCE^{1/2}\,\text{d}E}{\int_0^{E_F} CE^{1/2}\,\text{d}E} = \frac{\int_0^{E_F} \sqrt{2/m}\, E\,\text{d}E}{\int_0^{E_F} E^{1/2}\,\text{d}E}$$

$$= \sqrt{\frac{9}{8m}} E_F^{1/2} = \frac{3}{4} v_F$$

4.2 固体能带理论

金属中的自由电子处在离子晶格的周期性势场中,自由电子气模型把这种势场简化为三维无限深方势阱. 这样就忽略了离

授课录像:固体的能带

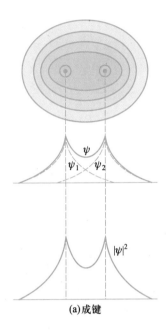

ψ

ψ_1 ψ_2

$|\psi|^2$

(a)成键

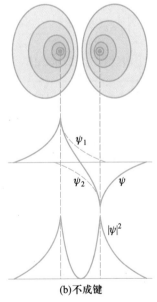

ψ_1

ψ_2 ψ

$|\psi|^2$

(b)不成键

图 4-8　两个钠原子接近时的电子云分布、电子波函数

子对电子的作用,单独应用该模型不能得到具体某一种金属的态密度曲线.如果取消这种简化,计及周期性势场,那么原子的一个个电子能级将扩展成一个个带状能量结构,称为能带.能带被电子填充的程度决定了固体的电学性质.针对每种固体晶格不同的周期结构和势场,可以获得属于该固体的独特的能带结构.

4.2.1 固体的能带

两个或几个原子通过原子间的化学键结合成分子,大量的原子也是通过化学键结合成固体.分子中的化学键和固体中的化学键在本质上没有什么不同,作为基础先来考察一下双原子分子中的电子在形成化学键时所起的作用.

在引入波函数概率诠释之前我们曾仔细分析了电子的双缝干涉实验(见 2.5.3 节),在那里提到了波函数的叠加,即

$$\psi = \psi_1 + \psi_2 \qquad (4-13)$$

其中 ψ_1 和 ψ_2 分别为单独开放缝 1 和缝 2 时电子在屏上的波函数,而 ψ 是两缝全开时电子在屏上的波函数.相应的概率分布为

$$|\psi|^2 = |\psi_1 + \psi_2|^2 = |\psi_1|^2 + |\psi_2|^2 + \psi_1^* \psi_2 + \psi_1 \psi_2^* \qquad (4-14)$$

因此,两缝全开时电子在屏上某处出现的概率密度 $|\psi|^2$ 不等于分别单开一缝时的概率密度之和 $|\psi_1|^2 + |\psi_2|^2$,而多出来了交换项 $\psi_1^* \psi_2 + \psi_1 \psi_2^*$.正是由于量子力学中电子具有波动性,才出现该交换项.而经典物理中,电子只是粒子,分别单开一缝时的概率密度之和等于两缝全开时的概率密度,不可能出现这一交换作用.交换项内容在经典物理是没有的,它是量子力学独有的结果.

上述性质在双原子分子的化学键中也有体现.为简单起见,以两个钠原子形成 Na_2 分子为例.设 ψ_1 和 ψ_2 分别为两个钠原子的价电子(3s 电子)的波函数,ψ 为 Na_2 分子的共有化电子(形成分子时原来各自属于每个原子的价电子被两个原子所共有)的波函数,三个波函数的关系如式(4-13)所示.当两原子孤立存在,即它们相距无穷远时,两电子云各自独立存在,没有相互作用,表现为交换项 $\psi_1^* \psi_2 + \psi_1 \psi_2^* = 0$;当两原子接近时,它们的电子云发生相互作用,表现为交换项 $\psi_1^* \psi_2 + \psi_1 \psi_2^* \neq 0$.当 $\psi_1^* \psi_2 + \psi_1 \psi_2^* > 0$ 时,$|\psi|^2 > |\psi_1|^2 + |\psi_2|^2$,原子间电子云密度增加,形成化学键,两原子结合成分子,状态稳定,因而能量降低,如图 4-8(a)所示;反之,当 $\psi_1^* \psi_2 + \psi_1 \psi_2^* < 0$ 时,$|\psi|^2 < |\psi_1|^2 + |\psi_2|^2$,原子间电子云密度减少,不形成化学键,两原子不结合成分子,状态不稳定,因而能量升高,如图 4-8(b)所示.

　　利用多电子系统的薛定谔方程,可计算得到两个钠原子组成的系统的价电子能量随原子间距离变化的曲线,如图 4-9(a)所示.曲线 1 表示两原子在一定距离范围内的价电子能量比孤立存在时降低(图中 3s 能级表示原子孤立存在时的价电子能量),能够形成分子,相应于图 4-8(a)的情形;曲线 2 表示两原子在任何距离时价电子能量均升高,不能形成分子,相应于图 4-8(b)的情形.稳定的双原子分子键长取平衡值 r_0(曲线 1 的最低点),此时对应两个能级 E_1 和 E_2,即钠原子的一个 3s 能级分裂为两个能级.分子的两个共有化电子的自旋方向相反,根据泡利不相容原理,它们可以同时占据较低能级 E_1,而较高能级 E_2 空闲,即一个能级全满,一个能级全空.

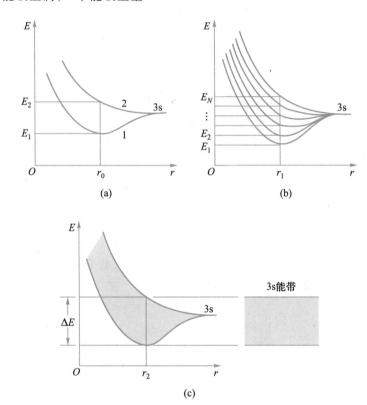

图 4-9　钠原子的 3s 能级分裂为钠晶体的 3s 能带

　　可以证明,对于由 N 个钠原子组成的系统,价电子能量随原子距离的变化曲线有 N 条,其中有的曲线有能量降低的部分,有的没有,如图 4-9(b)所示.当 N 个钠原子形成稳定的原子团簇时,钠原子取平衡间距 r_1.原子的 3s 能级分裂为 N 个能级,考虑自旋因素,每个钠原子贡献一个价电子组成的 N 个共有化电子占据 $N/2$ 个较低能级,另外 $N/2$ 个较高能级空闲,即仍然是一半能级全满,一半能级全空.

如果 N 极大（例如大到 10^{23} 数量级），则表示形成了固体，价电子能量随原子距离的变化曲线多达 10^{23} 条，如图 4-9(c) 所示. 稳定固体中钠原子间距为 r_2，钠原子的 3s 能级分裂为约 10^{23} 个能级. 如此多的能级紧密排列在 ΔE（约几 eV）的范围内，平均来说相邻能级间距仅为 10^{-23} eV，能量几乎连续取值. 我们把能级如此密集排列的带状能量范围称为能带，此处由 3s 能级分裂成的能带称为 3s 能带. 至于能带中的能级随能量的分布情况（即态密度）则是固体物理很复杂的问题，此处从略. 显然，共有化电子填充钠金属的 3s 能带时，一半能级全满，一半能级全空，或者说能带半充满.

原子结合成固体时，除了 1s，2s，3s 等 s 能级分裂为 s 能带外，2p，3p 等 p 能级也分裂为 p 能带，同样 d，f 能级也发生分裂. s 能级可容纳 2 个电子，由 N 个原子组成的固体的 s 能带最多可容纳 $2N$ 个电子；p 能级可容纳 6 个电子，p 能带最多可容纳 $6N$ 个电子. 一般来说，由 N 个原子组成的固体，对于轨道角量子数为 l 的能带，最多可容纳的电子数为 $2(2l+1)N$.

从以上分析我们可以发现，能带的形成来源于固体原子间的相互作用，或者更进一步，来源于原子中电子波函数的交换作用，参见式(4-14). 钠的 3s 电子是原子最外层电子，比较自由，相对运动范围广，形成固体时相应的电子云交叠程度大，波函数交换作用强，故 3s 能带较宽；2p 电子是内层电子，受原子束缚强，只能在局部范围内运动，相应的电子云交叠程度较小，波函数交换作用较弱，故 2p 能带较窄. 同理 2s、1s 能带更窄. 图 4-10 表示出了能带的宽度差别. 当原子间距取不同值时，电子云交叠程度也会不同，导致能带的宽度也会发生变化.

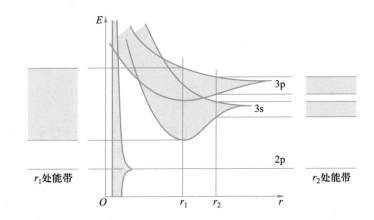

图 4-10　钠晶体的能带及能带重叠

量子力学精确的定量计算表明，固体的能带常常发生重叠，即不同的能带出现在了同一能量范围，重叠能带将作为整体根据泡利不相容原理和能量最低原理被电子填充. 由图 4-10 可看出钠金属的 3s 能带和 3p 能带的重叠情况,显然重叠后的能带整体上不再恰好被电子填充一半. 有时,能带重叠对固体的物理性质具有重要影响. 例如,镁原子有两个价电子,其 3s 能级被填满,形成固体后 3s 能带也将被电子全部充满,根据 4.2.3 节的结论会导出镁是绝缘体的错误结论,但是由于发生能带重叠,重叠后的能带将部分填充,从而得到镁是金属的正确结论.

需要说明的是,虽然上述能带理论是通过分析金属而建立的,但是它对包括绝缘体和半导体在内的所有固体都是适用的.

4.2.2 价带、导带和禁带

单个原子具有一个个分立的电子能级,当原子结合成固体时,能级分裂成一个个能带,能带按能量高低顺序排列. 固体电子在填充这些能带时,遵循能量最低原理和泡利不相容原理. 电子先填充低能带,后填充高能带;先填充能带中的低能级,后填充高能级,每个能级可以填充自旋相反的两个电子. 如果一个能带的每个能级都被电子填满,那么这个能带称为满带. 如果一个能带的所有能级都没有填充电子,那么这个能带称为空带.

授课录像:价带、导带和禁带

满带

空带

电子刚好填充完毕的那个能带是有电子存在的最高能带,一般由价电子占据,故称为价带. 金属的价带一般未被电子填满,当外加电场时,价带电子可以从电场中吸收能量,跃迁到该价带中较高的空能级上. 这表示价带电子被电场加速了,形成了电流,能够导电,因此金属的价带又是导带. 与金属不同,绝缘体和半导体的价带是满带,各能级已被电子占据,受泡利不相容原理的限制,不允许其他电子进入,也就是说,它们的价带电子不能在本能带中跃迁,因此不能形成电流. 但是,如果价带电子由于某种原因(例如热运动、光照)能够跃迁到更高的空带中,那么在外电场作用下电子可以在该空带内向较高的能级跃迁,参与导电,因此半导体和绝缘体的这个空带就称为导带.

价带

导带

综合导带的上述两种情况,可以把它定义为 $T = 0$ K 时有空闲量子态存在的能带. 除了重叠的能带以外,能带间往往存在一个无电子能级的能量区域,称为禁带,固体中的电子不允许取禁带范围内的能量值. 图 4-11 是不同种类固体的价带、导带和禁带结构示意图,它们不同的特征,对其电学性质起重要作用.

禁带

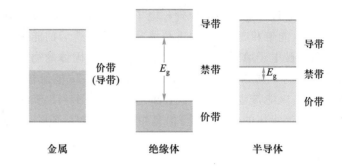

图 4-11　金属、绝缘体和半导体的能带结构对比

4.2.3 导体、绝缘体和半导体

导体

绝缘体　半导体

授课录像:导体、绝缘体和半导体

固体按导电性能分为导体、绝缘体和半导体,电阻率在 $10^{-8}\Omega \cdot \mathrm{m}$ 以下的固体为导体,电阻率在 $10^{8}\Omega \cdot \mathrm{m}$ 以上的固体为绝缘体,半导体的电阻率则介于两者之间.典型的导体包括各种金属,典型的绝缘体有金刚石、氯化钠晶体等,典型的半导体有硅、锗、硒、砷化镓等.导体、绝缘体和半导体不同的能带结构决定了它们不同的导电性能.

金属的导带(也是价带)是部分填充的,在电场作用下电子很容易在导带内跃迁,产生电流,所以金属是导体.一些二价金属,例如 Mg、Be、Zn 等,它们的价带是由满带和空带重叠形成的,所以仍是部分填充的能带,从而表现出良好的导电能力.

金属自由电子气模型认为电子处于三维无限深方势阱中,其电子能级从势阱底开始依次向上排列.如果对此模型加以修正,采用像图 4-1(b)那样的由晶格形成的周期性有限深势阱,那么通过解多电子薛定谔方程就可得到金属的能带结构.因为金属内的价电子受周期排列离子的束缚较弱,所以这种模型称为近自由电子模型.在近自由电子模型中,也可以像自由电子气模型那样定义费米能级,即 $T=0$ K 时能带中有电子占据的最高能级.而且,两个模型给出的量子态随能量分布的特征也类似,实际上图 4-5 中的态密度曲线就是近自由电子模型下的计算结果,它们给出了金属从导带底开始量子态随能量的分布情况.

绝缘体和半导体的能带结构类似,如图 4-11 所示,在 $T=0$ K时都有作为满带的价带、作为空带的导带和隔离价带与导带的禁带.能带中电子的跃迁也要受到泡利不相容原理的限制.因为价带中已没有可以接收其他电子的空量子态,所以价带中的电子只能越过禁带向导带中跃迁.绝缘体的禁带宽度 E_g 很宽(3~6 eV),例如金刚石的禁带宽度为 5.5 eV,常温下价带电子与晶格离子碰撞所吸收的能量($T = 300$ K 时 $kT = 0.027$ eV)与之相比微不足道,不能将价带电子激发到导带,所以不能导电.某些绝缘体在外加强电场的情况下,可以从电场中吸收足够的能量,使价带电子跃迁到导带,从而发生导电现象,这种现象称为绝缘体的电击穿(参考例 4-4).

半导体的禁带宽度相对较窄($0.1 \sim 1.5$ eV),如硅为 1.14 eV,锗为 0.67 eV,砷化镓为 1.43 eV,常温下即有少量价带电子被热激发到导带中,使价带不再是满带,导带不再是空带,从而使半导体表现出一定的导电能力.当温度升高时,激发到导带中的电子数近似按指数规律升高,大大增强了半导体的导电能力.此外,当半导体有适当频率的光照时,也能使价带激发到导带中的电子数增加.因此半导体表现出很好的热敏性和光敏性,可以制成热敏电阻和光敏电阻.

授课录像:例 4-2

例 4-2

量子力学经常取自由电子的能量为正值,而束缚电子的能量为负值,第 3 章中解氢原子时就是这样设定的.与此类似,束缚于金属中的电子的能量取为负值,而刚好逸出金属的静止电子的能量取为零(该能级称为真空能级),自由运动电子的能量则取正值,如图 4-12 所示.在这种情况下,利用下列实验数据计算钠金属的费米能量 E_F 和导带底能量 E_b:用波长为 300 nm 的单色光照射钠金属,发出光电子的最大初动能为 1.84 eV;钠的密度为 971 kg/m³,摩尔质量为 23.0 g/mol.

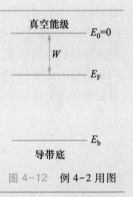

图 4-12 例 4-2 用图

解:单色光照射钠金属,发生光电效应,利用数据,可求出逸出功

$$W = h\nu - E_{km} = \frac{hc}{\lambda} - E_{km}$$

$$= \frac{6.63 \times 10^{-34} \text{ J} \cdot \text{s} \times 3 \times 10^8 \text{ m/s}}{300 \times 10^{-9} \text{ m} \times 1.6 \times 10^{-19} \text{ J/eV}} - 1.84 \text{ eV}$$

$$= 2.30 \text{ eV}$$

金属中活跃的电子是费米能级附近的电子,逸出功就是电子从费米能级跃迁至真空能级所吸收的能量,因此费米能量为

$$E_F = E_0 - W = 0 - 2.30 \text{ eV} = -2.30 \text{ eV}$$

从图 4-5 可以看出,自由电子气模型能够很好地描述钠金属的能带结构,利用该模型,有 $E_F - E_b = (3\pi^2)^{2/3} \dfrac{\hbar^2}{2m} n^{2/3}$,因此导带底能量为

$$E_b = E_F - \frac{\hbar^2}{2m}\left(\frac{3\pi^2 N_A \rho}{M}\right)^{2/3}$$

$$= -2.30 \text{ eV} - \frac{(1.05 \times 10^{-34} \text{ J} \cdot \text{s})^2}{2 \times 9.11 \times 10^{-31} \text{ kg}} \times$$

$$\left(\frac{3 \times \pi^2 \times 6.02 \times 10^{23} \text{ mol}^{-1} \times 971 \text{ kg/m}^3}{0.023 \text{ kg/mol}}\right)^{2/3} \times$$

$$\frac{1}{1.60 \times 10^{-19} \text{ J/eV}}$$

$$= -5.43 \text{ eV}$$

例 4-3

禁带宽度为 $E_g = 1.9$ eV 的 GaAsP 半导体发光的最大波长是多少？

解：半导体发光是导带电子越过禁带跃迁到价带时发生的，其最大波长相应于跃迁能级间的最小能量差，即禁带宽度 $E_g = h\nu_{min} = hc/\lambda_{max}$，所以

$$\lambda_{max} = \frac{hc}{E_g} = \frac{6.63 \times 10^{-34} \text{ J} \cdot \text{s} \times 3.00 \times 10^8 \text{ m/s}}{1.9 \text{ eV} \times 1.6 \times 10^{-19} \text{ J/eV}}$$

$$= 6.54 \times 10^{-7} \text{ m} = 654 \text{ nm}$$

例 4-4

估计金刚石的电击穿场强．已知金刚石的禁带宽度 $E_g = 5.5$ eV，电子运动的平均自由程 $\lambda = 0.2$ μm．

解：金刚石的价电子在运动过程中要与其他价电子频繁碰撞．假定其价电子在相邻两次碰撞间的自由运动过程中被电场加速，碰撞后速度大大降低，接近零，在下一个自由运动过程中又重新被电场加速．如果价电子在一个平均自由程的运动过程中，被电场加速获得的能量能够使电子从价带跃迁到导带，则金刚石就

被电击穿．以 E_b 表示击穿场强，则 $E_g = eE_b\lambda$，由此得

$$E_b = \frac{E_g}{e\lambda} = \frac{5.5 \text{ eV} \times 1.6 \times 10^{-19} \text{ J/eV}}{1.6 \times 10^{-19} \text{ C} \times 0.2 \times 10^{-6} \text{ m}}$$

$$= 2.8 \times 10^7 \text{ V/m} = 28 \text{ kV/mm}$$

该值为空气击穿场强的近 10 倍．

虽然自由电子气理论和能带理论都是新的理论，但是分析它们所用到的量子力学的基本概念和基本原理却是我们在第 2 章和第 3 章就已学到的．这些概念和原理主要表现为以下几个方面：

（1）电子被限制在无限深方势阱中，其运动行为可以用德布罗意驻波来表示．在一维无限深方势阱中表现为一维驻波，在自由电子气的三维无限深势阱中表现为三维驻波，其能量等于三个维度上一维驻波的能量之和．

（2）电子的量子态包括空间态和自旋态．在原子中用 4 个量子数 (n, l, m_l, m_s) 表示量子态，而在自由电子气中也用 4 个量子数 (n_x, n_y, n_z, m_s) 表示量子态．其中前 3 个量子数 (n, l, m_l) 和 (n_x, n_y, n_z) 表示三维情况下的空间状态，而第 4 个量子数 m_s 表示自旋状态．

（3）泡利不相容原理和能量最低原理是电子排布时所满足的基本规律．在原子中，电子在分立能级中排布，不同的排布方式形成了不同的原子．在固体中，电子在不同能带中、同一能带的准连续能级中排布，不同的排布结果使固体表现为导体、半导

体和绝缘体．可见,泡利不相容原理是原子化学性质和固体导电性能的深层次决定因素.

（4）波函数概率解释和叠加原理在微观领域普遍成立．在电子双缝干涉现象中,一个电子可以同时从两缝通过,屏上的干涉亮条纹是电子干涉时出现概率较大的区域．在原子间形成共价键时,一个电子可以被两个或多个原子共有,共价键的位置是电子干涉（电子云交叠）时出现概率较大的区域．可见,共价键是电子波粒二象性的直接结果,因此用经典物理是无法解释的.

4.3　半导体导电

半导体是非常重要的固体材料,在电子信息工业中的地位举足轻重．量子力学建立以来,半导体的性质得到了深入研究,在固体物理学中已发展出半导体物理学分支.

4.3.1　半导体分类

半导体的能带特征与绝缘体类似,却由于禁带宽度小而具有一定的导电能力,但是它的导电性能与金属导体有什么不同呢？

半导体的导电能力比金属低 11 个数量级左右,这种差别来源于它们不同的能带结构．半导体中,电子从价带越过禁带跃迁到导带后,才能吸收外加电场能量在导带内跃迁,起到导电的作用．尽管禁带宽度不大,也会比常温下 kT 大几十倍,因此从价带热激发到导带中的电子数的比例是很低的．以硅为例,其导带电子数要比价带电子数（与原子数同数量级）低 12 个数量级,也就是说,平均每 10^{12} 个硅原子才贡献一个导电电子,所以纯硅的载流子数密度是比较小的．金属中导电电子就是未充满的价带中的电子（价带又是导带）,其数量与原子数同量级．对于铜,平均每个原子都要贡献一个导电电子,可见金属中的载流子数密度很大．因此,半导体和金属中载流子数密度的不同,是它们导电能力巨大差别的重要原因.

半导体的少量价带电子跃迁到导带,就会在价带顶部附近留下少量空量子态,称为空穴．与导带电子一样,价带空穴也是载流子.空穴形成后,价带就不是严格的满带了（这时与金属的价

授课录像:半导体的导电特征

授课录像:半导体分类

带有点类似），价带电子可以在外加电场的作用下向同能带中能量更高的空态跃迁，这等效成高能级上的空穴向低能级跃迁．图 4-13 是这个过程的示意图．打个比方，一列汽车一辆接一辆地停着，第一辆汽车前方有一个空位，该车开出填补这个空位，就在第一、第二车之间留下一个空位，第二车再开出填补这个空位，就在第二、第三车之间留下一个空位，第三车再开出……依次继续下去，汽车不断向前开，空位则不断向后移动．可见，价带空穴导电本质上是价带电子导电．带负电的价带电子逆着外电场方向运动，等效成空穴顺着外电场方向运动，因此空穴可看成带单位正电荷 e 的粒子，也具有电子的质量．应该明确，价带空穴不是一种实际粒子，它只是一个空量子态，只是价带电子的反映，它与导带电子作为两部分不同性质的载流子共同对半导体导电作贡献．当导带电子再跃迁回到价带时，就表示电子与空穴发生中和．

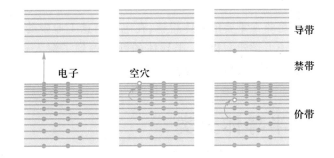

图 4-13　半导体价带空穴的形成过程和导电机理

导带电子与价带空穴数密度的比例关系，对半导体的导电特性具有重要影响．在半导体中掺入微量杂质，就会大大改变导电电子或空穴的数量．从这个方面，把半导体分为纯净半导体和杂质半导体．纯净半导体又叫本征半导体，在本征半导体中，有多少电子跃迁到导带中，就会在价带中留下多少空穴，因此导带电子和价带空穴数量相同（构成了电子-空穴对），如图 4-14（a）所示，两者对本征半导体导电的贡献完全一样．

在本征半导体中掺入微量杂质原子，替换掉半导体的某些原子，这样形成的半导体称为杂质半导体．杂质半导体硅中，杂质原子占硅原子的比例仅为 10^{-7} 左右．根据杂质原子种类的不同，杂质半导体又分为 n 型和 p 型．硅、锗都是 4 价元素，每个原子都与 4 个其他原子成键，构成正四面体结构．这样的本征半导体掺入像磷、砷这样的 5 价杂质元素后，每个杂质原子取代一个硅原子，贡献 5 个价电子中的 4 个与周围 4 个硅原子成键，剩下的一个电子受杂质原子的束缚作用很弱，成为自由电子．

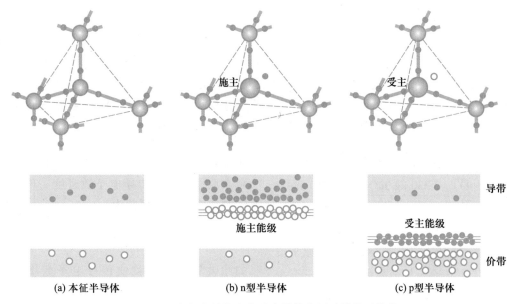

图 4-14　本征半导体和杂质半导体的原子结构及能带

相应地,在能带图上,在硅的禁带内接近导带底的位置出现称为杂质能级的新能级,其上的电子(即杂质原子多出来的那个电子)很容易激发至导带.因为每个杂质原子都贡献一个这样的电子,所以微量的杂质就会使导带电子急剧增加,而价带空穴数量基本没有什么改变.这种半导体以多数载流子电子导电为主,空穴则是少数载流子,称为电子型半导体或 n 型半导体,相应的杂质称为施主(施舍自由电子的意思).图 4-14(b)表示出 n 型半导体的特征.

若在本征半导体中掺入像硼、铝这样的 3 价杂质元素,每个杂质原子要与周围 4 个本征原子成键,就缺少一个价电子;如果它俘获一个电子,则会在周围留下一个自由空穴.表现在能带图上,在禁带内接近价带顶的位置出现空杂质能级,价带电子很容易激发至这些新能级上,而在价带内留下空穴.这种半导体以多数载流子空穴导电为主,电子则是少数载流子,称为空穴型半导体或 p 型半导体,相应的杂质称为受主,如图 4-14(c)所示.

在杂质半导体中,由施主或受主引入的自由电子或自由空穴要比未掺杂时的载流子多得多,因此杂质半导体比本征半导体的导电能力强很多.把 n 型半导体和 p 型半导体以不同方式结合起来,可以制成多种半导体器件,基本上所有半导体器件都是以掺杂半导体材料为基础的.

施主

受主

授课录像:例 4-5

例 4-5

室温下纯硅中传导电子(由价带进入导带的电子)的数密度 n_0 约为 10^{16} m^{-3}. 问多少个硅原子贡献一个传导电子? 如果向其中掺入微量磷杂质,平均每 5×10^6 个硅原子有一个被磷原子取代,则传导电子数密度增加多少倍? 设每个磷原子都有一个"多余的"电子进入导带. 已知硅的密度和摩尔质量分别为 2 330 kg/m^3 和 28.1 g/mol.

解:根据已知数据可求得纯硅的原子数密度

$$\frac{\rho N_A}{M_{Si}} = \frac{2\ 330\ \text{kg/m}^3 \times 6.02 \times 10^{23}\ \text{mol}^{-1}}{0.028\ 1\ \text{kg/mol}}$$

$$= 5 \times 10^{28}\ \text{m}^{-3}$$

则 $n_{Si}/n_0 = 5\times10^{28} / 10^{16} = 5\times10^{12}$ 个硅原子贡献一个传导电子. 与金属中每个原子至少贡献一个传导电子相比,可知半导体的导电能力要比金属弱得多.

利用已知数据可得磷杂质原子的数密度为 $n_P = n_{Si}/ 5\times10^6 = 10^{22}$ m^{-3},由每个磷原子贡献一个传导电子可知,这也是由于掺入磷杂质而增加的传导电子数密度. 传导电子数密度增加的倍数为

$$\frac{n_P}{n_0} = 10^6$$

如此微量的杂质就使传导电子数增加了 100 万倍! 可见,杂质半导体的导电能力比本征半导体有了非常显著的增强. 但即便如此,也比金属的导电能力弱很多.

4.3.2 pn 结

授课录像:pn 结

耗尽层

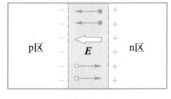

图 4-15　pn 结形成机理(箭头为载流子扩散方向)

半导体各种应用中最基本最核心的结构是所谓的 pn 结,它是在本征半导体相邻两部分分别掺入 5 价和 3 价元素而制成的,这样形成的 n 型和 p 型半导体的交界结构就是 pn 结.

一个箱子中间插一隔板,两侧分别充满氧气和氮气,当拔去隔板后,两种气体会分别向对侧运动,称为扩散. 这种现象也会发生在 pn 结处,如图 4-15 所示,p 型一侧的多数载流子空穴要向 n 区扩散,n 型一侧的多数载流子电子也要向 p 区扩散,两者在交界面附近相遇中和. 这将导致 p 型侧缺少空穴带负电,n 型侧缺少电子带正电. 这种空间电荷分布产生一个由 n 区指向 p 区的电场 E,这个电场阻碍空穴和电子继续向对侧扩散. 随着载流子的扩散,电场越来越强,扩散越来越弱,最后达到电场与扩散作用的平衡状态. 由于中和作用,在交界面附近形成一个缺少载流子的薄层,称为耗尽层,耗尽层的电阻较大. 在平衡状态下,耗尽层厚度和电场大小一定,典型值为

1 μm和$10^6 \sim 10^8$ V/m.

pn 结的重要特性是它的单向导电性. 如图 4-16(a)所示, 给 pn 结加正向电压,即 p 端连电源正极,n 端连负极,电源加在 pn 结的电场与结内电场相反,上述平衡被打破,耗尽层变薄,p 区的空穴和 n 区的电子就能不断地通过耗尽层向对方扩散,形成正向电流. 电流随正向电压的增大而迅速增大,相应于图 4-16(c) I-V 曲线正电压的那段. 如果像 4-16(b)那样,给 pn 结加反向电压,耗尽层则变厚,p 区的空穴和 n 区的电子受到阻碍而难以向对面扩散,不能形成电流. 但是在两区内还有带相反电荷的少数载流子,它们会沿电场方向产生微弱的反向电流,该电流随着反向电压的增大而很快趋于饱和,如图 4-16(c)中负电压的那段. 图 4-16(c)所示的电流与电压的不规则依赖关系是典型的非线性关系,与金属中电流与电压简单的线性依赖关系(欧姆定律)不同,这种非线性关系决定了 pn 结丰富的电学性质.

pn 结仅在加正向电压时才有明显的电流通过,称为 pn 结的单向导电性. 此特性使 pn 结在加交流电压时仅产生单方向电流,这就是 pn 结的整流作用.

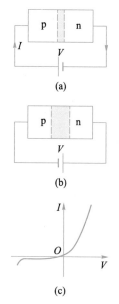

图 4-16 pn 结加正向电压(a)和反向电压(b)时的 I-V 曲线(c)

*4.3.3 半导体器件

利用 pn 结制成的半导体器件多种多样、丰富多彩、应用广泛,下面简要介绍几种.

1. 发光二极管(LED)

对于普通半导体,当电子从导带底跃迁至价带顶,并与那里的空穴中和时,能量多以热能的形式释放出来. 但对于砷化镓、磷化镓、氮化镓等半导体,能量却可能以光的形式释放出来. 为了发射足够强的光,必须有大量的这种"电子-空穴对"湮没. 本征半导体中电子和空穴都比较少;n 型半导体导带电子多,而价带空穴少;p 型半导体价带空穴多,而导带电子少. 因此对于单一品种的半导体,不论是本征的,还是掺杂的,都没有大量的电子一空穴对,无法满足发射实用光的要求.

在适当的 pn 结两侧加上正向电压,就能满足要求,此时电流向 n 区注入电子,向 p 区注入空穴. 如果掺杂足够多,电流又足够大,电子-空穴对就会足够多,耗尽层就会变得足够窄. 这样在 pn 结处就会发生大量的电子与空穴的中和,从而发出光. 常用的商品 LED 一般是将氮化镓、磷化镓、砷化镓等半导体材料通过

授课录像:半导体器件

气相外延法沉积在基底上,精细制作薄层而构成 pn 结. 经过仔细设计可以获得多种禁带宽度,能发出从红外线到紫外线(包括各种颜色的可见光)等多种频率的光. 图 4-17(a)是一个 LED 的照片和结构图.

现在制造 LED 的技术已很成熟,应用也非常广泛. 某些仪表、家用电器、电梯等显示的明亮彩色字符、某些交通指示灯都是由 LED 组成的. 红外光 LED 可装在遥控器上,用来控制电子仪器的工作. LED 具有体积小、亮度高、发热少、效率高、寿命长、易于控制等优点,已成为新型照明灯具,代替白炽灯、荧光灯和碘钨灯等传统灯具. 利用 LED 整齐排列构成的超大屏幕显示器,具有亮度高、色彩艳丽的优点,广泛应用在体育馆、商场、城市广场等公共场所,如图 4-17(b)所示.

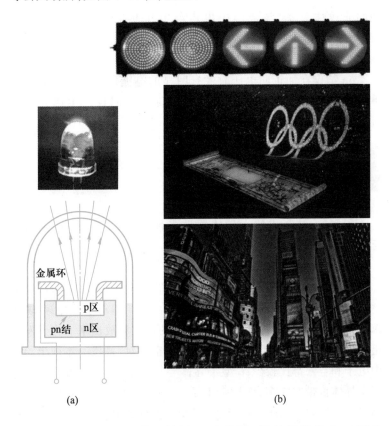

图 4-17　发光二极管的结构(a)和应用(b)

LED 不论用于照明还是用于显示器,都必须能发出三原色光,以组成白光和各种颜色的光. 实际上,发红光、黄光、绿光的 LED 比发蓝光的 LED 早问世 30 多年. 究其原因是蓝光的频率高,相应的电子跃迁需要越过的半导体禁带宽度 E_g 较大(至少 2.6 eV,已接近绝缘体的水平),这样的半导体晶体的制备在技术上存在很大困难. 三位科学家赤崎勇、天野浩和中村修二经过成千次锲而不舍的试验,终于成功制取了能够高效发出蓝光的氮化镓和铟氮化镓晶体,并在 1989 年制成了蓝光 LED,为此获得了 2014 年诺贝尔物理学奖.评委会评价他们伟大的贡献时说:"白炽灯照亮 20 世纪,LED 灯将照亮 21 世纪."2008 年 8 月,天野浩在北京大学作关于蓝光 LED 的讲座,几天后北京奥运会开幕式上,上万枚 LED 组成的奥运五环在北京夜空中冉冉升起,巨幅 LED 显示屏画卷在神州大地上徐徐展开,光华四射,璀璨夺目,成为 LED 问世以来最好的一次展示,如图 4-17(b)所示.自此 LED 广泛应用的大幕在全世界开启.

2. 光电池

让发光二极管的工作过程反向进行,就是一个光电池.把光照射到适当的 pn 结上,价带电子会跃迁到导带上而在价带中留下空穴,这样在 pn 结处形成大量的电子-空穴对.电子聚集在 n 区,空穴聚集在 p 区,结果是 p 区电势高于 n 区,pn 结就成了电源.这实际上是一种光电效应,为了与金属的光电效应相区别,把这称为内光电效应,或光生伏打效应.某些电视机上接收遥控器红外信号的装置就是一个小光电池,它通过把光信号转换成电信号来控制电视机换频道、调音量等操作.太阳能光电池功率低、转换效率低(仅 12%~22%,最近报道效率可达 41%)、成本高,但是污染少、不需输电线路,适用于家庭、交通、通信、航天等领域.图 4-18(a)是公路旁利用太阳能光电池作为能源的路灯.

利用大量的光电池串联和并联,可获得很大的电流、电压和功率,可用于大规模发电,这就是光伏发电.现在,光伏发电已成为一种产业,在国内外备受重视,对并入国家电网的光伏电力竞相扶持.光伏发电在我国也得到迅猛发展.到 2021 年,我国的光伏累计装机容量已达 306 GW,成为全球规模最大的光伏市场.图 4-18(b)是青海省的一家光伏发电站.

(a)利用太阳能光电池作为
能源的路灯

(b)青海省的一家光伏发电站

图 4-18 光电池

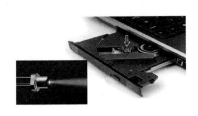

图 4-19 结型激光器和安装有结型激光器的光盘驱动器

3. 结型激光器

在 pn 结中, n 区的导带中有很多电子, p 区的价带有很多空穴, 即电子数少. 这可能引起砷化镓等半导体 pn 结的电子布居数反转, 即高能级上的电子数比低能级上的多, 这正是产生受激辐射激光的必要条件之一. 此外, pn 结两端必须制成严格平行的端面, 从而形成谐振腔. 这样, pn 结就构成了一个结型激光器(如图 4-19 所示), 又叫激光二极管, 它具有结构小巧、功耗低的优点, 能够发出不同于 LED 光的高度相干、波长单一的激光. 光盘驱动器安装了结型激光器, 激光照射到光盘密集的光轨上, 反射后收集起来, 转换成数字信号, 然后被计算机处理, 以获取光盘存储的信息. 结型激光器还广泛用在条码阅读器、激光笔、激光打印机中. 现在, 异质结(两种不同半导体材料的交界结构)半导体激光器已成为光缆通信的关键元件. 俄罗斯的阿尔费罗夫(Zhores I. Alferov)和美国的克勒默(Herbert Kroemer)由于异质结半导体激光器的理论和实验上的开创性工作而获得了 2000 年诺贝尔物理学奖.

4. 金属-氧化物-半导体场效应管(MOSFET)

这是在数字逻辑电路中广泛使用的一种三端半导体晶体管, 具有反应快速、工艺简单、噪声低、功耗小的优点. 如图 4-20 所示, 在 p 型硅半导体基底上用 n 型杂质扩散形成两个高掺杂的 n 区, 它们各连接一个金属电极, 分别叫源极(S)和漏极(D). 先在表面氧化得到一层二氧化硅绝缘层, 然后再在上面沉积一层金属, 作为栅极(G). 注意栅极与半导体并没有电接触, 而是被绝缘氧化物薄层隔开了. 在氧化物薄层中掺入大量不能动的正离子, 受其吸引半导体表面电子富集, 由 p 型变为 n 型, 即形成了连接源极和漏极的 n 型通道. 这样在源极和漏极之间加电压 V_{DS}, 就会在它们之间形成电流 I_{DS}.

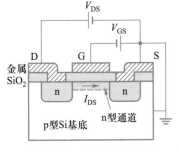

图 4-20 MOSFET 结构图

在栅极和基底间加一负电压 V_{GS}, 即栅极电势低于基底, 那么就会建立一个电场(这就是场效应名称的由来), 此电场把电子从沟道内排斥到基底中, 使沟道与基底间的 pn 结变宽, 沟道变窄, 电阻变大, I_{DS} 变小. 如果 V_{GS} 大小合适, I_{DS} 可减小到零. 因此, 通过控制 V_{GS}, I_{DS} 可通可断, 即 MOSFET 可在开和关之间转换, 用来表示二进制的 1 和 0.

5. 集成电路(IC)

我们现在常用的电子设备和计算机会用到几千甚至几亿个晶体管、电容、电阻等电子元件, 这些元件早已不是一个个繁杂地连接起来, 而是极其精巧地在一小块半导体上制造出来并连接在一起, 构成集成电路. 集成电路是在半导体晶片上通过精密地扩散杂质、适当地氧化等手段制成微小的场效应管,其他电子元件是在晶片上用适当设计的微电路来模拟,它们之间的连线也是在晶片内做出来.

把多个晶体管组合在同一块半导体晶片上的思想在 20 世纪 50 年代就很流行了. 美国德克萨斯公司的基尔比(Jack S. Kilby)和英特尔公司的诺伊斯先后在 60 年代初获得专利,成为集成电路的发明人. 基尔比与前述异质结激光器的发明者一同获得了 2000 年诺贝尔物理学奖(当时诺伊斯已去世). 图 4-21 是英特尔公司制造的奔腾微处理器集成电路,在 1 cm^2 见方的晶片上集成了千万个电子元件. 可以想象,对如此小的元件来说,即使最小的尘粒也会扰乱其工作甚至会损坏它,所以集成电路要用绝缘层包裹起来,生产环境也要极其干净.

图 4-21 奔腾微处理器集成电路的内部结构

集成电路使电子设备极其小型化、模块化,因此价格低廉、便于使用. 现在,集成电路的发展极为迅猛,所集成的元件越来越多,处理和传输数据的速度越来越快. 从计算机到通信设备,从家用电器到手机,几乎所有的电子设备都离不开集成电路. 集成电路已成为现代电子技术最重要的核心器件,极大地影响了人类的生活,深刻地改变了社会的面貌,而且这种影响和改变还远未终结. 可以说,集成电路的使用是科学发展的飞跃,开启了真正的电子革命.

6. 电荷耦合器件(CCD)

CCD 是一种对光很敏感的数字图像传感器,具有效率高、速度快、容易进行数字处理的优点. 典型的 CCD 可以把入射光强的 40%~80%转换成电信号,因此可用在光线很弱、曝光时间很短的场合. 对过去常用的照相胶片,仅有 2%~3%的光引起胶片颗粒的化学反应而成像. 著名的哈勃望远镜较早地安装了 CCD,为我们拍摄到了令人惊异的太空星云和恒星图像,以及火星壮观的红色沙漠图像. 20 年来,CCD 已全面替代传统胶片,广泛应用在摄像头、照相机、摄像机上(图 4-22),终结了摄影史上的胶片时代.

视频:CCD 工作原理

CCD 是利用光生伏特效应来成像的. 它由三层结构组成:上层是一系列金属电极(栅极),下层是半导体硅片,中间隔以绝缘层. 在二维阵列的栅极上加适当电压,电场作用使硅片相应位置产生势阱,一个势阱就是一个像素. 光照到硅片上,产生自由电子,储存在势阱中. 通过交替改变栅极电压,把每个势阱中的电子通过硅表面沟道转移到处理器中进行处理,这样就得到二维阵列像素上的电信号,随后编译为数字信号. 把数字信号输入成像设备,就可以显示亮度与入射光强成正比的图像.

图 4-22 电荷耦合器件及在数码相机中的应用

2009 年诺贝尔物理学奖颁给了 CCD 的发明者,美国、加拿大双重国籍的威拉德·博伊尔（Willard S. Boyle）和美国的乔治·史密斯（George E. Smith）.

本章提要

1. 金属自由电子气模型

把金属中的价电子看作三维无限深方势阱中的自由电子,电子填充量子态时遵循泡利不相容原理和能量最低原理. 量子态用四个量子数(n_x, n_y, n_z, m_s)描述,其中(n_x, n_y, n_z)表示空间态,m_s表示自旋态.

$T = 0$ K 时费米能量

$$E_F = (3\pi^2)^{2/3} \frac{\hbar^2}{2m} n^{2/3}$$

单位体积金属内量子态数按能量分布的态密度

$$g(E) = \frac{dn_s}{dE} = \frac{(2m)^{3/2}}{2\pi^2\hbar^3} E^{1/2}$$

电子占据量子态的概率服从费米-狄拉克分布

$$f(E) = \frac{1}{1 + e^{(E - E_F)/kT}}$$

金属内自由电子数密度按能量分布

$$\frac{dn}{dE} = g(E)f(E)$$

2. 固体能带

当N个原子聚集成固体时,孤立原子的每个能级都分裂成N个靠得很近的能级,这个准连续取值的带状能量范围称为能带.

电子填充能带中的能级时遵循泡利不相容原理和能量最低原理. 对于轨道角量子数为l的能级分裂成的能带,最多可容纳的电子数为$2(2l+1)N$个.

3. 价带、导带和禁带

$T = 0$ K 时电子刚好填充完毕的那个能带是有电子存在的最高能带,一般由价电子占据,称为价带. $T = 0$ K 时有空量子态存在的能带叫导带. 不同能带之间没有能级的能量区域叫禁带.

4. 导体、绝缘体和半导体

导体:价带被电子部分填充,价带也是导带.

绝缘体:$T = 0$ K 时,价带是满带,导带是空带,价带与导带间的禁带较宽.

半导体:$T = 0$ K 时,价带是满带,导带是空带,价带与导带间的禁带较窄.

5. 半导体导电

半导体有导带电子和价带空穴两种载流子. 半导体分为本征半导体和杂质半导体,杂质半导体又分为 n 型(电子型)半导体和 p 型(空穴型)半导体. n 型半导体和 p 型半导体接触构成 pn 结,pn 结有整流作用.

*半导体的主要应用有二极管、晶体管、光电池、结型激光器、集成电路、电荷耦合器件等.

思考题

4-1　金属中的自由电子为什么可以看作处于三维方势阱中?

4-2　什么是费米能量、费米速度和费米温度?

4-3　什么是态密度?量子态被电子填充的概率与哪些因素有关?

4-4　什么是能带?对于轨道角量子数为 l 的能带,最多可容纳的电子数是多少?

4-5　什么是导带、价带和禁带?试从导体、绝缘体和半导体能带结构的不同来解释它们导电能力的差别.

4-6　有人说,在本征半导体中,带一个负元电荷的电子与带等量异号电荷的空穴一样多,它们会很快中和湮没,就没有载流子存在了,所以本征半导体不导电. 这种解释错在哪里?

4-7　杂质半导体中两种载流子数目一样多吗?如果不一样,哪种多些?

4-8　pn 结为何具有单向导电性?

*4-9　有些电视机的遥控是通过红外线实现的,为此在遥控器和电视机内部都使用了半导体器件. 在遥控器内是何种器件?在电视机内又是何种器件?

习题

4-1　已知铜的摩尔质量为 63.54 g/mol,密度为 8 960 kg/m³. 设每个铜原子贡献一个价电子,求铜中的自由电子数密度. 该值为标准状态下理想气体分子数密度的多少倍?

4-2　已知锌是二价金属,摩尔质量为 65.37 g/mol,密度为 6 506 kg/m³,计算锌的费米能量、费米速度和费米温度. 具有此费米能量的电子的德布罗意波长是多少?

4-3　中子星由费米中子气组成. 典型的中子星的密度约为 5×10^{16} kg/m³,求中子星内中子的费米能量和费米速度.

4-4　边长为 a 的立方体金属颗粒中的电子可看作处于三维无限深方势阱中. (1)三个方向的德布罗意波长 $\lambda_x, \lambda_y, \lambda_z$ 应满足什么条件?(2)推导系统电子能量公式. (3)若颗粒中含有 9 个电子,试求费米能量(用公式表示).

4-5 在自由电子气模型中,由 $T=0$ K 时自由电子按能量分布函数(见例4-1)计算自由电子按速率分布函数,并用此分布函数计算平均速率、方均根速率和平均能量. 已知费米能量 E_F 和费米速度 v_F.

4-6 利用习题4-1的数据和教材例4-1的结果,计算突然取消泡利不相容原理时,1 kg铜的自由电子释放的能量(当然没有任何办法取消泡利不相容原理).

4-7 把费米电子气当作理想气体,利用理想气体压强公式和表4-1的数据计算铜的自由电子产生的压强,它是标准状态下大气压强的多少倍?

4-8 在 $T=0$ K 和 300 K 时位于费米能量上方50 meV的一个量子态被占据的概率是多少?

4-9 某温度时,在费米能量上方10 meV处的一个量子态的占据概率是9%,那么在费米能量下方10 meV处的一个量子态的占据概率是多少?

4-10 金刚石和硅晶体的禁带宽度分别为5.5 eV和1.2 eV.(1)禁带上缘(即导带底)E_2 和下缘(即价带顶)E_1 的能级上的电子数 N_2 和 N_1 之比近似符合玻耳兹曼分布,即 $N_2/N_1 = e^{-(E_2-E_1)/kT}$. 求 300 K 时的该比值. 结果说明什么问题?(2)使价带电子越过禁带进入导带所需光照的最大波长各是多少? 它们各处于电磁波的哪一波段?

4-11 费米-狄拉克分布函数[式(4-11)]适用于金属,也适用于半导体和绝缘体. 在本征半导体中,费米能级在禁带的中间位置(费米能级不必是一个可以占据的能级).(1)已知半导体锗的禁带宽度为0.67 eV,分别计算 300 K 时导带被占据和价带顶不被占据的概率.(2)已知绝缘体金刚石的禁带宽度为5.5 eV,分别计算 300 K 时导带底被占据和价带顶不被占据的概率.

与习题4-10的结果比较,说明什么问题?

4-12 氯化钾晶体对可见光是透明的,对波长为140 nm的紫外线来说,此晶体是透明的还是不透明的? 已知氯化钾晶体的禁带宽度为7.6 eV.

4-13 660 keV 的 γ 射线穿过锗(禁带宽度为0.67 eV),可以产生多少电子-空穴对?

4-14 硅晶体的禁带宽度为1.2 eV. 适量掺入磷后,施主能级和硅的导带底的能级差为0.045 eV. 计算此掺杂半导体能吸收的光的最大波长.

4-15 室温下纯硅中自由电子和自由空穴数密度均约为 $n_0 = 10^{16}$ m^{-3}. 如果用掺铝的方法使其自由空穴数密度增大 10^6 倍,则多大比例的硅原子应被铝原子取代? 这样 1 g 硅需掺入多少克铝? 已知硅的密度为 2.33 g/cm^3.

4-16 半导体化合物硒化镉(CdSe)是广泛用于制作发光二极管的材料,其能隙宽度为1.8 eV,这种发光二极管所发出的光的波长是多少? 是什么颜色的光?

第 5 章　原子核物理

在 20 世纪早期,卢瑟福利用 α 粒子散射实验证实了在每一个原子中心都存在一个非常小但集中了几乎全部原子质量的原子核. 实际上,人类第一次接触到核现象是由于放射性的发现. 1896 年,法国物理学家贝可勒尔发现了天然放射性,其本质是一种原子核衰变现象. 放射性元素的原子通过核衰变所放出的射线中包括 α、β 和 γ 三种射线. 这些能量很高的射线,特别是 α 射线(即 α 粒子),为探索原子结构以及原子核的组成提供了强有力的工具. 核能是蕴藏在原子核内部的能量,裂变和聚变是两种利用核能的有效方式. 核能的利用不仅可以缓解常规能源的短缺,同时也是减少环境污染的重要途径.

本章简要介绍了原子核的基本性质,包括核的组成、大小、自旋等,然后讨论了原子核的结合能以及使核保持稳定的核力. 接着介绍了放射性衰变的规律以及 α、β 和 γ 衰变的特征. 最后介绍了核反应的基本知识.

5.1　原子核的基本性质

5.1.1　原子核的组成

在 20 世纪早期,摆在物理学家面前的一个重要问题就是原子核是否具有结构? 如果原子核具有结构,这一结构是什么? 1919 年,卢瑟福用 α 粒子轰击氮原子核,从氮核中打出了一种新的粒子. 根据这种粒子在电场和磁场中的偏转,卢瑟福测出了它的质量和电荷量,确定它就是氢原子核,并命名为质子,用符号 p 表示. 其后,科学家们对更多元素进行了研究,用同样的方法从硼、氟、铝、磷等原子核中打出了质子,由此断定,质子是原子核的组成部分.

质子

质子带有正电荷,其电荷量为 $e(=1.602\times10^{-19}\text{ C})$. 质子的质量为

$$m_\text{p} = 1.672\ 621\ 923\times10^{-27}\text{ kg}$$

中子

1920 年,卢瑟福提出了中子假说,即在原子核内还存在另一种粒子,其质量与质子非常接近,并且是电中性的. 1932 年,卢瑟福的学生、英国物理学家查德威克通过实验证实了中子的存在. 中子不带电($q=0$),用符号 n 表示. 中子的质量为

$$m_\text{n} = 1.674\ 927\ 498\times10^{-27}\text{ kg}$$

核子

在中子被发现后,科学家们提出了原子核的一种模型,即原子核是由质子和中子组成的. 由于质子和中子的质量相差甚微,又都是组成原子核的粒子,因此统称为核子. 氢原子核只包含一个质子,而其他元素的原子核既包含质子又包含中子. 不同种类

核素

的原子核常被称为核素. 原子核(核素)中质子的数目称为原子

原子序数

序数,用 Z 表示. 由于中子不带电,所以原子核的电荷量为 Ze,Z

电荷数

也称为原子核的电荷数. 核子的数目,也就是质子数 Z 和中子数

质量数

N 的和,称为原子核的质量数,用 A 表示,即

$$A=Z+N \tag{5-1}$$

由于质子和中子的质量几乎相等,所以原子核的质量几乎等于单个核子质量的 A 倍,这也是质量数这一名称的由来.

核素常用符号 ^A_ZX 表示,X 为元素的化学符号,上角标 A 为核的质量数,下角标 Z 为原子序数. 例如 $^{15}_7\text{N}$,表示包含 7 个质子和 8 个中子共 15 个核子的氮原子核. 由于质子的电荷量等于电子电荷量的绝对值,所以在中性原子中,原子核外的电子数等于原子序数 Z. 原子的性质以及它如何与其他原子相互作用,主要取决于核外电子的数目. 因此 Z 决定了原子属于哪一种元素. 基于此,在给出元素符号的情况下,左下角的 Z 可以省略,$^{15}_7\text{N}$ 就可以简写作 ^{15}N.

对于同种元素的原子,原子核具有相同的质子数,但是它们的中子数可能不同. 例如,碳原子核总是具有 6 个质子,但是它包含的中子数可能是 5、6、7、8、9 或者 10. 具有相同质子数而中

同位素

子数不同的原子核称为同位素. 因此,^{11}C、^{12}C、^{13}C、^{14}C、^{15}C 和 ^{16}C 都是碳的同位素. 最轻的元素氢有三种同位素,即 ^1H(氕,也就是通常所说的氢)、^2H(氘)和 ^3H(氚). 氦的同位素最丰富的是 ^4He,也就是 α 粒子,它的另一种同位素是 ^3He.

原子质量单位

原子和原子核的质量通常用原子质量单位 u 来表示. 原子质量单位定义为中性碳原子 ^{12}C 质量的 1/12,即

$$1\text{ u} = 1.660\ 539\ 040\times10^{-27}\text{ kg} = 931.494\text{ MeV}/c^2$$

因此质子的质量为 1.007 276 u,中子的质量为 1.008 665 u,而一个中性氢原子 ^{1}H 的质量为 1.007 825 u. 表 5-1 中列出了几种同位素的原子质量.

同位素	原子序数	原子质量/u	同位素	原子序数	原子质量/u
^{1}H	1	1.007 825	^{16}O	8	15.994 915
^{2}H	1	2.014 102	^{23}Na	11	22.989 771
^{3}H	1	3.016 050	^{39}K	19	38.963 710
^{3}He	2	3.016 030	^{56}Fe	26	55.939 395
^{4}He	2	4.002 603	^{63}Cu	29	62.929 592
^{6}Li	3	6.015 125	^{107}Ag	47	106.905 094
^{7}Li	3	7.016 004	^{197}Au	79	196.966 541
^{10}B	5	10.012 939	^{208}Pb	82	207.976 650
^{12}C	6	12.000 000	^{212}Po	84	211.989 629
^{13}C	6	13.003 354	^{222}Rn	86	222.017 531
^{14}C	6	14.003 242	^{226}Ra	88	226.025 360
^{13}N	7	13.005 738	^{238}U	92	238.048 608
^{14}N	7	14.003 074	^{242}Pu	94	242.058 725

表 5-1　几种同位素的原子质量

5.1.2 原子核的形状与大小

卢瑟福最早通过 α 粒子散射实验估算出原子核的大小. 当然,由于波粒二象性,我们不能确定原子核的准确尺寸. 但是一系列实验表明大部分原子核的形状近似为球形,其半径随质量数 A 增大而增大的关系可近似表示为

$$R = r_0 A^{1/3} \tag{5-2}$$

其中 r_0 为比例系数,实验测得 $r_0 \approx 1.2 \times 10^{-15}$ m = 1.2 fm. 球体的体积为 $V = \dfrac{4}{3}\pi R^3$,因此原子核的体积与核子数成正比,即 $V \propto A$. 由于原子核的质量也几乎与 A 成正比,所以各种原子核具有大致相同的质量密度. 这一性质与液滴很相似,其密度与尺寸无关,说明原子核像液滴一样基本上是不可压缩的. 原子核的液滴模型能够解释原子核的某些性质,特别是重核的裂变.

根据式(5-2)可以算得 ^{1}H、^{40}Ca、^{208}Pb 和 ^{235}U 原子核的半径

分别为

$$^1\text{H}:R \approx 1.2 \text{ fm} \times 1^{1/3} = 1.2 \text{ fm}$$
$$^{40}\text{Ca}:R \approx 1.2 \text{ fm} \times 40^{1/3} = 4.1 \text{ fm}$$
$$^{208}\text{Pb}:R \approx 1.2 \text{ fm} \times 208^{1/3} = 7.1 \text{ fm}$$
$$^{235}\text{U}:R \approx 1.2 \text{ fm} \times 235^{1/3} = 7.4 \text{ fm}$$

例 5-1

自然界最丰富的铁原子核的质量数是 56. 计算它的半径、质量以及密度.

解:铁原子核的半径

$$R \approx 1.2 \text{ fm} \times 56^{1/3} = 4.6 \text{ fm}$$

由于 $A = 56$,铁原子核的质量近似为 56 u,或者

$$m \approx 56 \times 1.66 \times 10^{-27} \text{ kg} = 9.3 \times 10^{-26} \text{ kg}$$

它的体积是

$$V = \frac{4}{3}\pi R^3 = \frac{4}{3} \times 3.14 \times (4.6 \times 10^{-15} \text{ m})^3$$
$$= 4.1 \times 10^{-43} \text{ m}^3$$

密度近似为

$$\rho = \frac{m}{V} = \frac{9.3 \times 10^{-26} \text{ kg}}{4.1 \times 10^{-43} \text{ m}^3} = 2.3 \times 10^{17} \text{ kg/m}^3$$

固态铁的密度大约为 7 000 kg/m³,铁原子核的密度约比固态铁的密度大 10^{13} 倍. 核物质的密度与中子星的密度相当. 1 cm³ 具有这一密度的物质,其质量为 2.3×10^{11} kg,或者 2.3×10^8 t.

5.1.3 原子核的自旋与磁矩

核自旋

　　与原子中的电子具有轨道角动量和自旋角动量相似,组成原子核的核子也具有轨道角动量和自旋角动量. 原子核的总角动量等于所有核子的轨道角动量和自旋角动量的矢量和,习惯上也将其称为核的自旋角动量,简称核自旋. 质子和中子的自旋量子数均为 1/2,因此由质子和中子组成的原子核的自旋量子数 I 在核处于基态时具有如下取值规律:(1)偶偶核(质子数 Z 和中子数 N 都为偶数)的自旋量子数等于零;(2)奇奇核(Z 和 N 都为奇数)的自旋量子数为整数;(3)奇偶核(Z 和 N 中一个为奇数,一个为偶数)的自旋量子数为半整数. 原子核的自旋角动量的大小为 $\sqrt{I(I+1)}\,\hbar$. 它在给定 z 方向的投影为

$$I_z = m_I \hbar \quad (m_I = -I, -I+1, \cdots, I-1, I) \tag{5-3}$$

这里 m_I 称为原子核的磁量子数,共可取 $2I+1$ 个不同的值.

　　与角动量相联系,质子、中子以及由它们组成的原子核都具有磁矩.在讨论电子的磁矩时,我们引入了玻尔磁子 $\mu_B = e\hbar/2m_e$ 作为电子的磁矩单位,电子的自旋磁矩在 z 方向的投影近似等于一个玻尔磁子.类似地,在讨论原子核的磁矩时,我们引入**核磁子**

核磁子

$$\mu_N = \frac{e\hbar}{2m_p} = 5.050\ 78 \times 10^{-27}\ \text{J/T} = 3.152\ 45 \times 10^{-8}\ \text{eV/T}$$

$$(5\text{-}4)$$

作为原子核的磁矩单位,其中 m_p 为质子的质量.由于质子质量是电子质量的 1 836 倍,所以核磁子是玻尔磁子的 1/1 836.但是与电子不同的是,质子的自旋磁矩在 z 方向上的投影不等于一个核磁子,而是

$$\mu_{p,z} = 2.792\ 847\mu_N \qquad (5\text{-}5)$$

中子虽然不带电,它的自旋磁矩在 z 方向上的投影却为

$$\mu_{n,z} = -1.913\ 044\mu_N \qquad (5\text{-}6)$$

质子带正电,它的自旋磁矩与自旋角动量方向相同;中子的自旋磁矩与自旋角动量方向相反,与电子的情形相似,说明中子虽然整体不带电,但是其内部却存在电荷的分布.

　　整个原子核的磁矩大约是几个核磁子,其在 z 方向的投影

$$\mu_z = g_I \mu_N m_I \qquad (5\text{-}7)$$

其中 g_I 称为原子核的 g 因子,是一个纯数,不同的核有不同的 g 因子.当把原子核放入外磁场 $\boldsymbol{B}$ 中,其磁矩 $\boldsymbol{\mu}_I$ 与外磁场相互作用就会产生附加能量

$$U = -\boldsymbol{\mu}_I \cdot \boldsymbol{B} = -\mu_z B \qquad (5\text{-}8)$$

由于原子核的磁量子数 m_I 有 $2I+1$ 个值,所以有 $2I+1$ 个不同的附加能量,于是一条核能级在外磁场中就分裂成 $2I+1$ 条.

例 5-2　质子自旋翻转

　　把质子放置在方向沿 z 轴、大小为 2.30 T 的外磁场中.(1)当质子处于其自旋角动量与外磁场平行和反平行的两个状态时,能量差为多少?(2)质子可以通过辐射或者吸收一个光子在这两个能态之间发生跃迁,这个光子的频率和波长是多少?

解:(1)当质子自旋角动量与外磁场平行,也就是其自旋磁矩与外磁场平行时,磁矩与外磁场相互作用产生的附加能量为

$$U = -\mu_{p,z}B = -2.792\ 8 \times (3.152 \times 10^{-8}\ \text{eV/T}) \times$$
$$2.30\ \text{T} = -2.025 \times 10^{-7}\ \text{eV}$$

当质子自旋与外磁场反平行时,附加能量为 $+2.025 \times 10^{-7}$ eV,这两个能态的能量差为

$$\Delta E = 2 \times (2.025 \times 10^{-7}\ \text{eV}) = 4.05 \times 10^{-7}\ \text{eV}$$

　　(2)质子在这两能态之间发生跃迁时,所辐射或者吸收的光子频率和波长分别为

$$\nu = \frac{\Delta E}{h} = \frac{4.05 \times 10^{-7} \text{ eV}}{4.136 \times 10^{-15} \text{ eV} \cdot \text{s}} = 9.79 \times 10^{7} \text{ Hz}$$
$$= 97.9 \text{ MHz}$$

$$\lambda = \frac{c}{\nu} = \frac{3.00 \times 10^{8} \text{ m/s}}{9.79 \times 10^{7} \text{ s}^{-1}} = 3.06 \text{ m}$$

这一频率位于 FM 射频波段. 把含有氢的样本放入 2.30 T 的磁场中, 并且用这一频率的电磁波照射样品, 样品吸收电磁波的能量时就发生质子的自旋翻转.

核磁共振

核磁共振成像

　　这种原子核在外磁场作用下共振吸收某一特定频率的电磁波的现象, 称为核磁共振 (NMR). 由于磁场和电磁波的频率可以精确测定, 所以利用这一技术可以精确测定原子核的磁矩. 这一技术也应用于核磁共振成像 (MRI). 图 5-1 显示了 MRI 的仪器装置. 由于人体组织内含有大量的水和碳氢化合物, 氢核在人体的不同组织环境中密度不同, 发生核磁共振时信号强度也不同. 利用这种差异性就可以把各种组织区分开, 经计算机处理后绘制成非常清晰的人体内部立体图像. 这是一种对人体无害的医学影像技术, 已被广泛用于对全身各系统疾病的诊断, 尤其是早期肿瘤的诊断. 图 5-2 是人体头部纵剖面的核磁共振图像.

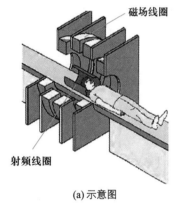

磁场线圈

射频线圈

(a) 示意图

图 5-1　核磁共振成像的仪器装置

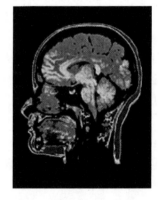

(b) 实景图片

图 5-2　人体头部纵剖面的核磁共振图像

5.2　原子核的结合能和核力

5.2.1　原子核的结合能

　　原子核由质子和中子组成, 当把原子核分解成单个的质子和中子时,必须要给原子核提供能量. 这一能量称为原子核的结合能,用 E_B 表示;它也是单个核子结合成原子核时所释放的能量. 因此 Z 个质子和 N 个中子单独存在时的总的静止能量大于由它们组成的原子核的静止能量,这一差值就是结合能 E_B.

结合能的概念也用于其他系统. 比如一个质子和一个电子单独存在时的总静止能量比两者组成的基态氢原子的静止能量高 13.6 eV,因此要使基态氢原子电离,也就是把电子从氢原子中剥离,需要提供 13.6 eV 的能量. 这就是氢原子的结合能,通常称为氢原子的电离能.

根据爱因斯坦的质能关系式

$$E = mc^2$$

由能量守恒可知

$$(Zm_p + Nm_n)c^2 = m_A c^2 + E_B \tag{5-9}$$

这里 m_A 是质量数为 A、电荷数为 Z 的原子核的静止质量. 由此可得

$$E_B = (Zm_p + Nm_n - m_A)c^2 = \Delta m c^2 \tag{5-10}$$

其中

$$\Delta m = Zm_p + Nm_n - m_A \tag{5-11}$$

称为原子核的质量亏损,因此原子核的静止质量小于组成核的 Z 个质子和 N 个中子的静止质量之和. 由于一般数据表中多给出中性原子的质量 m'_A,而不是原子核的质量 m_A,所以可把式(5-11)写为

$$\Delta m = Zm'_H + Nm_n - m'_A \tag{5-12}$$

其中 m'_H 是中性氢原子 ^1H 的静止质量,这样式(5-12)中右侧第一、三两项中 Z 个电子的质量恰好相互抵消. 原子核的结合能可写为

$$E_B = (Zm'_H + Nm_n - m'_A)c^2 \tag{5-13}$$

例 5-3

计算 ^4He 原子核中最后一个中子的结合能.

解:中子的质量为 $m_n = 1.008\ 665$ u. 从表 5-1 查得 ^3He 原子的质量为 $m'_{^3He} = 3.016\ 030$ u, ^4He 原子的质量为 $m'_{^4He} = 4.002\ 603$ u. 根据式(5-13),^4He 原子核中最后一个中子的结合能为

$$\begin{aligned} E_B &= \Delta m c^2 = (m'_{^3He} + m_n - m'_{^4He})c^2 \\ &= (3.016\ 030\ u + 1.008\ 665\ u - \\ &\quad 4.002\ 603\ u) \times (931.5\ MeV/uc^2) \times c^2 \\ &= 20.58\ MeV \end{aligned}$$

也就是说需要提供 20.58 MeV 的能量才能把一个中子从 ^4He 原子核中剥离.

平均结合能

比结合能

不同原子核的结合能不同,组成原子核的核子越多,它的结合能就越高.因此有意义的是核子的平均结合能,即原子核的总结合能与核子数之比,也称为比结合能.它反映了原子核结合的紧密程度,平均结合能越大,原子核中核子结合得越牢固,原子核越稳定.图 5-3 给出了核子的平均结合能随核子数(质量数)A 变化的关系曲线.从图中可以看出:当核子数 A 较小时,核子的平均结合能随着 A 的增大而急剧增大,但是在 ^{4}He、^{12}C 和 ^{16}O 处的数据(蓝色点)明显位于趋势线(蓝色线)之上,显示这些原子核比其相邻的原子核更稳定.当 A 达到大约 40 时,曲线趋于平缓,核的平均结合能基本与 A 无关,都大约为 8.7 MeV,表明这些原子核的结合能 E_B 大致与核子数 A 成正比.当 A 大于 80 时,曲线缓慢下降,说明重核不如中等质量的原子核稳定.结合能的这些特点反映出核力的性质.

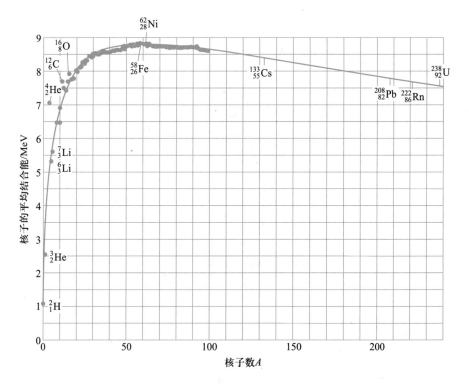

图 5-3   核子的平均结合能曲线

5.2.2 核力

在人们认识原子核之前,只知道自然界存在两种作用力,一种是万有引力,另一种是电磁力.质子带正电,电磁力使得质子彼此排斥．而万有引力太弱,在原子核内完全可以忽略不计．因此组成原子核的核子之间有另外的相互吸引作用力,足以抗衡库仑斥力,把质子与中子紧紧地束缚在原子核内．这种力称为核力．实验证明核力具有如下重要性质:

（1）核力与电荷无关．无论是质子与质子之间,还是中子与中子之间,或者质子与中子之间,它们相互作用的核力都是相同的,与核子是否带电无关．

（2）核力是强相互作用力．在原子核的线度内,核力比电磁力大 2~3 个数量级．

（3）核力是短程力．它的作用范围大约为 2×10^{-15} m. 当两核子之间的距离为 $8 \times 10^{-16} \sim 2 \times 10^{-15}$ m 时,核力表现为吸引力,且随距离增大而减小;在小于 8×10^{-16} m 时为斥力,且随距离的减小而迅速增大;超出 2×10^{-15} m 时,核力急剧下降几乎消失．而万有引力和电磁力是长程力,它们的作用范围是无限远．

（4）核力具有饱和性．一个核子只能和与它紧邻的核子有核力的相互作用,而不能与核内的所有其他核子都有相互作用．这与电磁力不同,原子核中的每一个质子都排斥所有其他质子．这两种彼此竞争的相互作用力决定了原子核是否稳定．

核力的这一性质可以解释为什么中等质量的原子核的结合能 E_B 大致与核子数 A 成正比．假如核力不具有饱和性,每一个核子与其余（$A-1$）个核子都发生相互作用,那么就会有 $A(A-1)/2$ 对相互作用力．要分解原子核,就需要提供足以破坏这 $A(A-1)/2$ 对相互作用力的能量,也就是原子核的结合能 E_B 应该与 $A(A-1)/2$、即与 A^2 成正比,而不是与 A 成正比了．在图 5-3 中,当 A 较小时,核子的平均结合能曲线随着 A 增大而陡峭上升．这是由于每一个核子的紧邻核子数增加,使得每个核子的平均结合能急剧增大．当 A 较大时,质子之间的库仑排斥作用与 Z^2 成正比,因此每个核子的平均结合能减小．结合能减小使得核的稳定性变差．而中子不带电,不受库仑斥力影响,只施加相互吸引的核力．因此,在核内增加质子的同时,增加更多的中子可以维系原子核的稳定．图 5-4 给出了稳定核的质子数与中子数的关系．从图中可以看出,对于较轻的原子核,质子数与中子数接近相等,但对于较重的原子核,中子数大于质子数,越重的核素,两者相差越多．当质子数很大（$Z>82$）时,一些核子间的距离大到其间根本没有核力的作用,稳定核素就不存在了．

（5）核力与自旋有关．两个核子自旋平行时的核力大于它们自旋相反时的核力．自然界中存在的氘核（^{2}H）的自旋为 1. 只有当质子和中子自旋平行时,总自旋才能为 1. 这说明质子和

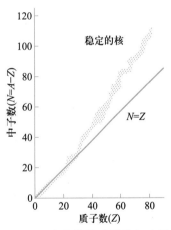

图 5-4 稳定核的质子数与中子数的关系

中子自旋平行时才有较强的核力,可以把质子和中子结合在一起形成稳定的氘核.

除核力以外,科学家们还在原子核内发现了自然界的第四种相互作用——弱相互作用力.它是引起原子核 β 衰变的原因,也是短程力,力程比强相互作用力更短,作用强度比电磁力要小.

5.3 原子核的放射性衰变

5.3.1 放射性

1896 年,法国物理学家贝可勒尔在研究荧光现象时,发现铀盐不需要外界光源照射就能够发出看不见的射线,这种射线可以穿透黑纸使照相底片感光.居里夫人相信,贝可勒尔发现的现象具有普遍性,把这种现象称为"**放射性**"的正是居里夫人.1898 年,居里夫人和她的丈夫法国物理学家皮埃尔·居里发现了两种远比铀的放射性还要强的新的放射性元素,并分别命名为钋和镭.1903 年,贝可勒尔和居里夫妇分享了诺贝尔物理学奖,居里夫人还获得了 1911 年的诺贝尔化学奖,成为第一位获得两次诺贝尔奖的科学家.

研究发现,物质的放射性不受各种物理和化学过程的影响,例如加热、冷却或者化学制剂的作用都不能改变物质的放射性.这表明放射性来自于原子深层,是由原子核发出来的.放射性是不稳定核的衰变.一些核素在核力的作用下不稳定,它们自发地放出各种射线而衰变形成另一种核素.自然界中存在许多不稳定的核素,它们的放射性称为天然放射性.还有一些不稳定核素是在实验室中通过核反应产生,它们的放射性称为人工放射性.

在放射性发现后不久,卢瑟福和他的合作者按照射线的穿透能力,把各种放射性元素衰变所发出的射线分成三种.第一种射线穿透能力最弱,几乎不能穿透一张纸;第二种射线可以穿透 3 mm 的铝板;第三种射线的穿透能力最强,可以穿透几厘米厚的铅板.卢瑟福把这三种射线分别命名为 α 射线、β 射线和 γ 射线.进一步的研究发现,三种射线在磁场中分裂为三束(如图 5-5 所示),显示 α 射线是带正电的粒子流,β 射线是带负电的粒子流,而 γ 射线是电中性的,在磁场中不偏转.最后确认 α 射线(或者 α

放射性

衰变

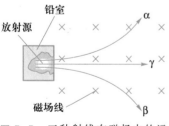

图 5-5 三种射线在磁场中的运动轨迹示意图

粒子)就是氦原子核 ^{4}He,由两个质子和两个中子组成;β 射线是电子流;γ 射线是高能光子流,其能量比 X 射线能量还要高.

5.3.2 放射性衰变规律

一个放射性核素的宏观样本包含大量的放射性原子核.这些原子核不会同时衰变,而是在一段时间内一个一个地衰变.我们不能准确预测一个特定的原子核在何时会衰变,但是整个样本的衰变符合统计规律.

假设 $t=0$ 时原子核的数目为 N_0,t 时刻还存留的原子核数目为 $N(t)$.在时间间隔 $\mathrm{d}t$ 内发生衰变的原子核数目 $-\mathrm{d}N(t)$ 与 $N(t)$ 和 $\mathrm{d}t$ 都成正比,即

$$-\mathrm{d}N(t)=\lambda N(t)\,\mathrm{d}t \tag{5-14}$$

其中 λ 是比例常量.由于 $\mathrm{d}N(t)$ 代表 $N(t)$ 的减少量,所以在它的前面需加负号.把式(5-14)积分后可得

$$N(t)=N_0\mathrm{e}^{-\lambda t} \tag{5-15}$$

式(5-15)称为放射性衰变定律,说明放射性核素按指数规律衰变.式(5-14)可改写为　　　　　　　　　　　　　　**放射性衰变定律**

$$\lambda=\frac{-\mathrm{d}N(t)/\mathrm{d}t}{N(t)} \tag{5-16}$$

式中,分子代表单位时间内发生衰变的原子核数目,分母代表当时的原子核总数.因此,λ 就代表一个原子核在单位时间内衰变的概率,称为衰变常量(单位是 s^{-1}).不同的核素有不同的衰变常量.　　　　　　　　　　　　　　　**衰变常量**

原子核的数目因衰变减少到原来数目 N_0 的一半所需要的时间称为半衰期,用 $T_{1/2}$ 表示.根据式(5-15)可得　　　**半衰期**

$$\frac{N_0}{2}=N_0\mathrm{e}^{-\lambda T_{1/2}}$$

$$T_{1/2}=\frac{\ln 2}{\lambda}=\frac{0.693}{\lambda} \tag{5-17}$$

$T_{1/2}$ 和 λ 都是放射性核素的特征常量.λ 越大,$T_{1/2}$ 越小.图 5-6 显示了放射性核素的数目 $N(t)$ 随时间变化的指数衰变规律.作为一个统计规律,必然有涨落存在.

对于某种放射性核素,其中有些原子核早衰变,有些晚衰变,可以用平均寿命 τ 来表示衰变的快慢.在时间间隔 $\mathrm{d}t$ 内发生衰变的原子核数目为 $-\mathrm{d}N(t)$,其中每个原子核的寿命为 t,则所有放射性核素的平均寿命为　　　　　　　　　　　　　**平均寿命**

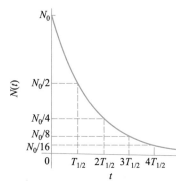

图 5-6   放射性指数衰变规律

放射性活度

$$\tau = \frac{1}{N_0} \int_0^\infty t[-dN(t)]$$

把式(5-14)和式(5-15)代入可得

$$\tau = \frac{1}{N_0} \int_0^\infty t\lambda N(t)\,dt = \int_0^\infty t\lambda e^{-\lambda t}\,dt$$

积分结果为

$$\tau = \frac{1}{\lambda} = \frac{T_{1/2}}{\ln 2} = 1.44 T_{1/2} \qquad (5-18)$$

因此,平均寿命是衰变常量的倒数,是半衰期的 1.44 倍. 把式(5-18)代入式(5-15)可得

$$N(\tau) = N_0 e^{-1} \approx 37\% N_0$$

可见,经过 τ 以后,剩下的放射性核素数目约为原来的 37%.

在应用放射性物质时,常用到放射性活度这一物理量. 单位时间内发生衰变的原子核数目称为该物质的放射性活度,用 $A(t)$ 来表示,即

$$A(t) = -\frac{dN(t)}{dt} = \lambda N(t) = \lambda N_0 e^{-\lambda t} = A_0 e^{-\lambda t} \qquad (5-19)$$

式中 $A_0 = \lambda N_0$ 是 $t = 0$ 时的放射性活度. 由式(5-19)可知,放射性活度与衰变常量 λ 以及放射性原子核的数目 $N(t)$ 成正比. 因此 $A(t)$ 也随时间按指数规律减小,它对时间的变化关系曲线与图 5-6 中的曲线相同,经过一个半衰期,放射性活度降为原来的一半.

在国际单位制中,放射性活度的单位是贝可(勒尔),用 Bq 表示,

$$1 \text{ Bq} = 1 \text{ s}^{-1}$$

放射性活度的另一个常用单位是居里,为纪念居里夫人而得名,用 Ci 表示,

$$1 \text{ Ci} = 3.7 \times 10^{10} \text{ Bq} = 3.7 \times 10^{10} \text{ s}^{-1}$$

1 Ci 近似为 1 g 镭的放射性活度.

例 5-4 ^{57}Co 的放射性活度

放射性核素 ^{57}Co 的半衰期为 272 d.(1)计算它的衰变常量和平均寿命;(2)如果某一 ^{57}Co 样品的放射性活度为 2.00 μCi,这一样品含有多少放射性原子核?(3)一年后这一样品的放射性活度是多少?

解:(1) ^{57}Co 的半衰期为
$T_{1/2} = (272 \text{ d}) \times (86\,400 \text{ s/d}) = 2.35 \times 10^7 \text{ s}$
平均寿命为

$\tau = \frac{T_{1/2}}{\ln 2} = \frac{2.35 \times 10^7 \text{ s}}{0.693} = 3.39 \times 10^7 \text{ s}$

衰变常量为

$$\lambda = \frac{1}{\tau} = \frac{1}{3.39 \times 10^7 \text{ s}} = 2.95 \times 10^{-8} \text{ s}^{-1}$$

$$N_0 = \frac{A_0}{\lambda} = \frac{7.40 \times 10^4 \text{ s}^{-1}}{2.95 \times 10^{-8} \text{ s}^{-1}} = 2.51 \times 10^{12}$$

（2）^{57}Co 样品在 $t = 0$ 时的放射性活度为

$$A_0 = 2.00 \text{ μCi} = (2.00 \times 10^{-6}) \times$$
$$(3.70 \times 10^{10} \text{ s}^{-1})$$
$$= 7.40 \times 10^4 \text{ s}^{-1}$$

则 $t = 0$ 时的放射性原子核数目为

（3）一年（3.156×10^7 s）以后,这一样品的放射性活度为

$$A(t) = A_0 e^{-\lambda t} = (7.40 \times 10^4 \text{ s}^{-1}) \times$$
$$e^{-(2.95 \times 10^{-8} \text{ s}^{-1}) \times (3.156 \times 10^7 \text{ s})}$$
$$= 2.915 \times 10^4 \text{ s}^{-1} = 0.788 \text{ μCi}$$

5.3.3 α 衰变

重核不稳定,通过 α 衰变可以趋于稳定. 当一个原子核自发地放出 α 粒子,由于失去了两个质子和两个中子,所以它变成了另一种原子核. 原来的核称为**母核**,生成的新核称为**子核**. 例如镭 226（$^{226}_{88}$Ra）发生 α 衰变时,它变成了一个电荷数 $Z = 88 - 2 = 86$、质量数 $A = 226 - 4 = 222$ 的氡原子核,这一过程如图 5-7 所示,可以表示成

$$^{226}_{88}\text{Ra} \rightarrow {}^{222}_{86}\text{Rn} + {}^4_2\text{He}$$

α 衰变可以一般地表示为

$$^A_Z\text{X} \rightarrow {}^{A-4}_{Z-2}\text{Y} + \alpha \tag{5-20}$$

其中 X 代表母核,Y 代表子核,A 和 Z 分别是母核的质量数和原子序数. 子核的质量数比母核少 4,原子序数比母核少 2.

母核 X 在衰变前可以看作静止,根据能量守恒定律可得

$$m_X c^2 = m_Y c^2 + m_\alpha c^2 + E_\alpha + E_Y$$

式中 m_X、m_Y 和 m_α 分别为母核、子核和 α 粒子的静止质量,E_α 和 E_Y 分别为 α 粒子的动能和子核的反冲动能. 在 α 衰变中释放出来的能量就是 α 粒子的动能和子核的反冲动能,定义为**衰变能**,用 E_0 表示,即

$$E_0 = E_\alpha + E_Y = [m_X - (m_Y + m_\alpha)] c^2 \tag{5-21}$$

由于一般数据表中多给出中性原子的质量 m',而不是原子核的质量 m,所以可把式（5-21）写为

$$E_0 = [m'_X - (m'_Y + m'_{He})] c^2 \tag{5-22}$$

其中 m'_X、m'_Y 和 m'_{He} 分别为 X、Y 和氦的原子质量,而等式中电子的质量恰好相互抵消. 要发生 α 衰变,衰变能必须大于零,因此母核原子的静止质量必须大于子核原子和氦原子静止质量之和.

母核　子核

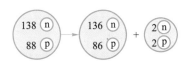

$^{226}_{88}$Ra　　$^{222}_{86}$Rn　　$^4_2$He

图 5-7　镭 226 的 α 衰变

衰变能

例 5-5

^{232}U 通过放出 α 粒子而衰变

$$^{232}\mathrm{U} \rightarrow {}^{228}\mathrm{Th} + {}^{4}\mathrm{He}$$

^{232}U、^{228}Th 和 ^{4}He 的原子质量分别为 232.037 146 u、228.028 731 u 和 4.002 603 u. 求这一过程的衰变能.

解:反应产物的总质量为

228.028 731 u + 4.002 603 u = 232.031 334 u

当 ^{232}U 发生衰变时其质量损失

232.037 146 u − 232.031 334 u = 0.005 812 u

由于 1 u = 931.5 MeV/c^2,所以此过程的衰变能为

$$E_0 = 0.005\ 812\ \mathrm{u} \times (931.5\ \mathrm{MeV}/uc^2) \times c^2$$
$$= 5.414\ \mathrm{MeV}$$

这一能量是 α 粒子的动能和子核 ^{228}Th 的反冲动能之和. 进一步对这一过程应用动量守恒定律,可以计算出静止母核 ^{232}U 释放出的 α 粒子的动能约为 5.3 MeV,反冲的子核 ^{228}Th 的动能约为 0.1 MeV.

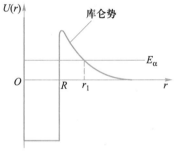

图 5-8 核内外 α 粒子的势能曲线

既然当子核质量与 α 粒子质量之和小于母核质量时,母核就可以自发产生 α 衰变,为什么在自然界中还会有母核存在? 也就是,为什么放射性核素没有在宇宙形成的早期它们刚产生时就完全衰变呢? 实际上,产生 α 衰变的放射性核素的半衰期从 10^{-5} s 到 10^{10} a 不等. 1928 年,乔治·伽莫夫对 α 衰变作出量子力学解释. α 衰变产生的 α 粒子来自于原子核. 如图 5-8 所示,在核内($r<R$,R 为核半径),α 粒子受到核力吸引,核对 α 粒子形成一个势阱,深度为几十 MeV. 在核外($r>R$),α 粒子受到子核的库仑斥力,其势能为

$$U(r) = \frac{2Ze^2}{4\pi\varepsilon_0 r} \tag{5-23}$$

式中 Z 为子核的电荷数. α 衰变释放出的 α 粒子的动能 E_α 一般远低于势垒高度. 按照经典理论,α 粒子不能逃出原子核. 但按照量子力学的势垒贯穿理论,α 粒子有一定的概率穿透势垒. 由图 5-8 可知,逸出的 α 粒子的动能 E_α 越大,它要穿透的势垒的厚度就越小,因而它穿过势垒的概率就越大,相应的 α 衰变的半衰期就越短. 伽莫夫推导出的半衰期与 α 粒子动能的函数关系与实验完全相符.

5.3.4 β 衰变

与原子核中的质子数目相比,当原子核含有过多的或者过少的中子时就会通过 β 衰变趋于稳定. 最早 β 衰变只是指原子核

放出电子(β⁻粒子). 在这一过程中,原子核中的核子没有减少,但是放出电子使得原子核的电荷数增加. 因此子核与母核具有相同的质量数 A,而原子序数 Z 增加 1. 如果衰变能只在子核和放出的电子之间分配,那么电子的动能可以根据能量守恒和动量守恒唯一确定. 但实验发现,β 衰变中发射出的电子的动能从零到某一最大值连续分布,如图 5-9 所示.

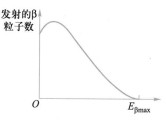

图 5-9   β 粒子的动能

为了解释这一实验现象,1930 年泡利提出:β 衰变除了发射电子,还发射另外一种尚未发现的粒子. 这一新粒子具有能量、动量和角动量使得 β 衰变满足各种守恒定律. 这一新粒子被费米命名为中微子,用 ν_e 表示. 中微子不带电,质量近乎为零,在实验中极难观测到,直到 1956 年才被直接探测到.

中微子

原子核内没有电子,β 衰变中的电子来自哪里?费米认为在衰变过程中核内一个中子转变为质子,同时放出一个电子和一个中微子. 经进一步分析确认这一过程放出的是反中微子 $\bar{\nu}_e$,是中微子的反粒子. 这一过程可表示为

反中微子

$$n \rightarrow p + e^- + \bar{\nu}_e \tag{5-24}$$

式中 n、p 和 e⁻ 分别代表中子、质子和电子. 在图 5-4 中,位于稳定原子核上方的核素是丰中子核素,它们通过发射电子趋于稳定. 而位于稳定原子核下方的核素是缺中子核素,它们则通过发射正电子 e⁺(β⁺粒子)趋于稳定. 在这一衰变过程中,核内的一个质子转变为中子,同时放出一个正电子和一个中微子,可表示为

$$p \rightarrow n + e^+ + \nu_e \tag{5-25}$$

与式(5-24)相对应的 β 衰变称为 β⁻衰变,可一般表示为

$$^A_Z X \rightarrow ^A_{Z+1} Y + e^- + \bar{\nu}_e \tag{5-26}$$

其中 X 和 Y 分别代表母核和子核. 与式(5-25)相对应的 β 衰变称为 β⁺衰变,可一般表示为

$$^A_Z X \rightarrow ^A_{Z-1} Y + e^+ + \nu_e \tag{5-27}$$

在 β⁺衰变中,子核与母核具有相同的质量数 A,而原子序数 Z 减少 1.

能够发生 β⁺衰变的原子核总可以俘获核外轨道上的一个电子,使核内的一个质子转变为中子,并放出一个中微子,这一过程称为电子俘获(EC),其基本反应过程为

电子俘获

$$p + e^- \rightarrow n + \nu_e \tag{5-28}$$

电子俘获可一般表示为

$$^A_Z X + e^- \rightarrow ^A_{Z-1} Y + \nu_e \tag{5-29}$$

由于 K 壳层电子离原子核最近,所以 K 电子俘获最容易发生. 原子核俘获一个电子后,壳层内就出现了一个空穴,当外层电子跃迁下来填补这一空穴时,就发射出 X 射线.

1934 年,费米提出了 β 衰变理论. 在这一理论中费米指出,导致 β 衰变产生电子和中微子的是弱相互作用. 中微子与物质只通过弱力发生相互作用,因此非常难以探测.

5.3.5　γ 衰变

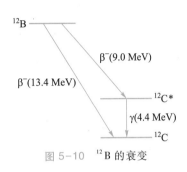

图 5-10　^{12}B 的衰变

γ 射线是高能光子流. 和原子一样,处于激发态的原子核在向低激发态或基态跃迁时,会放出 γ 光子. 原子核能级之间的间距具有 keV 到 MeV 的数量级,远大于只有几个 eV 的原子能级间距. 因此 γ 光子的能量范围从几 keV 到几 MeV. 由于 γ 射线是电中性的,所以 γ 衰变不会把原子核变成不同的核素.

当原子核发生 α、β 衰变时,往往衰变到子核的激发态. 图 5-10显示了一个衰变过程的能级图. ^{12}B 可以通过 β 衰变直接衰变到 ^{12}C 的基态,也可以通过 β 衰变先衰变到 ^{12}C 的激发态 ^{12}C*,再通过 γ 衰变放出一个 4.4 MeV 的光子衰变到 ^{12}C 的基态.

γ 衰变一般可表示为

$$_Z^A X^* \rightarrow _Z^A X + \gamma \tag{5-30}$$

式中"$*$"表示原子核的激发态.

有些情况下,原子核在发出 γ 射线之前会较长时间处于激发态上. 这些寿命较长的激发态就称为亚稳态,而处于亚稳态的核素称为同质异能素.

处于激发态的原子核有时也可以通过内转换跃迁到基态而不发出 γ 射线. 在这一过程中,激发态的原子核与核外的电子相互作用,把电子发射出去. 内转换电子所具有的动能等于相应的 γ 光子能量减去这一电子的结合能.

亚稳态
同质异能素
内转换

5.3.6　放射性的应用

放射性在工业、农业、医学以及科学研究等方面有着十分广泛的应用,如同位素示踪法可用于疾病诊断、研究农作物对化肥的吸收情况,γ 射线可用于金属无损探伤、治疗恶性肿瘤等. 这里简要介绍放射性鉴年法在考古和地质研究方面的应用.

放射性鉴年法

植物从空气中吸收 CO_2 来合成有机分子,其中绝大部分的碳原子是 ^{12}C,只有极少的比例(约 1.3×10^{-12})是放射性同位素 ^{14}C. 虽然 ^{14}C 衰变的半衰期为 5 730 a,但大气中 ^{14}C 与 ^{12}C 数目之比大致保持不变. 这是由于宇宙射线中的高能粒子轰击大气中的原

子时,产生大量的中子. 这些中子与大气中的氮原子核反应产生^{14}C,并放出质子,可表示为

$$n + {}^{14}N \rightarrow {}^{14}C + p$$

大气中^{14}C的持续产生与^{14}C的放射性衰变达到平衡,使得其数目保持不变. 如果植物是活的,它不断吸收空气中的二氧化碳进行新陈代谢. 动物又以植物为食,则它们也不断与大气进行碳的交换. 生物体不能区分^{14}C和^{12}C,因此活体生物体内^{14}C和^{12}C的比例与大气中这一比例一样,基本保持不变. 当生物死亡后,碳的交换就停止了,^{14}C因衰变而减少,从而生物遗骸中^{14}C与^{12}C的比例下降. 由于^{14}C的半衰期为5 730 a,每经过5 730 a ^{14}C与^{12}C的比例就会减小一半. 例如,如果一个古代木制工具中^{14}C与^{12}C的比例是目前存活的植物中这一比例的一半,那么这一工具应该是由5 700 a前的树木制成的. 实际上,大气中^{14}C与^{12}C的比例并不是严格不变的,所以放射性鉴年法的结果需要进行校准.

例 5-6

古动物的年龄:在一个考古遗址发现的一块动物骨骼碎片含有200 g的碳. 它的放射性活度为16 Bq. 计算这块骨骼碎片的年龄.

解:此动物存活时体内^{14}C与^{12}C的比例为1.3×10^{-12},因此当时动物体内^{14}C原子核的数目为

$$N_0 = \frac{6.02 \times 10^{23}\ \text{mol}^{-1}}{12\ \text{g/mol}} \times (200\ \text{g}) \times 1.3 \times 10^{-12}$$

$$= 1.3 \times 10^{13}$$

^{14}C的半衰期为

$$T_{1/2} = (5\ 730\ \text{a}) \times (3.156 \times 10^7\ \text{s/a})$$

$$= 1.81 \times 10^{11}\ \text{s}$$

^{14}C的衰变常量为

$$\lambda = \frac{0.693}{T_{1/2}} = \frac{0.693}{1.81 \times 10^{11}\ \text{s}} = 3.83 \times 10^{-12}\ \text{s}^{-1}$$

则动物骨骼中^{14}C的初始放射性活度为

$$A_0 = \lambda N_0 = (3.83 \times 10^{-12}\ \text{s}^{-1}) \times 1.3 \times 10^{13} = 50\ \text{s}^{-1}$$

由$A(t) = A_0 e^{-\lambda t}$可得

$$t = \frac{1}{\lambda} \ln \frac{A_0}{A} = \frac{1}{3.83 \times 10^{-12}\ \text{s}^{-1}} \ln \frac{50\ \text{s}^{-1}}{16\ \text{s}^{-1}}$$

$$= 2.98 \times 10^{11}\ \text{s} = 9\ 400\ \text{a}$$

则骨骼碎片的年龄为9 400 a.

---

^{14}C鉴年法只对年龄约在60 000 a以内的样本有效. 越古老的样本其^{14}C的含量就越小,测量越不精确. 在某些情况下可以应用半衰期更长的放射性核素来测定这些更古老样本的年龄. 例如,^{238}U的半衰期长达4.5×10^9 a,可以用来测定岩石的地质年龄. 利用^{238}U和其他放射性同位素测定的地球上最古老的岩石年龄约为4×10^9 a. 嵌有最古老生物化石的岩石的年龄显示生命

至少出现在 35 亿年前．最早的哺乳动物的化石出现在年龄约为 2 亿年的岩石中,而最早的类人生物出现在 200 万年前．放射性鉴年法在地球历史的重构过程中起着不可或缺的作用．

5.4 核反应

5.4.1 人工核反应

核反应

放射性衰变是原子核的自发变化,在衰变过程中能量被释放出来．核反应通常是指具有一定能量的粒子(包括原子核、质子、中子、α 粒子或者 γ 光子等)轰击原子核引起核的变化的过程．

1919 年,卢瑟福观察到用放射性 ^{212}Po 发出的 α 粒子撞击氮核时产生了质子,同时氮核转变成氧核,即

$$\alpha + {}^{14}N \rightarrow {}^{17}O + p$$

这是用人工方法实现的第一例核反应．核反应也常采用一种简写形式,例如上一反应式可简写为 $^{14}N(\alpha, p)^{17}O$. 其中括号左边代表反应前的原子核(靶核),括号右边代表反应后的原子核,括号内分别是反应前的入射粒子和反应后放出的较轻的粒子．

1932 年,查德威克发现中子的核反应为

$$\alpha + {}^{9}Be \rightarrow {}^{12}C + n$$

1932 年,英国物理学家考克饶夫和爱尔兰物理学家瓦尔顿第一次用人工加速粒子产生核反应

$$p + {}^{7}Li \rightarrow \alpha + \alpha$$

1934 年,法国约里奥-居里夫妇发现经过 α 粒子轰击的铝箔中含有放射性 ^{30}P,即

$$\alpha + {}^{27}Al \rightarrow {}^{30}P + n$$

^{30}P 是不稳定的,生成后产生 β^+ 衰变

$$^{30}P \rightarrow {}^{30}Si + e^+ + \nu_e$$

天然的 ^{30}P 是不存在的,它是通过核反应产生的第一个人工放射性核素．

在核反应中,粒子的转变和产生都要遵循一些守恒定律,如电荷守恒、核子数守恒、角动量守恒、动量守恒与能量守恒等．

核反应一般可表示为

$$a + X \rightarrow Y + b \tag{5-31}$$

其中 a 是入射粒子,撞击原子核 X,产生原子核 Y 和粒子 b(一般为 p、n、α、γ). 定义核反应的 **反应能**,或者称为 **Q 值** 为

$$Q = (m_a' + m_X' - m_b' - m_Y')c^2 \qquad (5-32)$$

由于能量守恒,Q 也等于反应中动能的增量,即

$$Q = E_{kb} + E_{kY} - E_{ka} - E_{kX} \qquad (5-33)$$

式中 E_{ka}、E_{kX}、E_{kY} 和 E_{kb} 分别为粒子 a、X、Y 和 b 的动能. 对不同的核反应,Q 可正可负. $Q>0$ 的核反应称为 **放能反应**,在反应中能量被释放出来,所以反应后粒子的总动能高于反应前粒子的总动能. $Q<0$ 的核反应称为 **吸能反应**,反应后粒子的总动能低于反应前粒子的总动能. 在这种情况下要想产生核反应,必须输入能量,输入的能量来自初始碰撞粒子(a 和 X)的动能.

例 5-7 核反应能发生吗?

当用 2.0 MeV 的质子轰击 ^{13}C 时,核反应 ^{13}C(p,n)^{13}N 能发生吗?

解:中子的质量为 $m_n = 1.008\ 665$ u. 从表5-1 查得 ^{13}C 原子的质量为 $m_{^{13}C}' = 13.003\ 354$ u,^{13}N 原子的质量为 $m_{^{13}N}' = 13.005\ 738$ u,氢原子的质量为 $m_{^1H}' = 1.007\ 825$ u. 这里必须用氢原子的质量而不是质子的质量,因为 ^{13}C 原子和 ^{13}N 原子的质量中都包含电子的质量. 由于在反应中电子不能被产生或消灭,所以反应前后电子数必须相等.

由式(5-32),此核反应的 Q 值为

$$Q = (13.003\ 354\ u + 1.007\ 825\ u -$$
$$13.005\ 738\ u - 1.008\ 665\ u)c^2$$
$$= -0.003\ 224\ u \times (931.5\ MeV/uc^2) \times c^2$$
$$= -3.00\ MeV$$

Q 为负值,所以这是吸能反应,需要输入能量. 质子的动能为 2.0 MeV,不足以引发核反应.

上例中的质子要想引发核反应,它的动能必须比 3.0 MeV 略大. 这是因为 3.0 MeV 的质子可以保证反应前后能量守恒,但是产生的 ^{13}N 和中子的动能为零,因此它们的动量也为零. 但是入射的 3.0 MeV 的质子具有动量,这样反应就不满足动量守恒定律了. 更复杂的计算显示,满足反应 ^{13}C(p,n)^{13}N 前后能量守恒和动量守恒的质子的最小动能为 3.23 MeV. 这一引发吸能反应所需的入射粒子的最小动能称为该反应的 **阈能**(见习题 5.14).

5.4.2 核裂变

1938 年,德国科学家哈恩和斯特拉斯曼发现,当用中子轰击

铀核时,可以产生质量约为铀核一半的较轻的原子核.随后,奥地利科学家迈特纳和弗里希对此作出了正确的解释:铀核俘获中子以后分裂成两块质量几乎相等的碎片.这一新现象由于和细胞分裂相似,所以被称为核裂变.

核裂变

^{235}U 比含量更丰富的 ^{238}U 更容易发生核裂变.如图 5-11 所示,按照原子核的液滴模型,^{235}U 核俘获中子增加了它的内能(像加热一滴水).这一中间态,或称为复合核,是处于激发态的 ^{236}U 核.被激发的原子核形状被拉长.当它被拉长到如图 5-11(c)所示的形状时,两端之间距离的增加大大减弱了由短程的核力所产生的吸引作用,而库仑斥力变成了主要的相互作用,因此原子核分裂成两部分.核裂变所产生的两个新原子核 X_1 和 X_2,称为裂变碎片.在这一过程中一般还有 2 到 3 个中子被释放出来.两个裂变碎片的质量通常分别是铀核质量的 40% 和 60%,而不是各自占 50%.图 5-12 给出了 ^{235}U 裂变产物的百分比随质量数 A 的分布情况.绝大多数碎片产物分布在 $85 < A < 105$ 和 $130 < A < 150$ 两个区间里,而对分的($A = 118$)的产物极少.两种典型的裂变过程可表示为

复合核

$$n + {}^{235}U \rightarrow {}^{236}U^* \rightarrow {}^{141}Ba + {}^{92}Kr + 3n \qquad (5-34)$$
$$n + {}^{235}U \rightarrow {}^{236}U^* \rightarrow {}^{139}Xe + {}^{95}Sr + 2n \qquad (5-35)$$

复合核 $^{236}U^*$ 存在的时间不超过 10^{-12} s,因此这一过程进行得极快.分裂后的碎片是丰中子核素,也是不稳定的,还要经历一次或多次 β 衰变才能形成稳定核素.

裂变碎片

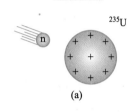

(a)

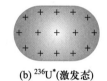

(b) $^{236}U^*$(激发态)

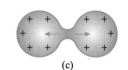

(c)

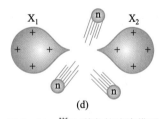

(d)

图 5-11　^{235}U 裂变的液滴模型

因为 ^{235}U 核的质量远大于裂变碎片和裂变中放出的中子质量之和,所以裂变反应可以释放出巨大的能量.从图 5-3 也可以看出,铀核的核子平均结合能约为 7.6 MeV,而中等质量的裂变碎片($A \approx 100$)的核子平均结合能约为 8.5 MeV.裂变前铀核与裂变后碎片之间的质量差,或者说能量差为

$$(8.5 \text{ MeV/核子} - 7.6 \text{ MeV/核子}) \times (236 \text{ 核子}) \approx 200 \text{ MeV}$$

这一能量对于单独一个核的分裂来说是很大的,但从实际应用的角度来说它又微不足道.如果在很短的时间内有大量的裂变发生,就会有宏观上显著的能量被释放出来.例如 1 kg 的 ^{235}U 完全裂变所释放的能量,相当于 2 800 t 标准煤完全燃烧所释放的能量.包括费米在内的大批科学家认识到,每一次裂变中释放出的中子都可以用来产生链式反应.也就是说,一个中子首先引发一个铀核裂变,反应中释放出来的 2 个或 3 个中子能够继续引发新的裂变,因此就产生如图 5-13 所示的逐代持续进行下去的裂变反应.不受控制的链式反应是原子弹的基础.要和平地利用裂变反应中释放出来的能量,必须对链式反应加以控制.1942 年,

链式反应

费米在芝加哥大学主持建立了世界上第一个核反应堆,首次通过可控的链式反应实现了核能的释放.

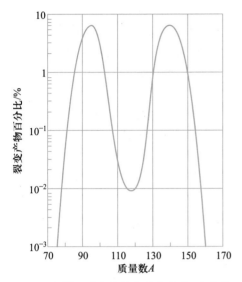

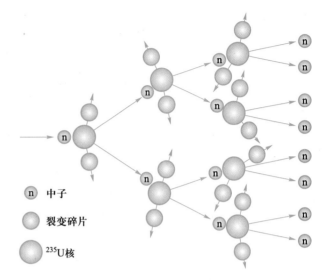

图 5-12 ^{235}U 裂变产物的分布曲线(注意纵坐标是对数坐标)

图 5-13 链式反应

要实现自持的链式反应,必须解决几个问题.首先,核裂变中所释放的是速度很大的快中子(动能大多在 MeV 的数量级),而适于引发^{235}U 裂变的是速度与热运动速度相当的热中子,或称为慢中子(动能小于 1 eV).因此必须使用慢化剂使中子减速.水中的氢核^{1}H 的质量与中子的质量相当,因此是慢化中子的理想物质.但是^{1}H 易于吸收中子,而它的同位素——氘核^{2}H 对中子吸收少,因此含有氘核的重水是目前常用的慢化剂.另一种常用的慢化剂是含有^{12}C 核的石墨.

其次,如果用轻水(普通水)作为慢化剂,不仅^{1}H 核吸收中子,^{238}U 核也通过反应

$$n + {}^{238}U \rightarrow {}^{239}U + \gamma$$

吸收中子而不发生裂变.天然铀中^{238}U 占 99.27%,可裂变的核燃料^{235}U 的含量只占 0.72%.为提高^{235}U 产生裂变的概率,就需要对天然铀进行浓缩以提高^{235}U 的比例.如果以重水为慢化剂,由于重水不易吸收中子,而^{238}U 俘获热中子的概率小,所以这种情况可以直接利用天然铀作为核燃料.

再者,有些中子会在产生链式反应前从反应体表面逃逸,因此核燃料的质量必须足够大以维持自持的链式反应.维持链式反应所需的裂变材料的最小质量称为临界质量.临界质量的大小取决于慢化剂、核燃料的种类(有时用^{239}Pu 替代^{235}U)以及燃料

的浓缩程度等.

增值系数

链式反应能否持续可以用增值系数 f 来描述. 增值系数定义为每一次裂变产生的能够引起下一次裂变的平均中子数. 对于自持的链式反应, $f \geq 1$. 如果 $f<1$, 反应堆处于亚临界状态. 如果 $f>1$, 反应堆处于超临界状态. 反应堆中一个很关键的组成部分是可移动的控制棒, 一般由镉或硼制成. 它的作用是吸收中子并使反应堆处于临界状态, 即 $f=1$. 由于链式反应进行得非常快, 大约 1 s 可以产生 1 000 代中子, 所以通过操作控制棒来保持 $f=1$ 非常困难. 这一问题是通过比例非常小 ($\approx 1\%$) 的缓发中子来解决的. 缓发中子由丰中子裂变碎片衰变而来, 要经过几秒或几分钟后才从碎片中放出, 这使得操作控制棒并维持 $f=1$ 的时间得到保证.

控制棒

缓发中子

反应堆的种类繁多, 用途多样. 核电站就是利用反应堆中原子核裂变所释放的核能, 把水加热为蒸汽来驱动汽轮发电机进行发电的. 图 5-14 是核电站的原理示意图. 核反应堆的堆芯由核燃料和慢化剂组成. 核燃料通常为含有 2% 到 4% ^{235}U 的浓缩铀. 高压轻水流过堆芯时吸收热量, 在热交换器产生蒸汽, 带动汽轮机发电.

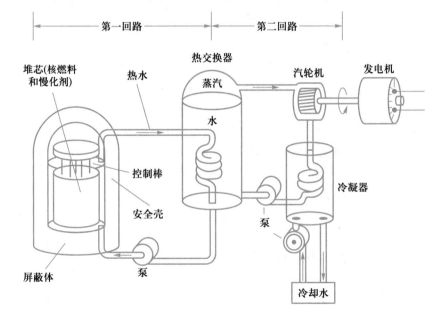

图 5-14 核电站的原理示意图

反应堆除了用于发电外还有其他用途. 比如裂变反应产生大量的中子, 可以用来生产各种放射性同位素, 生产优质半导体材料, 进行癌症治疗等. 核能还可供热, 可以作为火箭、宇宙飞船、人造地球卫星、潜艇、航空母舰等的特殊动力.

5.4.3 核聚变

两个轻核结合成质量较大的核,这样的核反应称为核聚变. 从图 5-3 可以看出,轻核的核子平均结合能随着质量数 A 的增大而迅速增大,在 $A=60$ 附近达到平均结合能曲线的峰值. 因此在小原子核聚合成大原子核的过程中,能量被释放出来.

核聚变

轻核聚变是太阳和其他恒星能量的来源. 1938 年,美国物理学家汉斯·贝特提出用两个聚变循环来解释恒星中能量的产生. 太阳的能量主要来自下列聚变反应:

$$p+p\rightarrow {}^2H+e^++\nu \qquad (0.44\ \text{MeV}) \qquad (5-36a)$$
$$p+{}^2H\rightarrow {}^3He+\gamma \qquad (5.48\ \text{MeV}) \qquad (5-36b)$$
$$ {}^3He+{}^3He\rightarrow {}^4He+2p \qquad (12.86\ \text{MeV}) \qquad (5-36c)$$

括号中给出的是每一个核反应中释放的能量(Q 值). 这一系列聚变反应称为质子—质子循环. 它的净效果就是 4 个质子聚合成一个氦核,并产生 2 个正电子、2 个中微子和 2 个 γ 光子:

$$4p\rightarrow {}^4He+2e^++2\nu+2\gamma \qquad (5-37)$$

注意反应式(5-36a)和式(5-36b)需要各发生两次以产生反应(5-36c)中的 2 个 ^{3}He. 因此反应式(5-37)所释放的总能量为

$$2\times 0.44\ \text{MeV}+2\times 5.48\ \text{MeV}+12.86\ \text{MeV}=24.7\ \text{MeV}$$

但是,反应式(5-36a)中产生的每个正电子会很快与一个电子湮灭,并释放 $2m_ec^2=1.02\ \text{MeV}$ 的能量,则质子—质子循环释放的总能量为

$$24.7\ \text{MeV}+2\times 1.02\ \text{MeV}=26.74\ \text{MeV}$$

反应式(5-36a),也就是由两个质子聚变成氘核 ^{2}H 的概率非常低,因此它决定太阳里氢的消耗率.

在比太阳温度高的恒星里,更容易发生的聚变反应称为碳循环,也就是下列反应

碳循环

$$p+{}^{12}C\rightarrow {}^{13}N+\gamma \qquad (5-38a)$$
$$ {}^{13}N\rightarrow {}^{13}C+e^++\nu \qquad (5-38b)$$
$$p+{}^{13}C\rightarrow {}^{14}N+\gamma \qquad (5-38c)$$
$$p+{}^{14}N\rightarrow {}^{15}O+\gamma \qquad (5-38d)$$
$$ {}^{15}O\rightarrow {}^{15}N+e^++\nu \qquad (5-38e)$$
$$ {}^{15}N+p\rightarrow {}^{12}C+{}^4He \qquad (5-38f)$$

可以看出,在碳循环里并没有消耗碳,它的净效果和质子—质子循环一样,释放的总能量相同.

利用聚变反应中释放的能量来建立核电站具有非常诱人的前景. 最有可能在反应堆中实现的聚变反应是涉及氢的同位

素——氘(^{2}H)和氚(^{3}H)的反应,即

$$^2H+^2H\rightarrow ^3H+p \qquad (4.00\ \text{MeV}) \qquad (5\text{-}39a)$$

$$^2H+^2H\rightarrow ^3He+n \qquad (3.23\ \text{MeV}) \qquad (5\text{-}39b)$$

$$^2H+^3H\rightarrow ^4He+n \qquad (17.57\ \text{MeV}) \qquad (5\text{-}39c)$$

把这些反应中释放的能量(括号中给出的值)与 ^{235}U 裂变所释放的能量相比较可以看出,对于相同质量的核燃料来说,聚变反应释放的能量远大于裂变反应释放的能量. 此外,聚变反应中所需的燃料是氘,而氘在海水中含量丰富(海水中 0.015 6% 的水分子含有氘原子).

要想实现受控的核聚变反应,必须先解决几个问题. 原子核带正电,两个正电荷之间存在库仑斥力. 但如果两个原子核距离非常近,以至于短程的核力可以抵消库仑斥力,并把两个原子核拉到一起,聚变反应就发生了. 为使原子核足够接近,它们必须具有足够大的动能以克服库仑斥力. 高温可以使原子核具有很大的动能,所以聚变反应需要在高温下进行,它也因此被称为**热核反应**. 太阳中心的温度高达 1.5×10^7 K,能够产生核聚变,释放出的能量使高温得以保持,热核反应就不停地进行下去. 原子弹的裂变反应温度接近 10^8 K,可以用来引爆根据氘、氚等轻核的聚变反应原理制成的热核武器,也就是氢弹,释放出巨大的聚变反应能量. 在聚变反应所需要的高温下,所有原子都完全电离,形成了物质的第四态:**等离子体**.

除了高温以外,要实现自持的聚变反应并获得足可利用的能量,还需满足:等离子体的密度必须足够大,所要求的温度和密度必须维持足够长的时间. 1957 年,英国物理学家劳森(J. D. Lawson)导出了离子密度 n 和等离子体约束时间 τ 之间的关系

$$n\tau>10^{20}\ \text{s/m}^3 \qquad (5\text{-}40)$$

称为**劳森判据**,是实现自持聚变反应并获得能量增益的必要条件.

高温下的等离子体是很难被稳定约束起来的. 普通物质最多在几千摄氏度就已经汽化,因此不能用来约束上亿摄氏度的高温等离子体. 太阳中的热核聚变是由万有引力来约束的. 恒星的巨大质量所产生的引力把高温等离子体约束在一起发生热核聚变反应. 这在地球上无法实现. 目前正在研究的两种主要的约束方案是:磁约束和惯性约束.

磁约束利用磁场来约束高温等离子体. 在"带电粒子在磁场中的运动"一节中介绍的磁瓶可以把带电粒子限制在两端的强磁场(磁镜)之间,但是在足够多的聚变反应发生之前仍有部分带电粒子会逃逸出去. 20 世纪 50 年代,苏联科学家发明了**托卡马克**,也就是环流器,是目前最有前途的磁约束装置之一. 图 5-15 是托卡

热核反应

等离子体

劳森判据

磁约束

托卡马克

马克装置的示意图. 它由环形真空室、环向场线圈以及极向场线圈等部件组成. 其中环向场线圈产生的环形磁场约束等离子体, 极向场线圈产生的极向磁场控制等离子体的位置和形状, 这样极高温等离子状态的聚变物质就被约束在环形真空室里, 以此来实现聚变反应. 为了维持强大的约束磁场, 电流的强度非常大, 时间长了, 线圈就要发热. 为了解决这个问题, 人们又把超导技术引入到托卡马克装置中. 由于太阳发光发热的过程就是热核聚变反应, 因此受控热核聚变装置也被形象地称为"人造太阳". 图5-16 显示了中国耗时 8 年、耗资 2 亿元自主设计、自主建造而成的"人造太阳"(EAST), 即先进实验超导托卡马克. EAST 于 2006 年 9 月 28 日首次成功完成放电实验, 成为世界上第一个建成并真正运行的全超导非圆截面核聚变实验装置. 2016 年 2 月, EAST 成功实现了电子温度超过 5 000 万摄氏度、持续时间达 102 s 的超高温长脉冲等离子体放电. 这是国际托卡马克实验装置在电子温度达到 5 000 万摄氏度时, 持续时间最长的等离子体放电, 是重要的阶段性研究进展, 使我国的受控热核聚变反应研究继续走在世界前列.

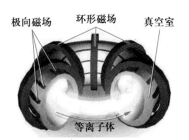

图 5-15　托卡马克装置示意图

图 5-16　"人造太阳"(EAST)

慣性约束是利用聚变燃料自身的惯性来约束等离子体. 氢弹里实现的就是惯性约束, 但不是可控的. 可控的惯性约束核聚变是把氘和氚装入直径在 mm 数量级的靶丸内, 用强功率脉冲激光束或者粒子束从各个方向均匀地照射靶丸. 聚变燃料在高能量照射下被加热、电离成为等离子体, 发生向心聚爆使得靶丸被压缩到超高密度, 并达到核聚变所需要的反应温度. 惯性约束的时间极为短暂, 只有 $10^{-11} \sim 10^{-9}$ s. 在这样短的时间内, 离子由于

惯性约束

　　惯性还来不及向四周飞散就完成了聚变反应.

　　受控核聚变具有燃料充足、安全可靠、经济性能优异、无环境污染等优势,是人类取之不尽、用之不竭的理想能源. 但由于其技术难度巨大,距离实现受控核聚变人们仍然有很长的路要走.

本章提要

　　1. 原子核的基本性质

　　原子核由质子和中子组成. 质子数 Z、中子数 N 和质量数 A 满足 $A = Z+N$.

　　原子核的半径:

$$R = r_0 A^{1/3}, \quad r_0 = 1.2 \text{ fm}$$

　　原子核的自旋:自旋量子数为 I. 核的自旋角动量在 z 方向的投影为

$$I_z = m_I \hbar \quad (m_I = -I, -I+1, \cdots, I-1, I)$$

　　核磁子:
$$\mu_N = \frac{e\hbar}{2m_p}$$

　　原子核的磁矩在 z 方向的投影为

$$\mu_z = g_I \mu_N m_I$$

　　2. 原子核的结合能

　　当把原子核分解成单个的质子和中子时,必须要给原子核提供的能量,也是单个核子结合成原子核时所释放的能量. 原子核的总结合能与核子数之比,称为核子的平均结合能,或比结合能.

　　3. 核力

　　核力与电荷无关,是强相互作用,短程力,具有饱和性,与自旋有关.

　　4. 放射性衰变规律

　　放射性核素按指数规律衰变

$$N(t) = N_0 e^{-\lambda t}$$

其中 λ 是衰变常量,代表一个原子核在单位时间内衰变的概率.

　　半衰期 $T_{1/2}$、平均寿命 τ 和衰变常量 λ 之间满足

$$\tau = \frac{1}{\lambda} = 1.44 T_{1/2}$$

　　放射性活度 A 是单位时间内发生衰变的原子核数目

$$A(t) = -\frac{dN(t)}{dt} = \lambda N(t) = \lambda N_0 e^{-\lambda t} = A_0 e^{-\lambda t}$$

活度常用单位 1 Ci = 3.7×10^{10} Bq.

5. α 衰变

一般地表示为

$$_Z^A X \rightarrow _{Z-2}^{A-4} Y + \alpha$$

母核 X 放出 α 粒子,即氦原子核^{4}He,生成子核 Y. 这是原子核内的 α 粒子穿透势垒而逸出的现象. 逸出的 α 粒子的动能越大,α 衰变的半衰期越短.

6. β 衰变

包括 β$^-$ 衰变,一般表示为

$$_Z^A X \rightarrow _{Z+1}^A Y + e^- + \bar{\nu}_e$$

β$^+$ 衰变,一般表示为

$$_Z^A X \rightarrow _{Z-1}^A Y + e^+ + \nu_e$$

和电子俘获,一般表示为

$$_Z^A X + e^- \rightarrow _{Z-1}^A Y + \nu_e$$

由于原子核内不存在单个的电子或正电子,所以 β 衰变都是核内质子与中子相互转换的结果.

7. γ 衰变

处于激发态的原子核在向低激发态或基态跃迁时,会放出 γ 光子. 一般可表示为

$$_Z^A X^* \rightarrow _Z^A X + \gamma$$

其中"*"表示原子核的激发态.

8. 核反应

核反应通常指具有一定能量的粒子(包括原子核、质子、中子、α 粒子或者 γ 光子等)轰击原子核引起核的变化的过程,一般可表示为

$$a + X \rightarrow Y + b$$

Q 值:核反应释放的能量. $Q > 0$ 的是放能反应,$Q < 0$ 的是吸能反应.

9. 核裂变

重核被中子撞击分裂成两个束缚更紧密的中等质量的核并释放能量的过程称为核裂变. 裂变过程释放中子,可引发链式反应. 维持链式反应所需的裂变材料的最小质量称为临界质量. 在核反应堆中,需使用慢化剂使中子减速.

10. 核聚变

两个轻核结合成质量较大的核并释放能量的过程称为核聚变. 聚变反应需要在高温下进行,因此也被称为热核反应. 轻核聚变是太阳和其他恒星能量的来源. 高温等离子体可以通过磁约束和惯性约束来实现受控的核聚变.

思考题

5-1　为什么各种核的密度都大致相等？

5-2　核磁共振的基本原理是什么？

5-3　核力与电力有哪些性质相似？有哪些性质不同？

5-4　描述 α、β 和 γ 射线的区别．

5-5　^{64}Cu 可以产生 γ、$β^-$ 和 $β^+$ 衰变，每种衰变生成哪种核素？

5-6　产生 α 衰变的某一核素释放出的 α 粒子动能都相同，但是产生 β 衰变的核素释放出的 β 粒子动能有一个分布．解释这两种衰变过程的区别．

5-7　一种同位素的半衰期是一个月．经过两个月后，这种同位素的某一样品完全衰变了吗？如果不是，还有多少剩余？

5-8　可以应用 ^{14}C 鉴年法鉴定古文明中石墙和石块的年龄吗？

5-9　在 ^{14}C 鉴年法中有什么假设？你认为哪些因素会影响这些假设？

5-10　用质子轰击 ^{20}Ne 原子核，释放出 α 粒子．产生的另一原子核是什么？写出反应方程．

5-11　采用浓缩铀的核反应堆可以用普通水（而不是重水）作为慢化剂，并且产生自持的链式反应．试解释原因．

5-12　从多方面（包括污染和安全性）讨论化石燃料、核裂变与核聚变作为能源的优点与缺点．

5-13　太阳和其他恒星的能量来自于核聚变．在恒星内部有哪些条件使核聚变成为可能？

5-14　核聚变与核裂变的主要区别是什么？

习题

5-1　地球的质量为 $5.98×10^{24}$ kg.（1）求核物质的密度，以 kg/m^3 表示；（2）如果地球的密度等于核物质的密度，地球的半径将是多少？

5-2　要使 α 粒子恰好"接触"^{238}U 核的表面，它的初始动能是多少？

5-3　^{14}N 原子的质量是 14.003 074 u. 计算^{14}N 原子核的核子平均结合能．

5-4　^{4}He 和 ^{8}Be 原子的质量分别是 4.002 603 u 和 8.005 305 u.（1）证明^{8}Be 原子核不稳定，能够衰变为 2 个 α 粒子；（2）^{12}C 原子核能够衰变为 3 个 α 粒子吗？为什么？

5-5　^{4}He 和^{232}U 原子的质量分别是 4.002 603 u 和 232.037 146 u. 当^{232}U 原子核发出一个动能为 5.32 MeV 的 α 粒子时，这一反应的子核是哪个核素？忽略子核的反冲动能，子核的中性原子的原子质量约为多少？

5-6　^{23}Ne 和^{23}Na 原子的质量分别是 22.994 5 u 和 22.989 8 u. 当^{23}Ne 衰变为^{23}Na 时，发出的电子的最大动能是多少？最小动能是多少？在这两种情况下，发出的中微子的能量是多少？

5-7　一种放射性材料每分钟衰变 1 280 次，6 h 以后每分钟衰变 320 次．这种放射性材料的半衰期是多少？

5-8 碘的同位素 ^{131}I 在医学上用于甲状腺功能的诊断. 如果患者服用了 632 μg 的 ^{131}I,计算 ^{131}I 在下列各时间的放射性活度:(1)刚服用时;(2)1.0 h 后检查甲状腺时;(3)180 d 后.(^{131}I 的半衰期为 8.020 7 d,摩尔质量为 131 g/mol.)

5-9 铷的同位素 ^{87}Rb 通过 β 衰变成为稳定的 ^{87}Sr,半衰期为 4.75×10^{10} a,可以用来测定岩石和化石的年龄. 一块含有古生物化石的岩石中 ^{87}Sr 与 ^{87}Rb 的比例为 0.016 0. 假设岩石形成时其中不存在 ^{87}Sr,计算这些化石的年龄.

5-10 ^{7}Be 在大气层的上层产生以后降落到地球的表面,半衰期为 53 d. 如果在植物叶子上测得 ^{7}Be 的放射性活度为 250 Bq,还要等多长时间它的放射性活度才能降为 10 Bq? 估算叶子上 ^{7}Be 的初始质量.

5-11 一块古木片含有 190 g 的碳,放射性活度为 5.0 Bq. 假设大气中 ^{14}C 与 ^{12}C 的比例为 1.3×10^{-12},计算此古木片的年龄.

5-12 在 ^{14}N(α,p)^{17}O 反应中,入射的 α 粒子的动能为 7.68 MeV.(1)这一反应能否发生?(2)如果反应能够发生,反应产物的总动能是多少?(^{17}O 原子的质量为 16.999 131 u).

5-13 在核反应 ^{6}Li(d,p)X 中,(1)X 是哪一个核素?(2)这一反应的 Q 值是多少?是吸能反应,还是放能反应?

5-14 利用能量守恒定律和动量守恒定律证明入射的质子必须具有 3.23 MeV 的动能才能使核反应 ^{13}C(p,n)^{13}N 发生.(见例 5-7.)

5-15 假设一栋房屋平均消耗的电功率是 300 W. 如果用 ^{235}U 裂变来提供这栋房屋一年的用电量,^{235}U 的初始质量是多少?(假设每一次裂变释放的能量是 200 MeV,效率是 100%.)

5-16 如果裂变反应中释放出的中子的能量为 1.0 MeV,每一次与慢化剂中的原子核碰撞失去一半的能量,中子经过多少次碰撞可以达到它的热运动能量? $\left(\dfrac{3}{2}kT = 0.040 \text{ eV.} \right)$

5-17 假设一栋房屋平均需要 300 W 的电能. 如果采用式(5-38b)中的聚变反应来为这栋房屋提供一年的电能,所需氘燃料的最小质量是多少?

5-18 如果把水中含有的氘用于式(5-38a)中的聚变反应,计算 1.00 kg 的水中含有的能量并与燃烧 1.0 kg 汽油所产生的能量(约 5×10^7 J)相比较.(设 0.015% 的水分子含有氘原子.)

附　　录

常用物理常量表

物理量	符号	数值	单位	相对标准不确定度
真空中的光速	c	299 792 458	$m \cdot s^{-1}$	精确
普朗克常量	h	$6.626\ 070\ 15 \times 10^{-34}$	$J \cdot s$	精确
约化普朗克常量	$h/2\pi$	$1.054\ 571\ 817 \cdots \times 10^{-34}$	$J \cdot s$	精确
元电荷	e	$1.602\ 176\ 634 \times 10^{-19}$	C	精确
阿伏伽德罗常量	N_A	$6.022\ 140\ 76 \times 10^{23}$	mol^{-1}	精确
玻耳兹曼常量	k	$1.380\ 649 \times 10^{-23}$	$J \cdot K^{-1}$	精确
摩尔气体常量	R	$8.314\ 462\ 618 \cdots$	$J \cdot mol^{-1} \cdot K^{-1}$	精确
理想气体的摩尔体积(标准状态下)	V_m	$22.413\ 969\ 54 \cdots \times 10^{-3}$	$m^3 \cdot mol^{-1}$	精确
斯特藩-玻耳兹曼常量	σ	$5.670\ 374\ 419 \cdots \times 10^{-8}$	$W \cdot m^{-2} \cdot K^{-4}$	精确
维恩位移定律常量	b	$2.897\ 771\ 955 \cdots \times 10^{-3}$	$m \cdot K$	精确
引力常量	G	$6.674\ 30(15) \times 10^{-11}$	$m^3 \cdot kg^{-1} \cdot s^{-2}$	2.2×10^{-5}
真空磁导率	μ_0	$1.256\ 637\ 062\ 12(19) \times 10^{-6}$	$N \cdot A^{-2}$	1.5×10^{-10}
真空电容率	ε_0	$8.854\ 187\ 812\ 8(13) \times 10^{-12}$	$F \cdot m^{-1}$	1.5×10^{-10}
电子质量	m_e	$9.109\ 383\ 701\ 5(28) \times 10^{-31}$	kg	3.0×10^{-10}
电子荷质比	$-e/m_e$	$-1.758\ 820\ 010\ 76(53) \times 10^{11}$	$C \cdot kg^{-1}$	3.0×10^{-10}
质子质量	m_p	$1.672\ 621\ 923\ 69(51) \times 10^{-27}$	kg	3.1×10^{-10}
中子质量	m_n	$1.674\ 927\ 498\ 04(95) \times 10^{-27}$	kg	5.7×10^{-10}
氘核质量	m_d	$3.343\ 583\ 772\ 4(10) \times 10^{-27}$	kg	3.0×10^{-10}
氚核质量	m_t	$5.007\ 356\ 744\ 6(15) \times 10^{-27}$	kg	3.0×10^{-10}
里德伯常量	R_∞	$1.097\ 373\ 156\ 816\ 0(21) \times 10^7$	m^{-1}	1.9×10^{-12}
精细结构常数	α	$7.297\ 352\ 569\ 3(11) \times 10^{-3}$		1.5×10^{-10}
玻尔磁子	μ_B	$9.274\ 010\ 078\ 3(28) \times 10^{-24}$	$J \cdot T^{-1}$	3.0×10^{-10}
核磁子	μ_N	$5.050\ 783\ 746\ 1(15) \times 10^{-27}$	$J \cdot T^{-1}$	3.1×10^{-10}
玻尔半径	a_0	$5.291\ 772\ 109\ 03(80) \times 10^{-11}$	m	1.5×10^{-10}
康普顿波长	λ_C	$2.426\ 310\ 238\ 67(73) \times 10^{-12}$	m	3.0×10^{-10}
原子质量常量	m_u	$1.660\ 539\ 066\ 60(50) \times 10^{-27}$	kg	3.0×10^{-10}

注：①表中数据为国际科学理事会(ISC)国际数据委员会(CODATA)2018年的国际推荐值.

②标准状态是指 $T = 273.15$ K，$p = 101\ 325$ Pa.

常用数值表

名称	计算用值
地球	
质量	5.980×10^{24} kg
平均半径	6.37×10^{6} m
表面重力加速度	9.81 m/s²
公转速率	29.8 km/s
太阳	
质量	1.989×10^{30} kg
平均半径	6.96×10^{8} m
平均密度	1.41×10^{3} kg/m³
表面温度	5 780 K
中心温度	1.50×10^{7} K
总辐射功率	4×10^{26} W
自转周期	25 d（赤道）, 37 d（靠近极地）

习 题 答 案

扫描下方二维码可获取本书习题答案.

索　引

扫描下方二维码可获取本书索引.

参 考 文 献

扫描下方二维码可获取本书参考文献.

读者意见反馈

为收集对本书的意见建议，进一步完善本书编写并做好服务工作，读者可将对本书的意见建议通过如下渠道反馈至我社。

咨询电话　400-810-0598

反馈邮箱　hepsci@pub.hep.cn

通信地址　北京市朝阳区惠新东街 4 号富盛大厦 1 座
　　　　　高等教育出版社理科事业部

邮政编码　100029

防伪查询说明

用户购书后刮开封底防伪涂层，使用手机微信等软件扫描二维码，会跳转至防伪查询网页，获得所购图书详细信息。

防伪客服电话　（010）58582300

练习一

一、选择题

1-1 有下列几种说法：

(1) 所有惯性系对物理基本规律都是等价的.

(2) 在真空中,光的速度与光的频率、光源的运动状态无关.

(3) 在任意惯性系中,光在真空中沿任意方向的传播速率都相同.

若问其中哪些说法是正确的,答案是( ).

(A) 只有(1)、(2)是正确的　　　(B) 只有(1)、(3)是正确的

(C) 只有(2)、(3)是正确的　　　(D) 三种说法都是正确的

1-2 (1) 对某观察者来说,发生在某惯性系中同一地点、同一时刻的两个事件,对于相对该惯性系做匀速直线运动的其他惯性系的观察者来说,它们是否同时发生?

(2) 在某惯性系中发生于同一时刻、不同地点的两个事件,它们在其他惯性系中是否同时发生?

关于上述两问题的正确答案是( ).

(A) (1)一定同时,(2)一定不同时

(B) (1)一定不同时,(2)一定同时

(C) (1)一定同时,(2)一定同时

(D) (1)一定不同时,(2)一定不同时

1-3 已知在运动参考系 S′中观察静止参考系 S 中的米尺(固有长度为 1 m)和时钟的 1 h 分别为 0.8 m 和 1.25 h,反过来,在 S 系中观察 S′系中的米尺和时钟的 1 h 分别为( ).

(A) 0.8 m,0.8 h　　　　　　(B) 1.25 m,1.25 h

(C) 0.8 m,1.25 h　　　　　　(D) 1.25 m,0.8 h

1-4 宇宙飞船相对于地面以速度 v 做匀速直线飞行,某一时刻飞船头部的宇航员向飞船尾部发出一个光信号,经过 Δt(飞船上的钟)时间后,被尾部的接收器收到,则由此可知飞船的固有长度为( ).(c 表示真空中的光速.)

(A) $c\Delta t$　　　(B) $v\Delta t$　　　(C) $c\Delta t\sqrt{1-(v/c)^2}$　　　(D) $\dfrac{c\Delta t}{\sqrt{1-(v/c)^2}}$

1-5 站台上相距 1 m 的两机械手同时在速度为 $0.6c$ 的火车上划出两道痕迹,则车厢内的观测者测得两道痕迹的距离为( ).

(A) 0.8 m　　　(B) 0.45 m　　　(C) 0.6 m　　　(D) 1.25 m

二、填空题

1-6 设想做"追光实验",即乘一列以速度 u 运动的火车追赶一束向前运动的闪光.在火车上观测,闪光速度的大小为＿＿＿＿＿＿.

1-7 在 S 系中的 x 轴上相隔为 x 处有两只同步的钟 A 和 B,读数相同,在 S′系的 x' 轴上也有一只同样的钟 A′,若 S′系相对于 S 系的运动速度为 v,沿 x 轴方向且当 A′与 A 相遇

时,刚好两钟的读数均为零.那么,当 A′ 与 B 钟相遇时,在 S 系中 B 钟的读数是_____,
此时在 S′ 系中 A′ 钟的读数是_____.

三、计算题

1-8 远方一颗星以 0.8c 的速度离开我们,地面上测得此星两次闪光的时间间隔为 5 d,
那么固定在此星上的参考系测得此星两次闪光的时间间隔为多少天?

1-9 在 S 系中同一地点先后发生两个事件,其时间间隔为 2 s.在 S′ 系中观测,两事件
的时间间隔为 3 s.求在 S′ 系中这两个事件的空间间隔.

1-10 两只宇宙飞船,彼此以 0.98c 的相对速率相向飞过对方.飞船 1 中的观察者测得
飞船 2 的长度为飞船 1 长度的 2/5.求:(1)飞船 1 与飞船 2 的静止长度之比;(2)飞船 2 中的
观察者测得飞船 1 的长度与飞船 2 长度之比.

1-11　在 S 系中,一根静止的棒长度为 l,与 x 轴夹角为 θ,求它在 S′系中的长度和与 x' 轴的夹角.已知 S′系以速度 u 沿 x 方向相对于 S 系做匀速运动.

1-12　在距地面 6 000 m 处宇宙射线与高层大气相互作用,产生了一个具有 2×10^{-6} s 平均固有寿命的 μ 子,该 μ 子以 $0.998c$ 的速率朝地面运动.(1)地面上的观测者测定它在衰变以前能够走过多长的平均距离? 它能否到达地面?（2)对相对于 μ 子静止的观测者来说,μ 子产生处离地面多远? 它在衰变以前能否到达地面?

1-13　惯性系 S 中的观测者测得两个事件的时空坐标分别为:$x_1 = 6\times10^4$ m,$y_1 = 0$,$z_1 = 0$,$t_1 = 2\times10^{-4}$ s;$x_2 = 1.2\times10^5$ m,$y_2 = 0$,$z_2 = 0$,$t_2 = 1\times10^{-4}$ s.如果惯性系 S′中的观测者测得这两个事件同时发生,求 S′系相对于 S 系运动的速度是多少? 惯性系 S′系中的观测者测得这两个事件发生的空间间隔是多少?

1-14　原长为 L' 的飞船以速度 u 相对于地面做匀速直线运动.有个小球从飞船的尾部运动到头部,宇航员测得小球的速度恒为 v',求:(1)宇航员测得小球运动所需的时间;(2)地面观测者测得小球运动所需的时间.

1-15　牛郎星距离地球约 16 l. y. ,如果宇宙飞船以 $0.97c$ 的速度匀速飞向牛郎星,那么用飞船上的钟测量,需要多长时间抵达牛郎星?

1-16　假想飞船 A 和 B 分别以 $0.6c$ 和 $0.8c$ 的速度相对地面向东飞行.地面上某地先后发生两个事件,在飞船 A 上观测,时间间隔为 5 s,那么在飞船 B 上观测,相应的时间间隔为多少?

练 习 二

一、选择题

2-1 在狭义相对论中,下列说法中正确的是( ).

(1) 一切运动物体相对于观察者的速度都不能大于真空中的光速;

(2) 质量、长度、时间的测量结果都随物体与观察者的相对运动状态而改变;

(3) 在一惯性系中发生于同一时刻、不同地点的两个事件在其他一切惯性系中也是同时发生的;

(4) 惯性系中的观察者观察一个相对他做匀速运动的时钟时,该时钟比与他相对静止的相同的时钟走得慢些.

(A) (1)(3)(4)　　　　　　　　　(B) (1)(2)(4)

(C) (1)(2)(3)　　　　　　　　　(D) (2)(3)(4)

2-2 根据相对论力学,动能为 0.25 MeV 的电子,其运动速度约等于( ).(c 为真空光速,电子的静止能量约为 0.5 MeV.)

(A) $0.1c$　　　　　　　　　　　(B) $0.5c$

(C) $0.75c$　　　　　　　　　　　(D) $0.8c$

2-3 将电子由静止加速到 $0.6c$ 的速度,需要做功 A_1;继续加速至 $0.8c$,又做功 A_2.则 A_1 与 A_2 的关系为( ).

(A) $A_1 > A_2$　　　　　　　　　(B) $A_1 < A_2$

(C) $A_1 = A_2$　　　　　　　　　(D) 不能确定,结论与静止电子的能量有关

2-4 设某微观粒子运动时的能量是静止能量的 k 倍,则其运动速度的大小为( ).

(A) $c/(k-1)$　　　　　　　　　(B) $c\sqrt{1-k^2}/k$

(C) $c\sqrt{k^2-1}/k$　　　　　　　(D) $c\sqrt{k(k+2)}/(k+1)$

2-5 电子的静止质量 m_0,当电子以 $0.8c$ 的速度运动时,它的动量 p、动能 E_k 和能量 E 分别是( ).

(A) $p = 4m_0c/3$, $E_k = 2m_0c^2/3$, $E = 5m_0c^2/3$

(B) $p = 0.8m_0c$, $E_k = 0.32m_0c^2$, $E = 0.64m_0c^2$

(C) $p = 4m_0c/3$, $E_k = 8m_0c^2/18$, $E = 5m_0c^2/3$

(D) $p = 0.8m_0c$, $E_k = 2m_0c^2/3$, $E = 0.64m_0c^2$

二、填空题

2-6 在 $v =$＿＿＿＿＿的情况下粒子的动量等于非相对论动量的两倍;在 $v =$＿＿＿＿＿的情况下粒子的动能等于它的静止能量.

2-7 质子被加速器加速到其动能为静止能量的 3 倍时,其质量为静止质量的＿＿＿＿＿倍,其速度 $v =$＿＿＿＿＿c.

2-8 匀质细棒静止时的质量为 m_0,长度为 l_0,当它沿棒长方向做高速的匀速直线运动

时,测得它的长为 l,那么该棒的运动速度 $v=$ _____,该棒的动能 $E_k=$ _____.

三、计算题

2-9 一艘宇宙飞船飞过地球参考系中的一个观测站,当飞船船首正好经过观测站时,船首发出一闪光,当飞船船尾经过观测站时,船尾发出一闪光.地球参考系中的观测者测得两次闪光之间的时间间隔是 75 ns,在飞船参考系中飞船的长度为 30 m.求:(1)飞船相对于地球参考系的运动速度;(2)在飞船参考系中测得的两次闪光的时间间隔.

2-10 一飞船相对于地球静止时长度为 36 m,当它离开地球飞向其他星球时,地球参考系的观测者测得其长度为 27 m,地球参考系中还观测到飞船上的一位宇航员锻炼了 20 min,求宇航员自己认为自己锻炼的时间.

2-11 一飞船以速度 $u=0.6c$ 飞离地球,它发射一个无线电信号,经地球反射,40 s 后飞船才收到返回信号.求飞船发射信号时、信号被地球反射时、飞船接收到信号时,分别从飞船、地球上测量,飞船离地球有多远.

2-12　地球上的观测者发现,一只以速率 $0.6c$ 向东航行的宇宙飞船将在 5 s 后同一个以速率 $0.8c$ 向西飞行的彗星相撞.问:(1)飞船上的观测者观测,彗星以多大速率向他们接近? (2)飞船上的观测者测量,还有多少时间允许他们离开航线避免相撞?

2-13　若一个电子的能量为 2.0 MeV,则该电子的动能、动量、速率和运动质量各为多少? 已知电子的静止能量约为 0.51 MeV.

2-14　设快速运动的介子能量为 3 000 MeV,而这种介子在静止时的能量为 100 MeV.若其固有寿命为 $2×10^{-6}$ s,求它在生成到消失的过程中的运动距离.

2-15 热核反应 $^2_1\text{H}+^3_1\text{H}\rightarrow ^4_2\text{He}+^1_0\text{n}$ 各粒子的静止质量为:氘 $m_D = 3.343\ 7\times10^{-27}$ kg,氚 $m_T = 5.004\ 9\times10^{-27}$ kg,氦 $m_{He} = 6.642\ 5\times10^{-27}$ kg,中子 $m_n = 1.675\ 0\times10^{-27}$ kg,求这种热核反应中 1 kg 反应原料完全反应所释放的能量是多少?

2-16 静止质量均为 m_0 的两个粒子 A 和 B 以速度 v 沿相反方向运动,碰撞后合成一个大粒子.求这个大粒子的静止质量.

练 习 三

一、选择题

3-1 光电效应和康普顿效应都包含电子与光子的相互作用过程.对此,在以下几种理解中,正确的是（　　）.

(A) 两种效应中电子与光子两者组成的系统都服从动量守恒定律和能量守恒定律

(B) 两种效应都相当于电子与光子的弹性碰撞过程

(C) 两种效应都属于电子吸收光子的过程

(D) 光电效应是吸收光子的过程,而康普顿效应则相当于光子和电子的弹性碰撞过程

3-2 光子能量为 0.5 MeV 的 X 射线,入射到某种物质上而发生康普顿散射.若反冲电子的动能为 0.1 MeV,则散射光波长的改变量 $\Delta\lambda$ 与入射光波长 λ_0 的比值为（　　）.

(A) 0.20　　　　(B) 0.25　　　　(C) 0.30　　　　(D) 0.35

3-3 一般认为光子有以下性质：

(1) 在真空或介质中的光速都是 c;

(2) 它的静止质量为零;

(3) 它的动量为 $h\nu/c^2$;

(4) 它的动能就是它的总能量;

(5) 它有动量和能量,但没有质量.

以上结论正确的是（　　）.

(A) (2)(4)　　　(B) (3)(4)(5)　　(C) (2)(4)(5)　　(D) (1)(2)(3)

3-4 若外来单色光把氢原子激发至第三激发态,则当氢原子跃迁回低能态时,可发出的可见光光谱线的条数是（　　）.

(A) 1　　　　　(B) 2　　　　　(C) 3　　　　　(D) 6

3-5 氢原子光谱的巴耳末系中波长最长的谱线用 λ_1 表示,其次波长用 λ_2 表示,则它们的比值 λ_1/λ_2 为（　　）.

(A) 9/8　　　　(B) 19/9　　　　(C) 27/20　　　(D) 20/27

二、填空题

3-6 分别以频率为 ν_1 和 ν_2 的单色光照射某一光电管,$\nu_1>\nu_2$（ν_1 和 ν_2 均大于红限频率 ν_0）,则当两种频率的入射光的光强相同时,所产生的光电子的最大初动能 E_{kmax1} ＿＿＿＿ E_{kmax2}（填 ＞ 、＜ 或 ＝,下同）;为阻止电子到达阳极,所加的截止电压 U_{a1} ＿＿＿＿ U_{a2};所产生的饱和光电流 i_{m1} ＿＿＿＿ i_{m2}.

3-7 一逸出功为 4.47 eV 的铜球用绝缘细丝线悬挂于真空中,被波长 λ 为 0.2 μm 的光照射,则铜球因失去电子而能达到的最高电势是 ＿＿＿＿＿.

练习 3-7 图

3-8 康普顿散射中,当出射光子与入射光子方向夹角 $\varphi =$ _____时,光子的频率减少得最多;当 $\varphi =$ _____时,光子的频率保持不变.

3-9 钠的逸出功是 2.29 eV,其截止频率和相应的波长是____,今用波长为 500 nm 的光照射钠表面,则截止电压为____,光电子的最大初速度为____.若入射光的强度是 2.0 W·m^{-2},则平均每秒有____个光子撞击单位面积的金属表面.

三、计算题

3-10 在某次光电实验中,测得入射光的波长 λ 和某金属的截止电压 U_a 的数据如下:

λ/nm	253.6	283.0	303.9	330.2	366.3	435.8
U_a/nm	2.60	2.11	1.81	1.47	1.10	0.57

(1)在坐标纸上作出 U_a-ν 图线;(2)利用图线求出该金属的光电效应红限频率和红限波长;(3)利用图线求出普朗克常量.

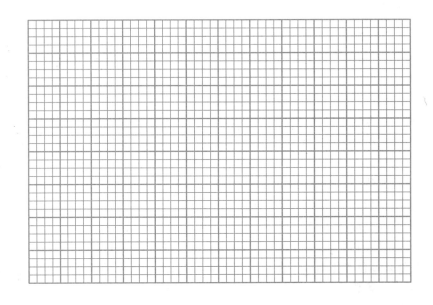

3-11　如题图所示,真空中一系统,M 为金属板,其红限波长为 $\lambda_m = 260$ nm,场强大小为 $E = 5\times10^3$ V·m^{-1} 的均匀电场与磁感应强度大小为 $B = 0.005$ T 的均匀磁场相互垂直.若用单色紫外线照射该金属板 M,发现有光电子放出,其中最大速度的光电子可以匀速直线地穿过相互垂直的均匀电场和均匀磁场区域.求:(1)光电子的最大速度 v_m;(2)单色紫外线的波长 λ.

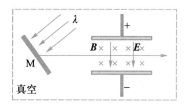

练习 3-11 图

3-12　一束 X 射线光子的波长为 6×10^{-3} nm,与一个电子发生正碰,其散射角为 180°.试求:(1)X 射线光子波长的变化;(2)被碰电子的反冲动能.

3-13　波长为 $\lambda_0 = 0.01$ nm 的 X 射线射在碳上,从而产生康普顿效应.在与入射方向成 90°角的方向观察时,求:(1)散射波长;(2)反冲电子的动能与动量.

3-14　氢原子的基态电离能为 13.6 eV，当氢原子处于第一激发态时电离能是多少？具有该能量的光子的波长属于光谱带的哪一部分？

3-15　当氢原子从某初始状态跃迁到激发能（从基态到激发态所需的能量）为 $\Delta E = 10.19$ eV 的状态时，发射出光子的波长为 $\lambda = 486$ nm，试求该初始状态的能量和主量子数.

3-16　假定氢原子原是静止的，则氢原子从 $n = 3$ 的激发状态直接通过辐射跃迁到基态时的反冲速度约是多大？

练 习 四

一、选择题

4-1　电子显微镜中的电子从静止开始通过电势差为 U 的静电场加速后,其德布罗意波长是 0.04 nm,则 U 约为(　　).

（A）150 V　　　　（B）330 V　　　　（C）630 V　　　　（D）940 V

4-2　将波函数在空间各点的振幅同时增大 D 倍,则粒子在空间的分布概率将(　　).

（A）增大 D^2 倍　　（B）增大 $2D$ 倍　　（C）增大 D 倍　　（D）不变

4-3　波长 $\lambda = 500$ nm 的光沿 x 轴正方向传播,若光的波长的不确定度 $\Delta\lambda = 10^{-4}$ nm,则利用不确定关系式 $\Delta x \Delta p_x \geq h$ 可得光子的 x 坐标的不确定度至少为(　　).

（A）25 cm　　　　（B）50 cm　　　　（C）250 cm　　　　（D）500 cm

4-4　静止质量不为零的微观粒子做高速运动,这时粒子物质波波长 λ 与速度 v 有如下关系(　　).

（A）$\lambda \propto \sqrt{\dfrac{1}{v^2} - \dfrac{1}{c^2}}$　　（B）$\lambda \propto 1/v$　　（C）$\lambda \propto v$　　（D）$\lambda \propto \sqrt{c^2 - v^2}$

4-5　实物粒子具有波粒二象性,静止质量为 m_0、动能为 E_k 的实物粒子和一列频率为 ν、波长为 λ 的波相联系,以上四个量之间的关系为(　　).

（A）$\lambda = \dfrac{hc}{\sqrt{2m_0 c^2 E_k + E_k^2}}$, $h\nu = m_0 c^2 + E_k$

（B）$\lambda = \dfrac{hc}{\sqrt{2m_0 c^2 E_k + E_k^2}}$, $h\nu = E_k$

（C）$\lambda = \dfrac{h}{\sqrt{2m_0 E_k}}$, $h\nu = m_0 c^2 + E_k$

（D）$\lambda = \dfrac{h}{\sqrt{2m_0 E_k}}$, $h\nu = E_k$

二、填空题

4-6　一光子与电子的波长相同,则光子的动量＿＿＿＿电子的动量(填 $>$、$<$ 或 $=$,下同),光子的总能量＿＿＿＿电子的总能量.

4-7　电子的康普顿波长为 $\lambda_C = h/(m_e c)$(其中 m_e 为电子静止质量,c 为光速,h 为普朗克常量).当电子的动能等于它的静止能量时,它的德布罗意波长 λ 与电子的康普顿波长 λ_C 的关系为 $\lambda = $＿＿＿＿＿＿$\lambda_C$.

4-8　一维运动的粒子,设其动量的不确定度 Δp_x 等于它的动量 p_x,则由不确定关系式 $\Delta x \Delta p_x \geq h$ 可得,此粒子的位置不确定度 Δx 与它的德布罗意波长 λ 的关系为＿＿＿＿＿＿＿.

4-9 当电子的德布罗意波长等于其康普顿波长时,求:(1)电子动量;(2)电子速率与光速的比值.

4-10 设一质子和一电子具有相同的德布罗意波长 1.00 nm.(1)它们的动量分别是多少?(2)它们的相对论性总能量分别是多少?

4-11 若电子和光子的波长均为 0.20 nm,则它们的动量和动能各为多少?

4-12　在磁感应强度大小为 $B=0.025$ T 的均匀磁场中，α 粒子沿半径为 $R=0.83$ cm 的圆形轨道运动.(1)求其德布罗意波长(α 粒子的质量 $m_\alpha=6.64\times10^{-27}$ kg);(2)若使质量 $m=0.1$ g 的小球以与 α 粒子相同的速率运动,则其波长为多少?

4-13　铀核的线度为 7.2×10^{-15} m,求其中一个核子(质子或中子)的速度的不确定度.

4-14　波长为 300 nm 的光子,其波长的测量精度为 10^{-5} m,测量其位置的绝对误差不能小于多少?

4-15　处于激发态的原子很不稳定,它会很快返回低能态而放出光子,一般的平均寿命为 $\tau = 10^{-8}$ s.试根据不确定关系估算光谱线频率的宽度.

4-16　作为"不确定关系"实验的一部分,小明正在用球杆击打一个高尔夫球并测量它的速度.同时,他的同学小白把时空结构搞乱了.令小白惊奇的是,他打开了一个通往另一个世界的孔洞.小明和高尔夫球都被吸进这个孔洞,进入了另一个世界.在这个新世界中,普朗克常量为 $h = 0.6$ J·s,小明测得这个高尔夫球的质量为 0.30 kg,速度为 (20.0 ± 1.0) m·s^{-1}.(1)在这个新世界中,这个运动的高尔夫球的位置的不确定度是多少?(2)这个高尔夫球的德布罗意波长是多少?(3)小明会观察到什么现象?

练习 4-16 图

练　习　五

一、选择题

5-1　已知粒子在一维无限深方势阱中运动,其波函数为

$$\psi(x)=\begin{cases}\dfrac{1}{\sqrt{a}}\cos\dfrac{3\pi x}{2a} & (-a\leqslant x\leqslant a)\\ 0 & (x<-a,x>a)\end{cases}$$

则粒子在 $x=5a/6$ 处出现的概率密度为(　　　).

　　　　(A) $1/(2a)$　　　　　(B) $1/a$　　　　　　(C) $1/\sqrt{2a}$　　　　　(D) $1/\sqrt{a}$

5-2　如题图所示,一维方势阱中的粒子可以有若干能态,如果势阱的宽度 L 缓慢地减小,则(　　　).

　　　　(A) 每个能级的能量减小

　　　　(B) 能级数增加

　　　　(C) 每个能级的能量保持不变

　　　　(D) 相邻能级间的能量差增加

练习 5-2 图

5-3　下列表述中正确的是(　　　).

　　　　(A) 氢原子中电子的主量子数不影响其能量

　　　　(B) 氢原子中处在基态的电子的主量子数为零

　　　　(C) 原子中电子状态的轨道量子数总比这个态的主量子数小

　　　　(D) 角动量的空间取向量子化与外磁场无关

5-4　在原子的 L 壳层中,电子可能具有的四个量子数 (n,l,m_l,m_s),下面正确的是(　　　　).

　(1) $(2,0,1,1/2)$;　　　　　　　　　　(2) $(2,1,0,-1/2)$;

　(3) $(2,1,1,1/2)$;　　　　　　　　　　(4) $(2,1,-1,-1/2)$.

　　　　(A) 只有(1)和(2)是正确的　　　　(B) 只有(2)和(3)是正确的

　　　　(C) 只有(2)、(3)和(4)是正确的　　(D) 全部是正确的

5-5　氢原子中处于 2p 状态的电子,描述其四个量子数 (n,l,m_l,m_s) 可能取的值为(　　　).

　　　　(A) $(3,2,1,-1/2)$　　　　　　　　　(B) $(2,0,0,1/2)$

　　　　(C) $(2,1,-1,-1/2)$　　　　　　　　(D) $(1,0,0,1/2)$

二、填空题

5-6　粒子在一维无限深方势阱中运动(势阱宽度为 a),其波函数为

$$\psi(x)=\sqrt{\frac{2}{a}}\sin\frac{3\pi x}{a}\quad(0<x<a)$$

粒子出现的概率最大的各个位置是 $x=$ ＿＿＿＿＿＿＿＿＿＿.

5-7　根据量子力学理论,氢原子中电子的角动量的大小 L 由角量子数 l 决定,为＿＿＿＿＿＿＿,电子角动量在外磁场的分量值 L_z 由轨道磁量子数 m_l 决定,为＿＿＿＿＿＿＿,当主量子数 $n=3$ 时,电子角动量大小的可能取值为＿＿＿＿＿＿＿,电子角动量在外磁场的分量值可能

为_____.

5-8 在主量子数 $n=2$, 自旋磁量子数 $m_s=1/2$ 的量子态中, 能够填充的最大电子数是_____.当氢原子中的角动量大小 $L=2\sqrt{3}\hbar$ 时, 角动量有_____个空间取向; 在外磁场方向的分量值 $L_z=$_____.

三、计算题

5-9 设有一电子在宽为 $0.20\ \text{nm}$ 的一维无限深方势阱中, (1) 求电子在最低能级的能量; (2) 当电子处于第一激发态 ($n=2$) 时, 在势阱何处出现的概率最小? 其值为多少?

5-10 在线度为 $1.0\times10^{-5}\ \text{m}$ 的细胞中有许多质量为 $m=1.0\times10^{-17}\ \text{kg}$ 的生物粒子, 若将生物粒子看作在一维无限深方势阱中运动的微观粒子, 试估算该粒子的 $n_1=100$ 和 $n_2=101$ 的能级和它们之间的能级差各是多大?

5-11　质量为 m 的电子处于宽为 a 的一维无限深方势阱中,其能量取值和波函数表示如下

$$E_n = \frac{n^2\pi^2\hbar^2}{2m_e a^2}, \quad \psi_n(x) = \begin{cases} \sqrt{\dfrac{2}{a}}\sin\dfrac{n\pi}{a}x & (0<x<a) \\ 0 & (x\leqslant 0, \quad x\geqslant a) \end{cases} \quad (n=1,2,3,\cdots)$$

该电子吸收 $\Delta E = \dfrac{3\pi^2\hbar^2}{2m_e a^2}$ 能量后由低能级向高能级跃迁.分别求跃迁前、后在 $0<x<a/4$ 区间内发现电子的概率.

5-12　一维无限深方势阱中粒子的波函数在边界处为零,其定态为驻波.试根据德布罗意关系式和驻波条件证明:该粒子定态动能是量子化的,求量子化能级和最小动能公式(不考虑相对论效应).

5-13　已知一维运动的粒子的波函数为

$$\psi(x) = \begin{cases} Ax\mathrm{e}^{-\lambda x} & (x\geqslant 0) \\ 0 & (x<0) \end{cases}$$

式中,常量 $\lambda>0$.试求:(1)归一化常数 A;(2)粒子出现的概率密度;(3)粒子出现的概率最大处的位置.(提示:积分公式 $\displaystyle\int_0^{\infty} x^2\mathrm{e}^{-ax}\mathrm{d}x = 2/a^3$.)

5-14　设处于基态的原子,其外层电子刚好充满 M 壳层.(1)试问这是何种元素的原子?(2)写出其电子组态.

5-15　(1)当主量子数 $n=6$ 时,角量子数 l 有多少种可能取值?(2)当 $l=4$ 时,轨道磁量子数 m_l 的可能取值是什么?(3)使角动量的 z 分量为 $3\hbar$ 的 l 最小值是多少?

5-16　写出锂($Z=3$)、硼($Z=5$)和氩($Z=18$)原子在基态时的电子组态.

练 习 六

一、选择题

6-1 以下说法正确的是( ).

（A）一般情况下,金属中电子的德布罗意波长与离子间距相当

（B）在自由电子气模型中,电子完全自由

（C）用四个量子数描述三维金属中电子的状态

（D）氢原子是微观粒子,所以讨论其内部电子的运动时需要量子力学,但是金属是宏观物体,所以讨论其内部电子的行为时不需要量子力学

6-2 在自由电子气模型中,量子态 $(2,1,2,1/2)$ 所对应的能级的简并度是( ).

（A）6　　　　（B）3　　　　（C）2　　　　（D）12

6-3 下列函数中可用来描述金属中自由电子的态密度的是( ).(其中 C 为常量.)

（A）$g(E) = C\sqrt{E}$　　　　　　　　（B）$g(E) = \dfrac{C}{\sqrt{E}}$

（C）$g(E) = CE^2$　　　　　　　　（D）$g(E) = \dfrac{C}{E^2}$

（E）$g(E) = CE$　　　　　　　　（F）$g(E) = \dfrac{C}{E}$

6-4 以下说法正确的是( ).

（A）半导体的禁带宽度大于绝缘体的禁带宽度

（B）本征半导体的导电机制为价带的电子导电和导带的空穴导电

（C）在纯净硅中掺入微量铝,会使其导电能力大大提高,其原因是引入了很多自由电子

（D）n 型半导体的多数载流子为导带电子,少数载流子是价带空穴

二、填空题

6-5 用四个量子数 (n,l,m_l,m_s) 来描述原子中电子的量子态.同样,描述金属中的自由电子时也需要四个量子数,试写出一个这样的量子数组合(用数字表示)＿＿＿＿＿＿＿＿＿＿＿＿＿＿＿＿＿＿＿＿.

6-6 ＿＿＿＿＿＿＿＿＿＿＿＿＿＿＿＿＿＿＿＿＿＿＿＿称为能带.1 mol 半导体 Si 的 2p 能带最多能容纳＿＿＿＿＿＿＿＿＿＿＿＿＿＿个电子.

6-7 至少写出 pn 结的三种应用实例:＿＿＿＿＿＿＿＿＿＿＿＿＿＿＿＿＿＿＿＿＿.

6-8 2014 年蓝光 LED 的发明者获得了诺贝尔物理学奖.蓝光的波长较短,能够发出蓝光的半导体,禁带宽度较大.对于 480 nm 的蓝光波长,相应的禁带宽度达＿＿＿＿＿＿＿＿＿＿eV.

三、计算题

6-9 已知锌是二价金属,摩尔质量为 65.37 g/mol,密度为 6 506 kg/m³,计算锌的费米能量、费米速度和费米温度.具有此费米能量的电子的德布罗意波长是多少?

6-10 中子星由费米中子气组成.典型的中子星的密度约为 $5×10^{16}$ kg/m³,求中子星内中子的费米能量和费米速度.

6-11 边长为 a 的立方体金属颗粒中的电子可看作处于三维无限深方势阱中.(1)三个方向的德布罗意波长 λ_x, λ_y, λ_z 应满足什么条件? (2)推导系统电子能量表达式;(3)若颗粒中含有 9 个电子,试求费米能量(用公式表示).

6-12　某温度时,在费米能量上方 10 meV 处的一个量子态的占据概率是 0.09,那么在费米能量下方 10 meV 处的一个量子态的占据概率是多少?

6-13　氯化钾晶体对可见光是透明的,对波长为 140 nm 的紫外线来说,此晶体是透明的还是不透明的? 已知氯化钾晶体的禁带宽度为 7.6 eV.

6-14 硅晶体的禁带宽度为 1.2 eV.掺入适量磷后,施主能级和硅的导带底的能级差为 0.045 eV.计算此掺杂半导体能吸收的光的最大波长.

6-15 室温下纯硅中自由电子和自由空穴数密度均约为 $n_0 = 10^{16}$ m^{-3}.如果用掺铝的方法使其自由空穴数密度增大 10^6 倍,则多大比例的硅原子应被铝原子取代? 这样 1 g 硅需掺入多少克铝? 已知硅的密度为 2.33 g/cm^3.